Holybird®

Holybird®

成功大学文库
UNIVERSITY OF SUCCESS

做最好的你自己

如何发挥你的最大优势

RICHES WITHIN
YOUR REACH

[美]罗伯特·科利尔 著　陆 庆 译

天津社会科学院出版社

图书在版编目（CIP）数据

做最好的你自己/（美）科利尔著；袁静译. —天津：天津社会科学院出版社，2009.3

（成功大学文库）

ISBN 978-7-80688-407-2

Ⅰ. 做… Ⅱ. ①科… ②袁… Ⅲ. 成功心理学–通俗读物 Ⅳ. B848.4-49

中国版本图书馆 CIP 数据核字（2009）第 020587 号

出 版 发 行：	天津社会科学院出版社
出 版 人：	项 新
地 址：	天津市南开区迎水道 7 号
邮 编：	300191
电话/传真：	(022) 23366354
	(022) 23075303
电 子 信 箱：	tssap@public.tpt.tj.cn
印 刷：	北京领先印刷有限公司

开 本：	880×1230 毫米 1/32
印 张：	188
字 数：	4000 千字
版 次：	2009 年 3 月第 1 版 2009 年 3 月第 1 次印刷
定 价：	全套 400 元（共 20 本）

版权所有 翻印必究

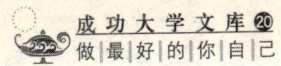

第15章　将无限潜能融入你的愿望　　203

愿望的力量是一种宇宙力量，它就是被那些有坚强决心的人支配和利用的。它随时都为任何人服务，但是，只有少数勇敢而又有坚强决心的人才能够支配它，让它为他们服务。

第三篇　充分发掘能量的奥秘

第16章　唤醒你的创造力　　236

创造力就在你的身上，并通过你发挥作用，但它必须有思想来支持这种模式。

第17章　迈向成功之路的助力　　261

你是力量通过的一个通道，而且通过你这个通道的创造力是无限的。你得到东西的唯一限制就是你利用创造力的数量。

第18章　想象是人类最好的才能　　270

人生来都是平等、自由的。在给予我们的所有东西当中，唯一可以用来营造生活的工具的是我们的思想。任何一个人用来营造生活的材料都是一样的，这种材料就是创造力。

第19章　至关重要——相信你自己　　277

你不可以谈论失败，或者想到失败，只可以想到成功。如果你怀疑、担心、犹豫而不迈出第一步，那么你就永远也不会攀登至目标的顶峰。

目录

第09章　绘制你的寻宝图　　　　　　　　　　　　131

　　无论你怎样想象，只要你相信它，它就会得以实现；无论你心灵的眼睛能够看到什么，你都会得到它。

第10章　祈求生命的"及时雨"　　　　　　　　　　139

　　成功绝不是一件东西，不是在遥远的圣地、神庙里等你去受领的奖赏。成功是植根于利用现有条件努力做好一切的基础之上的。

第11章　获取幸福的两大戒律　　　　　　　　　　151

　　生命是不断生长的，无论是精神上，还是在身体上。当你不再生长的时候，你就死去了。

第12章　支配人生的三大定律　　　　　　　　　　169

　　生命是力量，生命是满足，生命是一种创造力量。世界上的万事万物都起源于它，而且它还在诞生。

第13章　奠定成功基石的强烈愿望　　　　　　　　181

　　每个人的热切渴望、抱负、目标、表现、行动以及工作的力量、能量、愿望、决心、刚毅、持续程度是由他对于这个目标的"想"和"想要"的程度来决定的。

第14章　让一切如愿以偿　　　　　　　　　　　　190

　　许多隐藏在内心深处的愿望都像熟睡的巨人一样，当你在你的潜意识思想领域里探索的时候，你唤醒了它们，你会使"它们坐起来看看发生了什么事情"，事实也是这样。

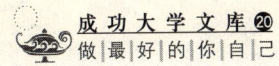

第04章　播种生命的种子　　　　　　　　　42

整个宇宙在你自身内形成了一颗自己的种子，并赋予种子能量，以便让它汲取成长所需要的一切，就像对待树种的做法那样。

第05章　一个充满魔法的神奇法则　　　　70

你在收获之前必须播种，你在得到之前必须给予，而且当你播种时，当你给予时，不要附加任何条件。

第06章　信念的伟大力量　　　　　　　　90

离开了信念带给人的那种充满信心的期待，人的内心就燃烧不起执著追求的火焰，坚忍不拔的精神也无从谈起。

第二篇　获取精神的力量

第07章　能量增长定律　　　　　　　　　112

我的成功，是通过饥饿、寒冷、破烂的衣着而取得的，我曾徘徊了一阵，我微笑，我说："这一次，我将很快乐，因为明天我将非常富有。"

第08章　没有信念就没有创造　　　　　　122

种瓜得瓜，因爱生爱，所以，你要把生命中的每一丝憎恨、抱怨、忧郁的想法清除掉，取而代之的是，通过心灵的眼睛，将每一种形式的幸福给予那些爱你的人。

| 前　言 | 1 |

🂱 第一篇　施展信念的魔力 🂱

第01章　每个人身上都充满魔力 ……2

我们每个人都是宇宙伟大思维的一部分个体细胞。我们能够以体内细胞依靠大脑的同样方式，来依靠宇宙的思维力量。

第02章　寻求智慧的指引 ……17

人可以为自己带来万般欢乐，也可以给自己带来无尽痛苦。人悄无声息地思想，随后他的思想以行动体现出来，境况只不过是他看待这个世界时借用的镜子。

第03章　捕捉你思维的小精灵 ……29

有意识的你，只是形象、感觉及大脑中概念的聚集体，而超越推理思维的则是你的直觉思维——你的灵魂，它是伟大的宇宙、伟大灵魂的一个细胞。

目录

第20章　坚信你能得到，你就能得到　　292

你对自己的信心才是最重要的！只有你内在支配力量的意识才使得各种事情成为可能，你可以做任何你认为能够做的事情。

第21章　给予就是获取　　307

你第一要做的事情就是，放松自己，放开刹车，使你自己与宇宙不息的强大奔涌力量保持和谐。

第22章　让昨日止于昨夜　　320

不要因为发生在你身上的任何事情而使你丧失了信心，不要因为贫穷、缺乏教育，或者曾经失败过而阻止你前进的脚步。

第23章　爱是生命不灭之火　　331

爱就是给予，爱不是嫉妒，嫉妒只是向所爱之人寻求好处。

前言

在这个世界上，为何大多数伟人和那些卓有成就的人士都是在不利条件下开始自己的人生征程的呢？这方面的例证真是举不胜举。

狄摩西尼是古雅典雄辩家，他的美名流传至今。然而，谁又能够想到，他曾经是个说话结巴的人。当他第一次尝试着在公众场合演讲时，曾遭到台下许多听众的嘲笑；尤利西斯·恺撒曾是癫痫患者；拿破仑出身卑微，家境贫寒，他是在克服了极大困难之后才得到正规军事院校培训的。他并非人们所想象的那样，一出生就是位军事天才。在军事院校学习期间，他的成绩在班上一直排在第46位，而这个班总共只有65人。矮小的身材、贫寒的家境曾一度让拿破仑十分自卑，以至于在他早期写给朋友的信中，时常提到自己曾产生过自杀的念头。

在美国领导人中这类人也为数不少，如本杰明·富兰克林、亚伯拉罕·林肯、安德鲁·杰克逊等。他们都出身卑微，自幼过着十分贫穷的日子，没有接受过太多的正规教育，也没有其他方面的优势可言。斯图尔特是闻名遐迩的约翰·沃那梅克商场的创始人，没有谁会料想到,当他只身前往纽约创业时,口袋里只有1.5美元,他甚至没有落脚之处,一切都需要靠自己去创造。

托马斯·爱迪生曾在火车上当过报童;安德鲁·卡内基刚刚开始工作时月薪仅为4美元;约翰·D·洛克菲勒有段时间一直干的是周薪约6美元的工作。波斯国王瑞拉·可汗曾是波斯军队一名普普通通的士兵;土耳其国王穆斯塔法·克摩尔以前是土耳其军队一位默默无闻的军官;一战后德国第一位总统埃伯特曾干过做马鞍的活;许多美国总统都出生于简陋的小木屋,没有钱,也没有接受过正规教育。

桑多是他那个时代体格与精神最强健的人,然而他年幼时异常瘦弱;安妮特·凯勒曼小时候是一个体弱多病的人,走起路来还有些跛,而她摘得了跳水桂冠,并成为全世界体型最为完美的女性之一;乔治·乔伊特直到11岁时还是个跛子,身体也十分瘦弱。一位比他年龄大些的男孩经常欺负他,常常使他不得不鼻青脸肿地回家面对父母。年幼的乔伊特并没有被那位男孩吓倒,他暗暗给自己打气,下决心一定要通过不断锻炼身体使自己变得强壮起来,有朝一日向那位总爱欺负自己的男孩还以颜色。没想到,两年之后,他便能够轻松击败欺负过自己的那位大男孩。10年之后,他已成为世界上最强壮的人!

为何那些身处逆境的人们,最终能够超越那些条件优越的人呢?为何一些受到过良好教育,得到过系统培训,拥有大笔财富,依赖他人帮助的人们,最终却被时代弃之一旁,落败于那些外在条件明显不如他们的"无名之辈"呢?

这究竟是为什么呢？道理自喻：那些早期获得优越条件的人，被人灌输了"拥有物质财富就是成功"的观念……他们可以把财富、朋友、影响、自己接受的教育与训练、自己的天分作为资本。倘若他们失去了这类资本，便在人生道路上感到茫然不知所措。

然而，倘若一个人没有特殊才能，没有大笔财富，没有优越的家庭条件，他们必须在这类东西之外寻求成功，在摆脱物质局限之后寻求成功。于是他们便会把目光转向自身的精神力量，求助于自己的头脑，而且通过后天不断努力，他们可获得名誉、财富、权力和地位。更为重要的是，只要他们坚定自己的信念，坚持不懈地追求，最后总能如愿以偿！

读到这儿你就会明白，在每一种劣势中都埋藏着一颗优越的种子；在每一次失败中都有一门可让你明白自己下次如何获得胜利的课程。许许多多成功人士都是在山穷水尽的危难时刻迎来自己人生的转折点。在那一时刻，他们把目光转向了内在的自我，他们放弃了对物质的幻想，向自身精神力量寻求帮助。在那一时刻，他们能够把前进途中的每一块绊脚石都拿来铺就通向成功的台阶。

你是宇宙间一位具有伟大"自我"身份的人，你就是一种永恒的精神之力。"我们是一个了不起的整体的一部分，自然界是这个整体的身躯，精神是这个整体的灵魂。"人是精神之力的化身。你有能力成就一切，获得一切。

不管你年龄多大、出身贵贱及地位高低，这些都不要紧。倘若你能够在自我单纯躯体之外寻求帮助，倘若你能够认识自身内在的精神之力，并付出有用的努力，而且时刻笃信自己的人生信念，那么你就能够克服贫穷以及任何不利条件，摆脱一切逆境。如果你只依赖于个人的能力、财富或朋友，那就无异于昔日的异教徒。

个人能力、物质财富或朋友的精神慰藉，是你一直随身携带的最大财富。丢掉了这些，你会立即失去一切。然而，你自身内还有一股能带领你一直向前的力量，这个力量在发挥作用的过程中，可以为你提供从这个世界中能够获得的一切美好东西。本书旨在让你认识到自身的这种力量——只有极少数幸运者才能感应到并利用的力量。

杜克大学的J·B·莱因博士在其《思维的接触》一书中明确指出，过去科学似乎告诉人们，人完全是物质的。他发现了腺是如何通过其化学分泌物来控制人的个性的。他提出只有随着大脑的发育，儿童的思维才能日趋成熟；他强调某些思维功能与大脑特殊区域相互联系，一旦这些区域中的某一个部位受到伤害，相应的思维功能便会受到影响或消失。

因此昔日的科学认为，它已揭示出思想与行为的所有过程，而且它能够为每个过程找到一个物质基础。如今莱因博士及其他探索者已证实，知识可以在不利用感官的情况下获得！

他们不仅证实了这一点，而且还发现，思维的能量并不为空间或时间所限！或许他们最伟大的发现就是，思维可以不通过物质手段来影响事物。

当然，在刚刚开始的时候，这是通过祈祷来实现的，但这类结果时常被视为超自然。莱因博士及其他探索者指出，任何一位正常的人都具有影响物体与事件的能力。

在此让我引用《思维的接触》中的一段文字："通过成千上万

次科学实验,我们发现思维有一种可以作用于事物的力量。因此必定有一种可转化为身体行为的能量,一种思维能量。"

成功利用这种思维能量的一个最关键环节就是浓厚的兴趣和强烈的愿望。一个人的斗志越是得到鼓舞,他就越有充沛的精力去获得期望的结果,他就越能对最终的结果产生影响。

莱因博士还通过多次试验表明,当主体的兴趣被分散时,当他缺乏集中注意力的能力时,其思维能量就很小,或者他根本没有对外在目标产生影响的能量。只有当他把精力都集中于头脑中的目标,当他把自己的每一份能量都用在这个目标上时,他才能够获得最终的成功。

莱因博士所做的实验,科学地证明了我们时常所相信的:有一种超越头脑或躯体的纯物质化能量,如果我们产生强烈的愿望,就可以与这种能量产生感应,一旦我们做到这一点,对我们来说就没有什么不可实现的了。

简而言之,这一实验结果意味着,人并不是靠从天而降的好运才取得成功的,每个人都可以主宰自己的命运。科学最终证明,宗教一开始就教给我们上天赋予的人类主权,而人类只有懂得并利用这种主权,才能成为自己命运的主宰、灵魂的总管。

罗伯特·科利尔

第一篇

施展信念的魔力

每个人自身都有一颗生命的种子,它借助自己巨大的能量,把它发芽所必需的一切聚拢过来。你是谁,你处于怎样的境况,接受过什么样的教育,具有什么优势,都无关紧要,最主要的是你自身生命的种子具有创造美好明天所需要的能量。

[第01章]

每个人身上都充满魔力

美国《独立宣言》开始就提到,所有人一律出生自由、平等。然而现实生活中,又有多少人真正相信这一点呢?倘若一个孩子出身名门,整天有医生、护士和家人围着他转,小时候有家人教育他,长大后又可进入著名的大学深造,他一开始工作便能轻易挣到大笔的收入,并且地位显著,对他人有很大的影响力,我们怎能说他一出生就与那些家境贫寒的孩子自由平等呢?出身寒门的孩子缺衣少食,每天一醒来就得为自己的生存而奔波,他们根本没有时间和金钱通过接受正规教育来获得知识。

实际上,这两类人的确是生而平等的,他们平等地拥有发掘自身各种力量的途径,拥有平等的机会去展现自我。此外,一个人自身的精神力量,与另一个人自身内的精神力量都能产生同样的威力,他们都是支配整个世界的一部分。

激活你体内的每个细胞

的确,我们每个人都是宇宙伟大思维中的一部分个体细胞。我们能够以我们的体内细胞依靠大脑的同样方式,来依靠宇宙的思维力量。

所有人生来自由、平等，如同你体内的每一个细胞都是平等的一样。这些细胞中的一些看似居于比其他细胞更为重要的部位，或者位于身体脂肪比较多的部位，周围都是营养物，以至于看来它们具有存活期间所需要的一切。

其他一些细胞可能位于工作繁重的部位，它们一直不得不依靠周围的淋巴组织，在那儿它们看似无法确保得到存活下去所需要的足够营养。此外还有一些细胞被安置于很少被用得上、而且明显被遗忘的部分，它们躲在那儿似乎要被抛弃，甚至饿死。比如头皮细胞，在头发脱落，头皮的脂肪组织老化后，便日渐消亡。

然而，尽管所有细胞所处的境况与所拥有的机会存在着明显的差异，但它们都是平等的，它们在需要的时候都可以利用身体的每一元素。

为了弄清楚它们是如何运作的，让我们以自己大脑中的一个神经细胞为例，看一看它是如何发挥作用的吧。

当你利用医学仪器观察一个神经细胞结构时，你会发现什么呢？从这个神经细胞的一侧延伸出一条长长的纤维，这条长长的纤维与皮肤的某个部位相连，或者与其他肌肉的一簇细胞相连。这条长长的纤维是这个神经细胞的一部分。它是一条电话线，把指令或刺激从细胞传达到它所控制的肌肉，或者把它从皮肤中的感觉细胞传达到大脑细胞。人的思想、情绪及愿望，都把相应的指令传送给控制肌肉的神经，并提供把这些肌肉调动起来的刺激，随后把神经能量转化为肌肉能量。

那么如果你产生一种只需要一块肌肉做动作的愿望，接下来会发生什么情况呢？你的愿望会把指令以一种冲动的形式传递给控制那块肌肉的神经细胞。你的指令沿着细胞纤维被传递到那块肌肉，它会按照指令带来的刺激而立即动作起来。你的愿望将随之得到满足。

但你的愿望假若需要不只一块肌肉动作起来，那情况又该如何呢？假定它需要身体每一块肌肉的联合能量，那情况又如何呢？到目前为止，我们只需利用那根把神经细胞与它所控制的肌肉联系起来的长长的神经纤维，或长长的电话线。而在每一个神经细胞的另外一侧，有较短的纤维，它们明显终止于所处的有限空间，而且只要神经处于休眠状态，这些纤维就会在原地待命。

但倘若你刺激神经细胞，倘若你给它们一项其所控制的肌肉无法完成的复杂工作，那么这些较短的神经纤维便会采取行动。它们会为了达到某一目的而把自己激发起来。它们伸入邻近的神经细胞中，并唤醒这些邻近细胞，让这些邻近细胞再激唤其他细胞。如果需要的话，大脑中的每一个细胞都会被唤醒，躯体的每一块肌肉都会被调动起来，共同完成你所布置的复杂工作。

哪怕你头脑中只有一个单细胞强烈地想做成某事，它只要坚持下去，为达到目的而不断努力，它最终总能如愿以偿。这就是发生在你身体内的实实在在的事情。倘若你能够把自己的愿望融入持之以恒的精神中，这类实实在在的事情也能够发生于你身上。

你知道，恰如你的每一个细胞都是你躯体的一部分，你也是茫茫宇宙的一个细胞一样。当你用你的手、你的脚、你的肌肉做事时，你只是在利用直接与你的大脑细胞相连的肌肉。当你靠你所拥有的钱、财物、朋友或影响力做事时，你只是在利用直接与你的大脑细胞相连的手段，而那只是伟大的宇宙精神所掌管的手段和资源中的很小一部分。

你在做手头的工作时，可以通过调动身体的肌肉来达到目的。当你激醒体内的神经细胞时，你就可以利用全身心的能量。你可以尝试着让你的神经细胞调动身体的肌肉，首先调动该神经细胞所控制的单块肌肉，然后再逐步扩展，直至全身的肌肉一一被调动起来，完成十分复杂的工作。

过去你总是认为，如果让你大脑中数以亿计的细胞中的一个小小神经细胞去完成任何十分复杂的工作，纯粹是愚蠢之举。你一定认为那样做毫无希望，没有哪一个细胞，没有哪一块肌肉可以完成这项工作。然而，你作为宇宙间的一个单细胞，要时常尝试着看似不可思议的事情。实际上，为实现自己的意愿，你所需要做的，就是激活你周围的细胞，让其行动起来。

你如何能够做到这一点？你大脑中的任何一个细胞都可以那么做，你当然可以采取同样的方式——祈祷！换句话说，产生一种急切而不可抗拒的愿望。获得成功的首要原则就是愿望——了解你内心所想。愿望就是你播下的成功种子。当然，它需要培育，但最重要的第一步就是播种。愿望可以激活你大脑的神经细胞，利用它所支配的肌肉去做需要它们参与的工作。愿望可以让你的神经细胞活跃起来，利用它所支配的肌肉，同时也调动它周围所有的神经细胞，使它们都运作起来，为共同完成你希望完成的事情而服务。

数千年前问世的《吠陀本集》（印度婆罗门教最古老的经典）就明确指出，如果任何两个人能够把他们的心灵力量联系起来，他们就能够征服整个世界！这就是为什么耶稣告诉我们："如果你们中的两个人用心一致，便可心想事成。如果两三个人以我的名义聚集起来，我就会时刻在他们中间，而且我将满足他们的请求。"

倘若两个或更多的神经细胞为了某一动作而联合起来，那么它们这个联合体甚至可以求助于全身的所有细胞，为它们共同的目标而服务。这并不意味着对一个单一细胞，或一个个体来说，任何事情都不可能做成，而只是说倘若两个或更多的细胞或人为了一个共同的目标而联合起来，那么获得理想结果的可能性就更大。

据说，在人类起源时，造物主便把地球的支配权赋予了人类。也就是说，你整个身体中的任何神经细胞都对你的身体有支配权，这是有根据的。如果你怀疑它的真实性，那么你不妨让一个神经细胞得到足够的刺激，你就会发现这样做会立刻让你身体的每个神经细胞都运作起来，去消除那种刺激。

抱定一个目的，你身体中的神经细胞会为实现那个目的，让你身体中的每一个细胞都行动起来。抱定一个目的，宇宙间生命意志的任何一个神经细胞（也可以说一位男女），也可以让世间的每一个细胞都行动起来，如果为实现那一目的必须这样做的话。

你属于这个世界，而这个世界是属于你的！无论你是王子，还是平民，无论你是白色人种、黄色人种、黑色人种，还是棕色人种，这都没有关系。你对自己身体的神经细胞的冲动做出反应时，是不会在意它是什么样的神经细胞的。不管富裕或贫穷，宇宙的精神之力对你来说都是一样的。无论它存在于显要的位置，还是被安置在卑微的位置，它都可以像其他细胞那样，或者给你带来极大麻烦，或者给你带来极大满足。对宇宙的世间万物来讲，道理都是一样。所有人生来都是自由、平等的。唯一的差异就在于，我们对属于自己的能量的了解各不相同。你对此有多少了解？你在为增强这种了解做些什么呢？"首先寻求了解，随后一切便可迎刃而解。"你现在更容易相信这一点，不是吗？有了正确的认识,你便可掌管这个世界。你能够想到还有比获得了解更为重要的事情吗?

自信是最伟大的法宝

到底是什么把年轻时代爱抱怨、缺乏勇气、境况贫寒、普普通通的波拿巴转变成为那一时代最伟大的军事天才,转变成为"掌握命运的人"及欧洲许多国家的主宰者呢?

拿破仑的法宝,每一位伟大的成功人士的法宝,激活宇宙整个躯体的唯一法宝,与任何一个神经细胞让整个血肉之躯为其服务所需的法宝是一样的。这种法宝就是一种强烈的追求,与这种追求相比,生存、死亡或其他任何事情都显得微不足道。这是一种需要时刻坚持,直至最终加以实现的追求。

爱有时也可以成为这类法宝,有了这种爱,一个人就能够为所爱的人敢作敢为,甘愿付出一切。贪求使得今天的人们拥有大笔财富。对力量的渴望是一个潜在的法宝,它自人类之始就调动起了每个人的积极性。更伟大的力量,则是那些努力变革世界的人们的热情。那种法宝帮助人们跋山涉水,化解一次又一次危险,克服一个又一个障碍。看一看,曾骑着骆驼、默默无闻的穆罕默德,是如何成为千百万人统率的。

相信魅力,相信运气,崇拜另一个人的领导,所有这些要么是伟大的法宝,要么是能量不太大的法宝。

在所有这些法宝中,最为伟大的则是相信你自身天赋的魔力!相信它有巨大的能量,可以调动一切因素来实现既定目标。相信你有一种明确的追求需要实现,而且这种追求只能由你来实现!

你有这样一种信念吗？如果没有，那么你应当想方设法树立它。因为没有这样一种信念，你的人生既毫无目的，又毫无意义。更为重要的是，只有你掌握了这样一个法宝，你才能够获得一种有价值、有意义的人生。

美国第18任总统格兰特为何面对众多强硬对手，最终总能战而胜之呢？这是因为他掌握了这样一个法宝，并能够坚韧不拔地为目标而努力。为什么英国曾经辉煌一时，并在众多战争中获得胜利呢？这也是因为这个国家的人掌握了这一法宝，坚定信心，从不气馁，直至获胜。

如果一根牙齿神经的声称那颗牙齿有一个龋洞需要引起注意，难道你最终不会放下手中的一切事情，前去医院让医生满足那根神经的需求吗？如果其他任何一根神经一刻不停地为引起你的注意而祈祷，难道你不会做出相应之举吗？

可以说，你就是天地整个身体的一根神经。如果你有一种迫切的需求，而且不停地祈祷，不断地追求，难道你最终不会如愿以偿吗？无论经历多少次挫折与失败，无论遭遇多少艰难险阻，你只要坚定自己的追求，最终你都能够把它化为现实。就是这个神经细胞它迎战整个团体的冷漠、惰性，甚至激烈反对。如这个细胞很快就泄气了，等待它的肯定是失败。如果它愿意无限期地等待，那么它将不得不一直等下去。但如果它能够不断地激活自己周围的其他细胞，并且激励它们再去激活它们的邻近细胞，那么最终整个神经系统将采取行动，并带来那个单个细胞所期望的结局——哪怕那个单个细胞所期望的仅仅是消除它的不适感。

你曾经看到过一些年轻人决心迈进大学门槛时的情景吗？当你看到他们所面临的障碍时，你可能会觉得他们下那样的决心是很不明智的。然而，倘若他们坚定信念，无论碰到多大的困难，也不动摇上大学的决心，你总有一天能看到，他们的大学梦得以实现。树立坚定的信念，日复一日地朝着自己既定的目标而努力，这个目标就肯定能够达到，就像明天的太阳肯定会从东方升起一样。只要坚定不移，毫不动摇，成功总会属于你。时刻记住："摇摆不定的人，就如海上的波浪，被海风吹来吹去。这样的人到头来总是一无所成。"

钻石就在你的脚下

所有人生来平等、自由。所有人在起步的时候不可能拥有同样多的财富，也不可能立即获得同样好的机遇，然而所有人只要努力，都能够发现财富与机遇之源，并得到满足他们的愿望所必需的一切。

我们被财富所包围，我们有无限的财富可以获取。然而，我们首先必须学会如何获取它们。

多年前，在南非的凯姆伯雷，一位贫穷的农民在一块到处都是石头的土地上劳作。他的小男孩时常从土里捡起一块块布满泥土的硬物，把它当成卵石来砸那些脱了群的羊。这位农民在那块地上劳作几年之后，觉得没有什么收获，便放弃了他想在那块土地上发家的念头，举家迁移到了另外一处比较肥沃的土地上。今天，那位农民曾经劳作的那片并不肥沃的土地，成了举世闻名的凯姆伯雷金矿，那块土地自然也是地球上最富裕的地方之一。农民的小男孩整天随手扔出的硬物，实际上都是价值不菲的金块。

我们中的大多数人，就像那位贫穷的农民。我们努力过、奋斗过，然而我们时常因为没有认识到自身的能量，没有认识到我们四周的宝物，而半途而废。我们一直生活在贫寒之中，直到有一天，有人来到我们身边说，我们的脚下埋藏着一座金矿。

鲁塞·康威尔讲述过一则关于一位宾夕法尼亚州农场主的故事。这位农场主的弟弟早年去加拿大谋生，后来成了一位石油开采工，并且由于采油而日渐富裕。这位农场主听到弟弟富裕起来的消息之后，便按捺不住内心想暴富的念头，卖掉了自己那块农场，只身前去加拿大寻找自己的发财梦。买下这块农场的人有一天发现他养的牛在一条小溪中喝水时，水中有不少下大雨时从高处土地里冲下来的浮垢。

他捞出一些浮垢，并对它们进行认真检验，发现它散发着一种油味。于是，他便请一些勘探专家前来他这片农场进行勘探。勘探结果表明，这个农场是宾夕法尼亚州石油蕴藏量最丰富的土地之一。

你正在忽略着什么样的财富？你正在忽略着什么样的机会？"机会，"一位著名作家写道，"就像空气中的氧气一样。它是如此富足，以至于我们可以毫不费力地呼吸到它。"我们所必需的，就是拥有一个接受能力强的头脑，一种尝试的意愿、一种持之以恒的韧劲。

总有一件事情你可以做得比他人优秀，总有一个领域你可以出类拔萃。关键在于，你需要发现它，而且能够投入你全部的时间与精力，把它做得完美无缺。

不要担心它只是一件任何人都应该做好的卑微之事。以前有本杂志刊登了一则故事，它讲述了一位连一个英语单词几乎都讲不好的波兰移民,他既缺乏做生意的资金,又没有接受过什么正规的职业培训,只要能够找到什么活,他就认真去做什么活。后来,他在一个苗圃基地找到了一份工作,他的活就是整天跟泥土打交道,种花种树。既然选择了这份工作,他便决定全力以赴地做好它。

他不惜力气,种了好多花,在这些花中就有艳丽多姿的牡丹。他喜爱那些大朵大朵的牡丹花,因此对它们细心照料,使它们长得异常快,花也开得格外艳。不久,他种的牡丹开始引起了其他人的注意,人们对他的牡丹需求量也与日俱增,这使得他不得不一次又一次地扩大牡丹的种植面积。他靠着种牡丹起家,如今他已是他原先工作的那个苗圃基地的主人。

有两位艺术家起初一块租了一个办公室,在那儿干他们能够接到的任何活。其中一位艺术家注意到,每当他为人们制作卡通画时,就会受到众人的青睐,时常有不少回头客找他买更多的卡通画。于是,他便对卡通画的制作进行了更加详尽的研究,不断提高自己的制作水平,做出越来越多的精品,不断满足顾客的需求。如今,他的月薪已高达25000美元,而当初与他一起租办公室的那位艺术家,由于做什么都不专心,至今仍然在事业上毫无成就可言。

一位推销员发觉她自己在安抚抱怨不停的顾客方面有着特殊的才能。她喜欢去平息其他人引起的冲突,擅长让那些满腹牢骚的顾客到她那儿倾诉一番,并有办法让顾客们最终高高兴兴地离去。她在这方面做得如此优秀,以至于没过多久,她便赢得了老板的赏识。后来她已是自己所在那家公司的部门主管。

电话交换台的接线员有着甜美的声音,旅馆接待处的工作人员有着悦人的微笑,优秀的推销员有一手说服人的绝活,做老板秘书的善于节省老板的时间,鼓手们则能够把自己的一腔激情通过震天动地的鼓声表达出来……其实,我们中的每个人都有自己擅长的地方。找出你所擅长的行业,不断培养自己的兴趣与技能,总有一天你能够成为全世界这个行业的佼佼者。

成功来自你自身的努力,体现于你自己所从事的事业中。不要一看到他人做什么,自己也照抄照搬去做。发展你所拥有的,你自身的可贵之处,可以让你成为某个行业的优秀者。了解你自己的性格,善于发现自己独特的才能,找出你可以做得最好的方面,认识到自己有何一技之长,然后努力培养它。

著名的科摩斯托克铁矿最先被发现时,因为许多人觉得它并不是一个富铁矿,开采价值不是很大,所以它在一段时间内并没有得到足够的重视。当初的矿主在开采一段时间后,就有些泄气,最终把科摩斯托克铁矿转卖给了一个新的集团。这个新集团的人花了几十万美元买下了科摩斯托克铁矿,尝试一段时间后,也没有发现它是一个富矿,他们也准备放弃。然而,他们中有一个人仍不死心,在其中一个入口处的侧壁上打了一个洞,结果他惊喜地发现,那个洞里掏出来的,全是含铁量非常高的矿石。后来,这个集团从科摩斯托克铁矿中得到的收益超过3亿美元。

失去勇气,便失去了一切

在美国大草原开发初期,新来的人常常很便宜地就把原先居住者的农场买了下来,原因在于原居住者找不到足够多的水源。他们也挖过井,但每次没挖多深便灰心丧气地放弃了,一直没有挖到地下水。然而,新来的人在买下他们的农场后,顺着原先他们挖过的地方再往下挖几尺,便发现了丰富的地下水。最初的定居者在成功离他们只有咫尺之遥时,却令人遗憾地退却了,他们的的确确是功亏一篑。从失败把你击倒的那一处再向前迈一步,往往便是伟大的成功。"谁失去了财富,便失去了很多,"一句古老的谚语称,"谁失去了朋友,便失去了更多。但谁若失去了勇气,便失去了一切。"

教育者总想让孩子们掌握三件法宝:

第一件法宝:知识

第二件法宝:判断

第三件法宝:毅力

在这三件法宝中,最伟大的法宝就是毅力。许多人并没有机会接受正规的教育,甚至没有很好的判断力,然而他们最终也取得了成功,但这些成功者中,没有任何人离开了毅力,还可以做成一些有价值的事情。的确,人如果没有一种强烈的愿望,没有一种可让人走过坎坷人生道路的内在激励,就不可能到达理想的彼岸。

"世上什么东西也不能取代毅力,"卡尔文·库里基说,"才能也无法取代它。虽有才能却不成功的人士比比皆是。天才根本不可能取代毅力。这个世界不乏受到足够教育却最终一事无成之人。毅力与决心可给人无限力量。'加把劲'这个口号已解决过人类的许多难题,而且仍将解决人类未来所碰到的难题。"

著名教育家及演说家鲁塞·康威尔创立了坦普尔大学。几年前,他收集了一些成功人士的统计数字。这些数字表明,在美国当时4043位百万富翁中,只有69位受过高等教育。他们中的大多数人创业时都缺乏资金,没接受过正规培训,但他们人人都有一种毅力，他们在这种毅力的支撑下奋发图强，直至成功！

鲁塞·康威尔还收集了有关富家孩子结局的统计数字。这些数字表明，只有1/17的富家孩子去世时仍然家境富裕。这与前面的统计数字真可谓对比鲜明。这些富家孩子大都缺乏毅力，自身没有一种前进的动力，他们不仅没有开拓一片属于自己的崭新天地，而且父辈留下的万贯家产也被他们挥霍一空。

成功的第一个基本要素，就是一种空虚感、一种需要感、一种想得到你未能拥有的东西的愿望。体弱多病者渴望强健的身体，这种渴望给他必需的毅力，而在这种毅力的支撑下他能够坚持锻炼，直到自己真正成为一位身体强健者。正是贫困与悲惨，让在犹太人居住区成长起来的孩子们渴望富有，让这些孩子们具有毅力与决心，能够最终得到他们渴求的一切。

确定一个有价值的目标

如果你想在自己的人生道路上得到你梦寐以求的一切，你就需要具有同样迫切的愿望、同样的决心与毅力。你需要认识到，你想在人生中获取什么，什么就在那儿等待着你去获取；你需要认识到，你是生命世界的一个细胞，借助这个顽强的生命力，如果有必要的话，你可以让整个宇宙运作起来，把你渴望获得的成就化为现实。

不要把巨大的能量浪费在一些琐碎小事上。更不要做一则寓言中所讲的伐木人。在这则寓言中，一位伐木人多年如一日辛辛苦苦地为一位希望仙女做事，圆满完成了仙女交给他的任务。仙女随后便告诉他说，他可以许三个愿，仙女以让他所许的这三个愿得到实现作为对他的奖赏。这位伐木人非常饿，于是他便许愿吃一顿美味佳肴。美餐一顿之后，他发觉天刮起了冷风，于是他许下的愿是得到一件暖和的斗篷。吃饱穿暖的伐木人困意顿生，他许下的愿便是一张躺上去非常舒服的床。

这位伐木人只是在很低的层次上许愿，当他次日一觉醒来时，发现自己只穿着一件暖和的斗篷。我们中的许多人其实都像这位伐木人。我们费力地去挖一座山，只是为了挖出藏在其中的老鼠。我们殚精竭虑，耗尽上苍赋予我们的一切能量，只是去完成一些让我们在原地踏步的琐碎之事。

追求更多！确定一个有价值的目标。记住下面这些摘自杰西·B·瑞顿豪斯所写的《发现潜能法则》中的几段话：

> 我请求生活给予我一便士，
> 生活绝对不会多给我一点。
> 无论晚上点钱时怎么祈求，
> 我所得到的仍然只是一便士。
> 生活就像一位老板，
> 他只提供你所要求的。
> 一旦你定下自己待遇上的要求，
> 你就必须接受老板提供的待遇。
> 我做过不体面的家庭雇工，
> 从中懂得了这一道理。
> 我向人生索求什么样的待遇，
> 人生就会给予我什么样的待遇。

在这方面可不要做一些蠢事。当你有机会充分而正当索取时,不要只向生活索取一便士,你应当追求一个值得全力以赴的目标。提出你的要求,追求远大的目标,并且靠着你坚忍不拔的毅力与坚定不移的决心来实现这一目标。

人生的追求一开始就具有支配力量,它可以左右每一种逆境。它能借助其支配能力,让生命意志的力量得到最大发挥,最后得到它坚持追求的目标。从中我们可以看出,实际上人能够支配一切。

你自身可迸发出神圣的火花。你正在做哪些不能让这些火花迸发出来的事情呢?你在给它提供一个不断壮大、可表露自我的机会吗?你在给它布置一些工作做吗?你在让它寻求可以征服的更加伟大的领域吗?或者你把它抛弃一旁,甚至用怀疑与忧虑来麻醉它?

《圣经》中写道:"上帝说,让我们根据自己的想象来创造人类。让人类可以统治大海中的鱼儿,天空中的雄鹰,地上的牛羊,以及地球表面的一切爬行动物。"

每天早晨我都会说:"在人生的道路上总有可给我带来幸福的事情。上天赋予我无私的爱。给我生命之光,是我的知识与动力之源。我体验到一种精神之力,它就在我自身体内。它为了让我能够思想,便给我提供食物,为了让我能够具有敏锐的观察力、神圣的智慧,并且在事业上出类拔萃,便赋予我正确的观念和远大理想。"

[第02章]

寻求智慧的指引

天地分为两极，地球上十分空旷而且被黑暗笼罩。天地之灵跃动在水面。

人类最先具有的是思维，是能量，它们既无形又没有明确的方向，就像静电。随后出现了文字，出现了思维图像，它使那种能量活跃起来，并赋予它形体、明确的方向。它需要一种能够让其得以展现的智慧。这是经书中所讲的第一个伟大的事实：只有具备了智慧，一切才可能被创造出来。

如果你缺少一台发电机——一种感知与引导人生的智慧，你就不可能具有充满活力的能量。离开了可以让地球或花朵展现自我的智慧，你就无法生活在这个地球上，或者无法欣赏到美丽的花朵。

圣·约翰说："在人类发展的进程中，文字产生了，而且文字与我们人类精神同在。甚至可以说，文字就是人类精神。"那么从本质上讲，什么是"文字"呢？正如我们以前时常提出的，文字并不是人们读它时嘴里发出的声音，也不只是用手写出的一堆符号。文字表达的是一个思维概念、一个观点，或一种表象。

人的头脑有一种表象功能。当你阅读《圣经：创世记》第一章时，你会发现，上苍创造的一切中，首先出现的是文字，接下来才是物质形体。"文字"不得不首先出现,因为你头脑中假如对所要建的房子没有首先产生一种清晰的形象,那你就无法把这所房子建起来。假如你不首先对所想创造的东西,在头脑中产生一种形象,那么你什么也创造不了,甚至神也无法做到这一点!

因此,当人声称"让地球表面长出绿草"的时候,你的头脑中肯定有绿草清楚的形象。正如《圣经》中指出:"万能的上帝创造了地球与天国,创造了地球上的每一种植物、每一种动物。在创造它们之前,上帝的头脑中已经形成了它们的形象。"所以,首先是"文字",其次是头脑中的形象,然后才是创造。

形成一种思维概念,需要的是智慧。它们可以让人回忆起人们以前见过的东西,但它们无法凭空形成概念。因此,正如前面所言,思维形象是创造的前提,而思维形象的产生则需要智慧的孕育。

让你的发动机运转起来

阅读过《圣经》之后,我们可以得出第一条结论。再根据第一条结论,推断出其他结论。

重新阅读第一章后你会发现,"万物在不停地繁衍着"这句话重复了6次。接下来,你还可以读到:"让地面长出青草;让植物结籽;让果树结出果实,而且种子就在果实内……让各种生物,在地球上不断地繁衍。"

随后,上帝根据自己的形象,创造出了人类。注意这一点,《圣经》在不停地告诉我们万物在繁衍之后,才声称上帝根据他自己的形象创造了人类。这就意味着一种结论:人也是上帝!因为在整个自然界,只有同类才能繁衍同类。任何生命体都跳不出它自己的类别。不同种族，不同血缘的生命体可以在一起孕育新的生命体，但它们所孕育出来的肯定是同类生命体。

因此，上帝根据他自己的形象创造人类时，他创造出来的，是其真正的后代，而不是其他种类的生命体。为了证明这一点，他赋予人类极大的支配权，让人类可以"统治大海中的鱼儿，天空中的雄鹰，地上的牛羊，以及地球表面的一切爬行动物。"他尽自己所能，确保人类能够为地球注入活力，征服地球，并且具有对地球的支配权。

人类在征服地球，获得支配权的过程中，不断地发展着。如果人是上帝——实际上人就是上帝，那么人自然有超凡的能力，可以成就一切。任何事情只要值得我们人类去付出努力，我们人类便一定能够做好。

如果我们是上帝或上帝真正的后裔——像《圣经》中一遍又一遍地向我们确保的那样，那么我们必须拥有上帝所具备的一切。我们必须是创造者。如果是这样，我们为何不能创造出更加幸福的人生呢？我们为何不能抛弃贫穷、疾病及一切不幸呢？

树立坚定的信念

为何要如此呢？因为做到这一点需要我们去理解自己的能量，并且坚持不懈地发挥自己的能量，可是能够做到这一点的人可谓寥寥无几。人们需要多年的学习，才能够成为一名医生、一名律师或一名工程师，但人们开始自己的职业生涯时，心中或多或少都会惴惴不安，因为人们认识到，只有经过多年的实践，才能获得真知，才能成为本行业合格的工作者。

他们会阅读一两本有关心理或思维科学方面的书籍，而且如果第二天他们不能把书中所讲述的原则运用在实践中，他们就很可能半途而废，甚至指责那些书籍纯粹是一派胡言。

在所有的研究领域，人类在能量的研究中受益最大。那些能够潜心研究人类内在能量的人，注定要得到巨大的回报。但在现实生活中，这个领域的研究工作常被人们所忽视。10个人中有9个人，甚至99%的人，只是在生活中随波逐流。他们自身内的发动机可以产生能够让他们达到任何目标的能量，然而到头来他们却一事无成。

当然了，他们利用过他们的发动机，但结果用它来做什么呢？他们只知道羡慕一些明星偶像的成就，或者有钢不会用在刀刃上，只是做一些毫无价值的事情，从而白白地耗费了自身宝贵的能量。众人们总喜欢通过他人的经验感受，间接地从中获得乐趣。

他们让发动机加速运转，但这并没有给他们自己带来多少好处，他们生活在梦想中。他们只知道崇拜比他们耀眼的人，只知道为他人的成就喝彩。他们从不付出任何必要的努力，来让自己也获得同样的成就。

假定围绕地球大气层的是一个巨大的电能储存器，那么每一种思想，每一种渴望，每一种情感，都能为这个储存器增加能量。它们带着关爱、憎恨、不安、妒忌、希望或坚信。当你每一次让自己的发动机运转时，你就为这个储存器补充了额外的能量。

但倘若你想把这个储存器中的能量发挥出来，你就必须有好的导体，好的电线，有一根坚定追求的导线。为了避免能量流失，你还必须树立坚定的信念。假如你只是把你的电线胡乱接在接线柱上，让它频繁地滑落，你就无法从能量储存器中获得很强的能量。你必须把电线牢牢地固定在电线杆上，才能使电流持续稳定地输出。而且你不能使用明线，否则电流在接触到第一个导体时，就开始流失。你使用的电线必须绝缘，以便电流直接从储存器流向你希望它带动的装置。

对你周围的能量储存器来讲，道理也一样。你可以按自己的意愿利用它，也可以在紧张情绪的重压之下，通过祈祷获得一些。然而，倘若你想持续不断地获取能量，你就必须首先坚定自己的追求，随后给自己的信念绝缘。只要你能够做到这一点，那么你可以利用的能量永远是无限的，而且你还可以把无限的能量直接用来实现你的远大追求。

现在，假如你丢掉了工作，你的妻子儿女都在家忍饥挨饿，房东想把你赶出你租住的房子，而且你一直都在祈祷，想方设法地赚钱，那么这又如何帮你摆脱困境呢？你如果借鉴这种观念，你需要做些什么？

你不妨从《圣经》中所讲述的一则故事中找到答案。这则故事称，信徒们日夜不停地打鱼，不但辛苦，而且收获不大。耶稣见状，指导他们把渔网撒向正确的地方。他们听从了指导，结果他们撒下的渔网中满是鱼。

你可能一直在祈祷，一直在尝试，可却一无所获。现在轮到你向正确的地方撒网了。把网撒在正确的地方意味着你不会受到周围尘世喧嚣的干扰，能够充分发挥你的能量，把手头的事做好。

你的周围都是能量，你可以把这种能量转化为你希望的任何形式。人类的意志力正是借助这种能量创造了整个世界！你是世界的中心，是一位创造者，一位圣父真正的孩子。你具有能够把这个世界建设为你理想中的世界的能量，而你只需要采用上帝用过的方式就可以。

首先，创造"文字"，在头脑中树立文字的形象。什么是你所想的？地位、权力、关爱、财富、成功？你必须先做出你的模子。这个世界最好的流体，假如没有模子可供其放入的话，是无法被制成有用的物体的。因此，想方设法制造出你的模子，你头脑中的形象，透过你思维的眼睛，把它看得明明白白。不要使它成为他人的家园、位置或财富。如果你喜欢的话，把它们作为模版，塑造出属于你的一切。

其次，是能量的流动。保持能量的顺利流动。当你需要的时候，把能量注入你做好的模子，随后坚守它，因为它属于你。你已经提出了对它的拥有权，如果你不是一个懦弱者的话，是没有哪个人可以把本属于你的东西夺走的。牢记这一道理，同时坚定自己的目标，那么这个世界便没有你成就不了的事业。

"在你祈祷的时候，无论你索求什么，坚信你能够得到它，那么最终你往往能够得到它。"无论你想要什么，你都在头脑中努力构想出来，然后把你的能量用到必需的地方，你便可心想事成。记住：它是你的，你有权拥有它，你必须坚定自己的信念，为着实现自己的目标而不懈努力。

倘若你动摇了自己的信念，就等于你模子里所塑造的东西还没有凝固，你就匆匆忙忙地把它打开，其结果可想而知。里面的东西将四处流散，你不得不重新做一个新的模子，用你的网罩住新的能量，给时间让它凝固，才可得到你之所想。

每个人自身都有一颗生命的种子，它借助自己巨大的能量，把它发芽所必需的一切聚拢过来。你是谁，你处于怎样的境况，接受过什么样的教育，具有什么优势，都无关紧要，最主要的是你自身生命的种子具有创造美好明天所需要的能量。

阳光总在风雨后

究竟是什么令爱德华·博克这样一贫如洗的移民，克服了语言、资金等诸多障碍，成为举国皆知的最伟大的编辑之一呢？

在一战前美国的4043位百万富翁中，除了69位之外，其余的富翁在起家时既贫穷、又没有受过高等教育，这个事实说明了什么呢？

恶劣的境况越是给人施以重压，人们的前进动力越是强烈。难道你没有注意到这一点吗？生命的种子一旦缺乏孕育成长的渠道，它越可能破壳而出，并向四处伸展。

当河流被大坝拦截时，它才能蓄积最强的能量。我们中的许多人位置优越，一些自我展露的机会可轻而易举地获得。而那类小机会只是一个锅炉的安全阀所起的作用——它只给我们留了做某些有价值的事情所需的蒸气，同时防止我们蓄积足够多的能量，一举把禁锢我们的外壳爆破，清除压制我们的一切障碍。

但事实上，只有这种被蓄积起来的无坚不摧的蒸气，才可造就伟大的成功。这就是为什么只有当我们蓄积充足的能量时，才可实现人生的伟大目标。这里我举一个我认识的一位先生的例子。这位先生五年前不幸失业，而五年之后的他，竟然成了一家大公司的老总，他公司生产的产品占领了全美的大部分市场。难道你认为如果他继续在原先那家公司做个普普通通的销售员，今天的他就可以取得如此辉煌的成就？

不，实际上，你并不那么认为。如果他没有丢掉原先的那份工作，他就会安于现状。他有一个舒适的家庭，一份好的收入，以及条件相当好的工作环境。他怎么会放着安逸的日子不过，去担着风险追求更大的事业呢？有则古老的寓言称，一条嘴里叼着一块肉的狗，走到河边时，发现河里边也有一条叼着一块肉的狗。这条狗看着水里的那块肉十分鲜美，于是便张嘴去咬，结果把自己嘴里的肉掉到了河中。这则寓言所产生的不利影响，就是让许多看过它的人不愿意去争取更好的机会，取得更好的机会。他们担心如果追求更好的，到头来反倒有可能失去现在已经拥有的。于是，他们安于现状，没有什么大的作为。

在这个世界上，做什么事情只认安全二字的做法，其实是最不安全的做法。要知道，在人生的道路上往往是不进则退，只有勇于前行，你才不会被这个世界所淘汰。一家经济服务公司统计出来的数字，便证明了这点。在35岁之时已经腰缠万贯者，到了他们60岁的时候，有87%的人失去了原有的财富，滑入贫穷者的行列。

为什么？这是因为他们年轻时所拥有的财富，已大大削弱了他们拼搏的斗志。他们手中的钱使他们生活得很安逸，也滋生了他们的惰性。这些钱为他们提供了几十个安全阀，他们的蒸汽不断地通过这些安全阀漏出，使他们根本蓄积不起强大的能量。

结局便是，他们不仅无法成就有价值的事业，而且过不了多久他们便会坐吃山空。他们就像开水壶，人生的动力使水保持在沸点，但大开的壶口让蒸汽刚一形成便跃出了开水壶。到最后，开水壶里一点水也没有。

为何富家子弟很少有成就一番大事业的？这是因为他们衣来

伸手，饭来张口，有许多现成的机会，他们没有必要去积蓄可以让他们前进一步的能量。结果会怎样呢？他们缺乏前进的动力，自然造就不了丰功伟绩。

在我们的人生道路上，不可避免地要遭遇坎坷，要经历风风雨雨。而我们如何对待它们，事关我们未来的幸福与成功。在世界开始出现生命之时，每一个生命都被召唤着去迎战这些坎坷灾难。人生的目标是掌握支配权，这是一种可以克服一切障碍的途径，有了它，一切坎坷灾难便不足挂齿。

发挥你内在的精神动力

"团结周刊"几年前刊登过一篇文章，说一对夫妇想卖掉自己的房产，搬到另外一镇上去居住。在那个所谓"萧条"时代，房子是市场上的一剂良药。房地产经纪人对别人售房不敢抱任何希望。这对夫妇的一位朋友对他们说："我们为何不祈祷护佑我们呢？""我们会丧失什么呢？"他们围坐一起，相互探讨努力认识到：

1. 世上只有一个头脑，那就是上帝的头脑，他们是其头脑中的细胞，而那些要买他们房子的人，也是其头脑中的细胞。

2. 这个上帝头脑为了所有人的利益而工作着。既为了让他们生活得更好，也为了让那些正在寻求这样一个家的人生活得更好。

3. 这个上帝头脑乐意帮助他们，也乐意帮助那些正在寻求这样一个家的人，因此，他们所要做的，就是把他们的房子交到他的手中，让他信心十足地把问题解决。

很快，他们把房子卖了个好价，而且拿到的是现金。另外一期"团结周刊"，刊登了一位商人的故事。这位商人用信用卡买了许多钢琴，而且为了支付其他一些开支，从银行中贷了款。后来，银行通知他，还款的日期快要到了，他必须按期还款。他忧心忡忡地回到家中，整日寝食不安。在妻子的帮助下，他最终摆脱了忧虑，并为找到必需的基金，开始求助于自身内在的精神动力。

那天下午，一位职员到他家，告诉他一位顾客前天从他那儿买了东西，回家之后便抱怨不停。他立刻赶往那位顾客家中，发现他仍在为给儿子买回来的那架廉价的钢琴发火。他走到钢琴前，一看，原来钢琴的几根弦已经断了。这位商人立刻为他换了一架好钢琴。这位商人的善举，不仅使那位顾客的火气全消，而且使那位顾客深感歉意，他觉得自己必须从这位商人那儿再买些东西，才能弥补自己以前的不妥之举。于是，他又到这位商人那儿，买了一架昂贵的钢琴，作为女儿的生日礼物。他即付的现金，已足够这位商人返还银行贷款。

自人类伊始，人生的目标便是掌握对诸如此类的境况的支配权，而且只有通过你自身内在的强劲力量，才能掌握它。经书上说得好："我所期望的，就是我内心的意志力。"因此，你应当时刻保持可获得自身意志力量帮助的那些渠道的畅通。不要以为这类渠道只是传说中所讲的你碰到了某个很富有的叔叔，或者你的工资得到了增加，或者你赢得了某项奖金。你应当去开发任何比较有前景的渠道，同时保持现有渠道的畅通。随后行动起来，就像你已经拥有了你所想得到的东西一样。而不要整日对自己说："当这个账单被付清之后或这场危机过后，我就会感到轻松愉快。"相反，你应该这样对自己说："我现在感到轻松愉快，既然我解除了这个负担，我当然会心满意足，平静安详。"

当你如愿以偿时，你会做何反应？好的，现在就做出那种反应，以那种方式思考，而且以那种方式生活。并且牢记埃拉·威尔讲过的话："思想是一块磁铁，而你梦寐以求的快乐、裨益或目标都是铁，你心灵的一切感受都很重要。"

如果你能确信你的精神力量在不断地为你提供你内心渴望的那种生活、你关爱的及美好的一切，那么你会如何指导自我？你要时刻记住，你的意志在为你提供着所你渴望的一切。

因此你应该行动起来，仿佛你已经拥有了你所想拥有的一切。透过你思维的眼睛，看清你梦想全部实现的过程。随后，祈祷，让你内心巨大的力量把它显现出来。当然，这需要依靠你自身现有的条件，做你力所能及的事情，与以往不同的是，你应该靠着你无所不能的信念，让它把美好的礼物赐予你。

看看《圣经》的第一章，你就会知道当上帝想要光明时，他不是靠着不断的奋斗，去力图创造它。他只是说："让这儿充满光明。"

当你非常渴望拥有某些东西时，你不要挖空心思，不择手段地去得到它，而应当去索求它，然后让它降临到你的生活中。你只要让心情放松，让追求的动力通过你来发挥作用，你也可以对自己说："我需要认真履行我的使命，我需要充分发挥我的聪明才智，至于剩下的事情，我自身强劲的精神力量知道什么是我的正确选择，知道我为实现自己的理想应当做些什么。我热心地把我自己，以及我所做的事情都一一交给他，他则会让我心想事成。"

爱默生过去时常说,当我们能够识别真理时,我们所要做的,就是让真理的光芒放射出来。这就需要我们努力去为真理开辟出一个通道。电流强度的方程式 $C=E/R$,表达出了同样的思想。在这个方程式中,C为电流(current),E为电(electricity),R为电阻(resistance)。在电量一定时,电阻的大小直接影响着电流的强度。倘若电阻太大,哪怕电量再大,电流都很小。

倘若我们忧心忡忡,精神紧张,恐惧不安,那么我们就等于给自己设置了巨大的电阻,我们会发现电流要通过我们非常困难。所以我们在成为好的导体之前,不得不先放弃成功。但我们应当坦然,像约翰·伯勒斯所说的那样,"我合着双手,静静地等待着。急风骤雨或惊涛骇浪都不能打破我内心的宁静。我不再奋力地与时间抗争,与命运抗争。我所渴望的,我自身内的精神意志会赐予我。"

[第03章]

捕捉你思维的小精灵

就像古代讲凯尔特语的高卢人那样,人类可以划分为三部分。

第一部分:那些像动物一样,仍然处于一种简单的意识、生活、行动及思想状态的人们。这一类人,只是存在着,除此之外,别无其他。

第二部分:那些处于自我意识状态的人们。大多数较高层次的人都包括在这一类人中。他们有理智,他们学习,工作,悲伤,快乐。但他们只能依靠自己的努力来获得美好的一切,而且他们屈服于超出他们控制能力外的境况与条件。对他们来说,生活存在着竞争。

第三部分:那些正在进入或已经达到直觉或高级意识状态的人们。耶稣把这种状态称为"我们内心的天国"。

思维的发展历程

人类自有了亚当和夏娃,就有了智慧。经过长期的进化,如今,人们在智力方面已远远超过了古代的人,并已摆脱了动物般的简单意识。

我们知道,动物只能认出有形物体。每个房子对动物来说,都是一所新房子，没有什么差别，尽管这些房子的样式、装饰、用途等各不相同。但动物从来不会拿一所房子与另一所房子做比较。动物的意识只是一种简单的，或接受式的意识。

而与动物相比，人要进步得多。人们可以建房，并且把它命名为房子，然后根据其实际情况进行分类。在这方面，人把房子从一种简单的有形物体，上升到一种概念。这就像人坐在火车上旅游时，可以把沿线看到的房子的各种具体情况都记在心中；而在火车上的动物看到这些房子时，它的脑子接受的只是一个又一个房子的外形。假如沿线有一百多所房子，对动物来说，它的脑子里呈现的是一百多幅房子的画面；而对人来说，他会记住"铁路沿线有一百多所房子，其中25所是欧式风格，15所是都铎式的。"

如果人的头脑也被物体形象充塞着，那么他就没有空间去从这些形象中得到结论。人的高明之处，在于可以把这些形象转化为概念或观点，因而与动物大脑的容量相比，人的大脑容量增加了百万倍。

但如今，又到了人的头脑进一步发展的时候了。人的头脑内存在着如此多的概念，以至于必须发现一条新的捷径。可喜的是，已经有一些人发现了这条新的捷径，并且进入到更高的意识层次——直觉或"天国般的"意识层次。

这种更高级的意识层次到底有什么特别之处呢？巴克斯把它称为宇宙意识，并且解释说它是一种关于我们的这个世界的意识，一种不必停留于原地，像加数一般把一个又一个的概念加进来的意识。这种意识凭借直觉可以立即得出答案，它就像一个"闪电计算器"，可以不借助加减乘除，不经过繁琐的推理论证，就可解决比较难的问题。

其实，有意识的你，只是形象、感觉及大脑中概念的聚集体。而超越推理思维的则是你的直觉思维——你的灵魂，它是伟大的宇宙、伟大灵魂的一个细胞。它是你与你内在精魂之间联系的纽带，它分享着能量、智慧与财富。而且在需要的时候，它可以让上帝的整个灵魂为其提供帮助。这是如何进行的呢？它恰似你身体的任何一个细胞，都可以让整个身体为其提供帮助，满足它的需要。

生命的历程其实并不神秘，它是一个合乎逻辑的发展过程。在智力方面，小孩子首先学会了认识事物，随着年龄的增长，他可以把所认识的事物分门别类，并把它们作为自己逻辑推理的基础。依靠自己的表象能力，小孩子能够了解这个世界可以看到的、可以感觉到的一切；借助概念，小孩子又能够想象出看不到的世界。

这就是全部吗？这就到了尽头吗？"不！"巴克斯在《宇宙意识》中明确指出，"如同生命出现在一个没有生命的世界；如同在只有动物本能的时候，出现了意识，如同自我意识得到发展，人类定将迈上新的台阶，达到前人未曾达到的更高层次。"让人们明确地认识到，新的台阶并不只是自我意识的一种拓展，而是比它又前进了一步，就像自我意识比简单意识前进了一步一样。

但我们如何认识迈上新台阶之后的新感觉呢？如何知道它的来临呢？每个天资高的男人及女人身上，都有明显的迹象。你可能曾经见过有经验的会计，写下一行又一行的数字，然后无需有意识地把一个个数字加起来，便可以告诉你这些数字的总和。也许当某个人还没有对你开口，你就知道他要对你讲些什么；当你拿起电话，对方还没有开始说话时，你已经知道他或她是谁了；

当你碰到一个陌生人,你对他或她有一个"快速判断",事后证明你当初的这种"快速判断"令人称奇地准确,我们把这类情形叫做直觉,它是宇宙意识的第一阶段,它是智力发展的一个完美的逻辑步骤。

从简单意识升华到自我意识的过程是,人们把一组组头脑印象转化为概念或观点的过程,就像我们把罗马数字Ⅲ转化为3这个符号一样。人们不必再在自己的头脑中记住森林里的每一棵树。人类把它们归纳起来,用"树"来称呼它们,而且把在一起的众多的树称为"森林"。

直觉是成功的金钥匙

现在,人类不必再为了摸清那片森林的具体情况,而一棵树一棵树地去调查研究。人类从心灵深处获得了那种认识,而人类的心灵,则是森林的伟大超灵的一部分、宇宙的伟大超灵的一个部分,因此人类借助它可以了解一切。换句话来说,人类正借助直觉去获得认识。

培养你的直觉,以各种可能的方式来鼓励它,这正是达到天国意识的第一步。恰如你身体的每一个细胞都是你的一部分,你的灵魂是强大躯体的一个细胞。而且作为宇宙伟大超灵的一部分,它可获得宇宙间的一切知识。但它需要锻炼,需要进化。

倘若你想让你身体内的任何一个细胞,或任何一组细胞得到进化,你会怎么做呢?你会锻炼它们,不是吗?你会尽可能地发掘它们的潜能。但是这样,它们会感到很虚弱,很劳累。与以前相比,它们明显消瘦了。为什么会出现这种状况呢?这是因为你改变了那些细胞的境况，消耗了它们之中的能量，而且它们还没有来得及从血液中汲取更多的能量来弥补自己的损失。在刚刚开始的几天或几周内，你继续高强度地锻炼它们，这使它们精疲力竭。这又是为什么呢？因为你的"统帅"分配给那些细胞的能量，不够它们做这些繁重的工作。然而，你一旦坚持锻炼它们，那些细胞便会逐渐适应新的工作，日益强健起来，并且在大小及能量上都有所增长。它们已建立起一种新的秩序，你的"统帅"将为它们提供更多的生命之能，而且只要它们能够为那种生命之能找到用途，那种生命之能便会被源源不断地送来。

开发你所拥有的，在每一种可能的场合利用它。这是你为提高直觉意识所必须做的第一步。倾听那种悄悄的、微弱的声音。"你的耳朵应当能够听到树后的话语，"《旧约全书》指出："你需要不断锻炼你的直觉意识，这就是你努力的方向。"

艺术家为什么能够有独到的见解？作家为什么能够写出鼓舞人心的作品？化学家或发明家为什么会有伟大的发现？这都是因为他们的直觉意识在发挥作用。倘若你问伟大的作家为什么能够写出不朽的名篇，他们十有八九会告诉你，那靠的是灵感，靠的是内在的直觉。它们"向他走来"，就这么简单。"成功的金钥匙，"托马斯.A.爱迪生说道，"从天而降。像一种观念，一段美妙的旋律之类的新事物，都会破茧而出，这是一种令人费解的事实。"

从概念智力的角度来理解，它的确令人费解，但如果从直觉的角度去理解的话，人们却能够把它看得明明白白。

这些都是有关第一步的内容，对于任何一位高智商的男人或女人来说，都有可能完成这一步。倘若它涉及一个问题，一件艺术品，一则故事，一项新的发现，它只需要头脑中具有与所期望的结果相关的概念，随后把它托付给你自身内在的识别系统就能得出答案。

第二步则是产生达到更高意识层次的热切愿望。这听起来挺简单，每个人都希望自己不必经过繁琐的计算，概念的转换，就能够得到答案，悟到真知。因此，如果热切的愿望就是全部所需的话，那么它应该是很容易的。

然而，热切的愿望并非是全部所需。它是所有步骤中最难的一步。这是为什么呢？因为你必须让它成为你的支配性愿望，它不能只是获取财富或赢得高位所借助的一个手段。所有的人都赞成这一点：只有对精神真理有一种极度的渴望，对精神类的事情不断追求，才可以获得这种天国般的意识。

要想更好地理解这一点，你不妨注意这么一种现象：许许多多普通人在生死关头，或者从长期的麻木中清醒过来的时候，都曾有过这种意识。

那么，获得这种意识的必要条件是什么呢？

首先，了解你潜在的能量，认识到无论是受过多少教育，你自身内都有一种能量（你可以把它称为潜意识，你的灵魂，你的天资，或你乐意使用的其他称呼），这种能量可以触及使宇宙间充满生机的智慧。

其次，有一种让精神进步的热切愿望。人们不必为了产生这种热切愿望，而去做禁欲主义者，或者放弃他的名声、事业。实际上，他为了产生这种热切的愿望，反倒应该做一个更好的丈夫、父亲及商人。因为今天的商人已不再像往日的商人那样，大都靠着投机取巧，欺诈他人而获利的。今天的商人努力地为他人提供优质服务，而且他正是靠着这一点，才在竞争中立于不败之地。让自己的精神境界不断提高，才能为获得天国般的意识做好准备。

再者，具备一种彻底放松的能力。正如伯麦指出："你必须从思想、意愿及想象中彻底解脱出来。因为你'自我意识'的听、想、看，妨碍着你悟到更深的真理，让你听不到真理对你的教诲。"

"当一种新的才能出现时，"巴克斯称，"它仅仅体现在一个人身上；稍后，它开始体现于一些的人身上；再过一段时间，人们中间具有这种才能的人所占的比例比较大了；再往后，一半的人都具有这种才能；经过一代又一代的进化，到如今谁要是不具有这种才能，便会被视为弱智。"

如今，天国意识，或巴克斯所称的宇宙意识，已为部分人所具有。当一个群体日趋成熟时，这种意识便能够比较容易地培养出来。

小精灵是你的忠实伴侣

什么时候开始培养这种直觉意识都为时不晚，这是因为你的思维永远不会变老。在《思维的黄金年龄》这本书中，多兰德博士指出，在人类有史以来最伟大的成就中，大多数都是由50开外的人们创造的。更为有趣的是，在所有创造人类最伟大成就的人们之中，年过70者要多于年龄不满30者。

欧文·洛杰博士在哥伦比亚大学的师范学院工作，他经过长期研究发现，尽管学习的速度可能会随着年龄的增长而下降，但思维的能量却并不因年龄的增长而下降。对五、六十岁的人们来说，倘若学习速度这一不利因素被排除在外，那么他们的学习成绩就会比25岁左右的那些人更优秀。在总结自己的研究成果时，洛杰博士指出："只要思维能力被考虑在内，那么根本不存在'退休年龄'。而可能出现的则是，一个人的年龄越大，他就越有价值。他不但具有与年轻时一样的思维能量，而且他还具备更多的工作方面的知识，以及宝贵的人生经历。在这方面，再优秀的年轻人与上了年经的人相比都存在着缺陷。"

直觉意识很多时候以"预感"之类的形式展现出来。当你具有直觉意识时需要保持它，再不断地培养它。罗伯特·路易斯·斯蒂文森在讲述它是如何为他笔下的杰基尔博士及海德先生安排故事情节时，道出了自己的心里话：

"当我入睡时，它把我要做的工作做了一半。而在我的醒来的时候，我总是愚蠢地认为这只是我自己在做工作。我一直想写一本关于人的双重身份的书。两天来，我绞尽脑汁地想写一些有分量的东西，可我一直不知道从何处动笔。两天后的一个夜晚，我的梦中出现了一个情景：杰基尔博士及海德先生站在窗户旁边，默默无语。随后，我的梦中又接连出现了另外一些情景。我一觉醒来，赶忙把这些情景一一诉诸笔端。"

你可能有过类似的经历。你从各个角度考虑过一个问题，然而当你着手解决它时，却发现它相当棘手，令你一时不知所措。你只好把它留在那儿，暂时把它忘掉，而当你再回过头来重新解决这个问题时，你会发现自己思路清晰，一切豁然开朗，棘手的问题也迎刃而解。其奥秘在于你"思维的小精灵"帮助你做了大量的工作！

灵感的火花，并非源于你的大脑。当你通过集中精力，建立了一条与宇宙相连的线路后，这条线路经过你的潜意识思维，你的灵感便经过那条线路从宇宙传来。所有的天资，所有的进步，都源于同一处。你需要做的，就是学会如何按照自己的意愿建立这条线路，以便你能够心想事成。实际上，你完全可以做到这一点。

"有许多让小精灵发挥作用的途径，"多蒙特在《才子》这本书中指出，"在这方面，几乎每一个人都或多或少地有过类似的体验，尽管它很可能是无意识地，无目的地被制造出来。"对于平常之人或人类中的大多数而言，获得意想结果的最佳途径，就是心中有一个明确的念头，就像非常清楚地知道你要回答的问题。然后在头脑中反复琢磨它，心甘情愿地对它投入更多的关注，你就可以通过头脑发出命令：'为我关注这个问题，并寻找出解决的方案！'，而把要解决的问题转交给你的潜意识思维。这种命令可以悄无声息地发出，也可以大声发出。就像你在给自己雇的人布置工作时那样，用温和但坚定的口气，把工作交代给潜意识思维或它的实施者，命令它们把这些事情办好。然后，你就把这些事情彻底地忘掉，把你的注意力放在另外一件事情上面。接下来，在合适的时候（或许这个时候是你必须对原来那件事情做出决断的最后一分钟，或许这个时候你已对答案有了迫切的需要），你渴望的答案就会在不知不觉间闪现在你的脑海。你可以给你的小精灵下达一个何时可以找到这类答案的命令，让你的小精灵到时就发挥作用，如同你告诉它们在早上某个时间叫醒你，以便你能够赶上火车一般。如果你的小精灵已经训练有素，那么你简单地提醒它一下就可以了。比如你某一时间要赴约，你可以提醒小精灵准时告诉你，而你训练有素的小精灵绝不会让你失望。"

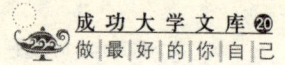

把问题交给它

你阅读过理查德·哈定·戴维斯所写的"他是不会输的人"这则故事吗？这则故事的主人公对赛马有着十分浓厚的兴趣。他专门对赛马的历史进行过详尽的研究，而且分析过一些马的参赛记录。

在大赛开始的前一天，他总会躺在安乐椅上，想一会儿明天的比赛，然后，把心中所想的留给头脑，自己则安然入睡。当然，他潜意识的思维会把他头脑中的想法接过来，并在适当的时候把非常准确的赛马结果告诉他。

尽管这只是一则虚构的故事，但如果比赛的结果完全取决于参赛马的速度与耐力，那么由于他事先对此有了详尽的了解，在他睡觉的过程中，他的潜意识完全有可能把准确的结果推算出来。只是赛马的最终结果往往还要受到其他一些因素的影响。

理查德·哈定·戴维斯的这则故事所蕴含的道理，是完全正确的。要想接触你潜意识的思维，以至于在解决任何难题时得到"你自身内的那个人"的帮助，你应该做到下面几点：

首先，弄清你需要解决什么问题，然后努力去多了解一些关于这个问题的信息。你头脑中的这些信息将是十分有用的。

其次，找一个十分合适的地方彻底放松。如果你喜欢舒舒服服地躺在安乐椅上，你可以拿一把安乐椅躺在上面，也可以放松地躺在床上。在这样的情况下，十分惬意的你就会忘却你躯体的存在。

接下来，让你的思维在所要解决的问题上停留片刻，不要有任何顾虑，也不要有什么苦恼，随后把问题转交给"你自身内的那个人"，并对他说："你什么都能做，这是你需要解决的问题，你知道一切解决问题的方案，把这个问题给我解决好！"之后，你就可以完全放松了。如果你想睡的话，那么你就美美地睡上一觉，或让自己处于半睡半醒之间，从而避免其他想法干扰你的意识。像前面所讲的那些人那样，召唤你的小精灵，把命令传达给它，随后忘掉让你头痛的事情，并且坚信你的小精灵会把问题解决好。当你醒来时，你便可看到梦寐以求的解决方案了。

"这个世界最聪明伶俐的人，就是你自身内的那个人，"弗朗克·克雷茵说道，"我们每个人自身内都有那样一个人，我们可以对其充满信任，把各种让我们感到头痛的事情交其处理。"

"他的确是这个世界最聪明伶俐的人。他比我，或者比我所听说过的任何人聪明而更富有智慧。倘若我因一时大意而用刀切着了手指，他便召唤来一些微小的吞噬细胞，让它们杀死那些可能会让伤口感染的细菌。正是他在人们抗击疾病侵袭的过程中发挥了积极的作用，从而保证了人们有一个健康的身体。

"我无法做到那一点，我甚至不知道他是如何做到那一点的。他甚至为那些什么都不知道的婴儿们做这类的事情。实际上，与给我做的事情相比，他给他们做的事情反而更完美一些。

"当我练习钢琴的时候，我只是把我意识思维中的弹钢琴这件事情，委托给我的潜意识思维：换句话说，我把练钢琴一事托付给了内在的这个人。

"我们的幸福，以及我们的争斗与苦难，大多来自于这个内在的人。如果我们以满足、调整的方式来训练他，那么过不了多久，他就能够成为我们的一位训练有素的仆人，帮助我们克服那些我们必须克服的困难。"

幸福与苦难源于人的思维

再认真阅读一遍这句话："我们的幸福,以及我们的争斗与苦难,大多来自于这个内在的人。"那么我们如何才能让他给我们带来的都是生活中美好的事情呢?

我们可以依靠祝福,而不是怒气冲冲地叫嚷或没完没了地诅咒,依靠坚信而不是害怕。每个人允许什么样的支配性思想占据他的头脑,随后给自身内的这个人灌输这种思想,那么他实际上就是一个什么样的人。

如果你的头脑里掺杂着一些诸如愤怒、害怕、忧虑或关爱的个人感情的思想,自然会对自身内的这个人产生影响,从而使他做出相应的反应。所有的思维冲动,都倾于一种相应的外在体现,这只是因为它们让你自身内的这个人为把你头脑中的形象得以物质显现而工作。当耶稣声称"看到了它们的果实,你便可认识它们"的时候,我们就能够明白耶稣理解了这一点。

那么,我们要寻求的答案是什么呢?

1.认识到你的思想就是一个模子,你自身内的这个人正是利用这个模子做出了你所处的境况。同时,你也应该深刻认识到:"一个人是怎样思想的,他就是一个怎样的人。"

2.时刻牢记,在上帝的宇宙中根本没有任何东西需要你去担惊受怕。因为上帝就是爱,你和他是一体的。因此,你要学会与自己碰到的问题交朋友,而不要想方设法地逃避它们,应该走近它们,剖析它们。慢慢你便会发现它们并不是障碍,而是让你不断获得进步的阶梯。

3. 如果你现在忧心忡忡，或整日生活在惶恐不安中，那么你应当立即从中摆脱出来。把你手头的事情委托给你自身内的他，随后你便可把它们忘掉。要时刻牢记，对你自身那个他来说，一切都是可能的；当你意识到你与上帝一体时，对你来说，一切也都是可能的。因此，你应当把目光投向上帝，而不应当把目光投向困难，投向你之所想，而非你之所惧。

4. 忘记过去。记住："现在是你可以抓住的时间，目前就是拯救之时。"向前看，看那些等待着你去完成的伟大的事业；而不要时常往后看，让自己沉浸在对昔日的悔恨之中。心中想着你期望实现的事情。把每天都视为自己一生中的重要一天，每天早晨一觉醒来，就对自己说："我是为成就大事而醒的。"

5. 祝福一切，因为在生活中，即便在给人第一印象非常差的事情中也蕴含着美好。

《团结周刊》中也登载了前面讲过的一则故事。有个住在干旱地带的农民，在播种的时候，他为播下的每一粒种子祈祷，而且头脑中想象着这些种子能够给他带来好收成，最终他果真获得了好收成。这令他的邻居们惊讶不已。

在另一期杂志中，它讲述了一则关于一位旅客的故事。这位旅客住进了美国西部的一家旅馆，她被自己房间中的喜庆气氛深深打动。在这样的房间中住宿，似乎成了一件令人欢欣鼓舞的事情。她觉得房间里的一切是如此的美好，以至于当她碰到以前住过这个房间的一位女士时，不停地称赞其为这个房间营造了这样好的一种氛围，并问她是如何做到这一点的。那位女士对她说，这一切都是依靠祝福得来的。每当她在房间里工作时，她便会为它祈祷；当她需要离开时，她会在门口站上一会儿，确保房间里喜庆气氛的存在，而且为下一个入住这个房间的人祝福。

[第04章]

播种生命的种子

宇宙的根本法则,就是每一种生命体自身内都有足够的活力,可以为它摄取它成长及成熟所需要的每种元素。其前提就是把外部支持弃之一旁,而完全依靠创造了它,并为它赢得所需要的一切的生命力。

宇宙的根本法则

看到美国加利福尼亚州蔚为壮观的红杉林。人们并不知道到底是什么宇宙法则在起着作用,让红杉树为其高高飘在空中的叶子吸取水分。它们的确在为那些树叶吸取水分,而且每天都需要吸取数百加仑的水。

而它并不是靠着红杉树根部的水压。它借助的是上面的吸力!换句话说,它需要什么首先应确立下来,因为需要本身提供了吸取它所需元素的途径。

在整个自然界,你会发现同样的法则。首先是需要,然后是途径。利用你所具有的去填补空白,随后汲取必需的元素去充实它。你可以伸展自己的枝叶,提供"拉力",这样你就可以托付你的树根去寻求必需的养分。倘若你达到了足够的高度,你已具备了足够强的吸引力,你就可以为自己汲取你需要的任何元素,哪怕它们蕴藏在地球的另一端!

整个宇宙在你自身内形成了一颗它自己的种子。并赋予种子能量,以便让它为自己汲取它成长所需要的一切,就像对待树种的做法那样。然而,他为你甚至做了更多的工作。他把能量赋予你生命的种子,让它为了自己的无限发展,而汲取它所需要的一切。

你知道,生命是有智慧的,生命也有着巨大的能量。无论在何地,生命每时每刻都在寻求着自我表达。此外,它从不知足,它一直都在追求着更加伟大的、更加完美的表达。一棵树一停止生长,它内在的生命就开始在其他地方探索更好地表达它自己的途径。当你不再拥有更多生命的时候,生命便转向你的周围,寻求其他更好的出路。

可约束生命的唯一东西,就是生命的存在所借助的渠道。生命所受到的唯一限制,就是你给其强加的限制。

成功的秘诀在于:你自身内有一颗属于你自己的种子,这颗种子可以为你汲取你所需要的任何元素,可以把你的一切美好愿望化为现实。然而,它也像其他种子一样,只有当它的外壳被破开之后,里面的籽才可以利用其去汲取元素的能量。值得一提的是,你种子的外壳与地球上任何种子的外壳相比,更加厚实、更加坚硬。能够破开上帝种子外壳的,只有那种十分强烈的愿望,那种十分坚定的决心。有了这种愿望,这种决心,你才能兴高采烈地动用你所拥有的一切,去赢得你所期望的结局。它需要的,不只是你的工作、你的金钱及你的思想,它还需要你心甘情愿地为此一搏,这个过程的结局不成功便成仁。你明确地要求你自身内生命的种子要么有朝一日为你带来累累硕果,要么就自行消亡。这就是每一个伟大的成功的秘诀。所有的生命，都是借助了那种手段，最终赢得了它所需要的一切。

我们外在的宇宙，为何给某些动物坚硬的保护外壳，赋予某些动物快速奔跑的能力，而让另外一些动物有毒刺、锋利的爪子及让人害怕的角呢？为何它要赋予勇敢的强者所向无敌的力量，而赋予弱者善于躲藏及逃跑的能力呢？其实，这是为了让万物中生命的种子显示其形式多样的巨大能量。

自生命开始出现在地球上的那一时刻起，它就遭受着各种各样危险的威胁。如果它所具有的能量不比宇宙间其他的能量更强，如果它不是最坚强的一部分，那么它可能在很多年前就已经消亡了。神奇宇宙赋予我们生命的同时，也为生命中注入了无限的能量。这股能量没有任何力量可以击败它，也没有任何障碍可以阻止它。

精神力量能创造奇迹

当人们处于极度的困境，不得不求助于他们心中神的时候，是什么最终把他们从困境中拯救出来的呢？是这个"神"，它赋予我们每个人生命的种子，它具有为我们汲取摆脱困境所需的任何元素的能量。

有一则故事这样讲道，一个小女孩在她四岁的时候，她的妈妈就教她相信世间存在着某种能够时刻保护她的特殊的力量。有一天，她独自外出玩耍时迷了路，根本不知道该如何回家。她的妈妈在家中等啊，等啊，可就不见她回来。然而，就在这位妈妈几乎快绝望的时候，她的小女儿却安全地回来了。她是一个人回来的，但她似乎正握着某个人的手，她的嘴唇一动一动的，看起来好像在和谁热心地交谈。在她妈妈为她开门的那一刻，她松开那只无形的手，她说："圣父，你可以走了。这就是我住的地方。非常感谢你把我领回来。"

之后，她平静地给妈妈诉说了自己神奇的经历。她说她只顾玩耍，不知不觉已离家很远。当她感到又饿又累时，她想回家。可她这时候才意识到，自己根本不认识回家的路。

"妈妈，我知道我已迷了路，"小女孩说道，"我便请求圣父把我带回家。我知道圣父认识我回家的路。于是，我开始在他的带领下往回走。这不，我已顺利回来了。"

"那么，"有人可能会问道，"为何当你饥饿的时候，你自身内的圣父不把食物带给你呢？为何当你感到口渴难忍的时候，你自身内的圣父不把饮料带给你呢？为何当你感到寒冷的时候，你自身内的圣父不把衣服带给你呢？为何当你欠债的时候，你自身内的圣父不把钱财带给你呢？"这是为何呢？这是因为你并没有真心依靠圣父，把你的事情托付给圣父。你指望的只是你自己，你的朋友或能量非常有限的那些途径。只有当你对一切常规手段感到绝望的时候，当你认定上帝必须帮助你，否则你将走向灭亡的时候，你自身内生命的种子才能开拓出新的资源。

这就是为什么对于那些一直依靠药物或其他疗法的患者，心理或玄学的手段很少能够治愈他们的疾病。你自身内的灵魂并不是"一个令人嫉妒的圣父"。你所做的，就是竭尽全力让自身内的精神力量发挥作用。只要你表现出你自己还有机会通过其他途径得到拯救，你自身内生命的种子就会全力以赴地帮助你。只要你自身内的生命的种子发现，你正依靠着你的亲朋好友、你的股票市场或其他一些手段来满足你的急需,它就不会再为你效劳。

《团结周刊》提到一位女士独自一人在一个大城市中四处奔波,她居无定所,又没有工作,整日生活在焦虑与失望中,还时常为在另外一个镇子里寻找工作的丈夫担忧。

因为她身边实在没有可以求助的人,于是她每天坚持祈祷,直至完全信仰圣父,相信他将会关照她,并且把他作为自己的全部依靠。随后她便能迈着坚实的步伐走在街头,心中充满着自信,外人从她的平静而从容的面部表情,便可看出她相信自己有能力从目前的困境中走出来。她把自己临时租住的地方修饰一番,让那儿充满喜悦的气氛,而且经过自己的努力,她找到了一份理想的工作。两天后,她意外地收到了另外一个镇上寄来的汇款单及一封信。汇款单及信件都是她丈夫寄来的,丈夫在信中报告了他也找到了工作的好消息。

《团结周刊》还举了一个生来智力不全的小男孩的例子。这位小男孩到了上学的年龄,许多人都认为学校不会接收他。但他的妈妈不断地教导他要相信自己,于是他总是自言自语:"圣父将告诉我去做什么。"圣父的确告诉了他去做什么,后来他不仅顺利入学,而且学习成绩在班上一直名列前茅!

还有一个耐人寻味的例子。一位妇女患了一种看似不可治愈的疾病,这种疾病使她的身体每天都承受着巨大的痛苦,人们都认为她过不了多久便会与世长辞。她让人把她的病床移到一扇窗户旁边,每当夜幕降临时,她便长时间地透过窗户仰望着浩瀚无垠的星空。她想到了圣父,想到了他的力量,想到了他的善良,想到了他对每种生命的关爱,也想到耶稣说过即使麻鹊也能得到他的恩泽。经过一段时间的沉思默想,她便对他的能力深信不疑,并且坚信他乐意治愈她的疾病。后来,她头脑中一直想着自己的疾病已被圣父治愈。当一向卧床不起的她坐起身来,要照顾她的护士们给她拿些东西吃时,那些护士们简直不敢相信自己的眼睛。今天,这位妇女仍旧健康地生活着。

让生命的种子支配宇宙

你如何才能够激发起自身内圣父的无限力量,并让其充分发挥作用呢?你如何汲取它无限的资源,为你的急切需要服务呢?

不折不扣地相信,不折不扣地依靠,那就是唯一的答案。其他的途径都不能从根本上解决问题。如果你想得到帮助,而且为了尝试各种各样的方法而累得精疲力竭,如果你现在就想直接利用能够让你获得新生,给你以新的健康与力量的资源,你就应当想方设法让你自身内生命的种子早日萌发。你必须把其他一切都搁置起来。你必须完全依靠自身内生命种子的无限力量。你必须培养爱国志士所具有的那种态度——"在水里沉下去,或努力游到岸边;不成功则成仁;要么存在,要么消失;我把我的一切都交给了这项事业。我要么靠你而生,要么与你同亡!"

有了这种思想态度,让你生命的种子早日萌发便比较容易了。

对你自己说:"我是一个具有生命力的人,而这种生命力支配着整个宇宙。我是一个伟大者。我具有无限的能量。我自身充盈着无处不在的生命。我无限精神力量的活力体现于我自身的每一处。我这个人挺好,我身体的每一部分都挺好。我是由数亿个智慧生命的细胞组成的,在那种智慧的指导下,我获得了健康、幸福与荣誉。"

《印度之路上的基督徒》一书的作者E·斯坦利·琼斯,讲述了他如何通过在印度长达八年的传教生涯,最终彻底与神经疲惫及大脑疲惫决裂。他了解到那儿人民的生活方式,并且悟出了许多哲理,这让他能够为做善事而尽己所能。

在刚开始的那段日子里,他非常失望,心情也很沮丧,直到一天晚上,他在祈祷的过程中,似乎听到一个声音:"你已经准备好做那件我召唤你要做的工作了吗?""没有,上帝,"他答道,"有一点让我失望的是,我已用光了自己的资源。"那个声音告诉他:"不要担心,我会处理这件事的。""上帝"他高兴地说道,"那我可把这事全托付给你了。"

早在多年以前,医生曾经告诉他,他必须离开印度,回到自己的国家休息一两年。然而,现在他靠着更新的能量已能重新投入工作,而且自己从未感到这么健康过。他似乎已为身体、思维及精神开辟了一个新的生命之源。他所要做的,就是利用能源!

但这就意味着你不需要做任何帮助你自己的努力吗?不,根本不是,它决不会劝导人们做懒惰之人。存在的全部追求是发展,而且自然界的万事万物都在发展着。无论何时,任何事物只要停止发展,它便开始走向死亡。

自然力赋予我们双手,就是让我们用它们来做事;赋予我们大脑,就是要让我们去思考。而我们都应该利用好它们。

对于一棵高树来说,尽管并非是它的根部在往它的顶部输送流体营养,但它的根部扎入土壤,已为高树开辟出了营养资源,而且它在为高树的顶部得到营养的过程中发挥着重大作用。如果离开了根部，那么顶部的需求永远也不可能得到满足。人们依靠双手为自己拿来所需要的东西，但我们时常会发现，当人们有些紧迫的需求，仅仅依靠双手的力量是不够的。大多数人的困扰就在于，他们的双手或他们的直接能力可以让他们走多远，他们就走多远，然后便原地踏步，徘徊不前。这就像一棵树，只能长到树根能够把从土壤中汲取的水压到的高度。这样的结果只会使我们看到一个由矮树组成的森林，如同过分依靠自己的双手，使得大多数人都一直生活在贫穷与悲惨之中一样。只有当你用一千以上的数目乘以你的双手，当你开始从事那些不靠你一个人去完成的事业，你才能发掘自身内生命种子的力量，让它为你汲取你完全成长起来所需要的每种元素。

先有欲望，才能实现梦想

当英格兰的乔治·米勒开始筹建他的第一个孤儿院时，他并没有太多的钱，没有强有力的支持者，也没有可以依赖的物质资源。他只是了解到这种需要，但为了满足这种需要，他得向前走很远很远的路。而每一次，当他用尽他的资源时，他仍然充满信心地尝试着，最终需求得到了满足。15年后，他建立起了5家孤儿院，共计花费5百万美元。而他所得到的支持大都是通过无形渠道得来的。

当圣·特里萨提议建立一所孤儿院的时候，许多人问她有多少钱可以让这个项目上马。当她说出自己只有3达克特（旧时在欧洲的许多国家通用的金币或银币名）的时候，她的一些主管开始嘲笑她，觉得这种提议简直荒唐之极。"的确，"她说，"仅靠我手里的3达克特，什么也做不成的；但圣父与我同在，我能够做成任何事情！"经过圣·特里萨的不懈努力，孤儿院终于被建立起来，她也因此美名远扬。

在慈善及宗教领域，你可以发现数百个类似的例子。在商业领域，你可以发现数千个类似的例子。相信你曾经多次阅读过这类故事：一些伟大院校的建立者大多白手起家，他们靠着自己的辛劳及对上帝的信仰，实现了自己建立院校的梦想。汽车界的前辈亨利·福特可以说是白手起家；斯图加特创建的连锁店如今闻名遐迩，而谁能料想到他当初起家时手中仅有1.5美元。

实际上，有些时候，当你开始做一个新项目的时候，手中没有足够的资金反而是个优势。因为这样你就不会把信念放在资金上，而会关注你的创意。换句话说，你指望思维为你提供实现目标的途径。

有人说，我们必须努力工作，仿佛一切都得依靠我们自己一样时，他能够很好地表述这一点，然而与此同时，他却要祈祷，就像一切都得依靠上苍一样。

当你到一个有经验的验光师那儿验光配镜时，他会为你做些什么呢？他会为你配上一副能够让你的眼睛放松，让你透过它可以非常完美地看待外在的一切的眼镜吗？不，有经验的验光师不会那么做。最有经验的验光师，会给人配一副让他的眼睛稍感不适的眼镜。这副眼镜可以帮你摆脱视力不好的沉重负担，但它也要留下一点儿不完美，以便让你为达到最终的完美而努力。

其结果会如何呢？倘若你6个月或1年之后又找到那位验光师，他会发现你眼睛的视力比以前好多了。你可以戴一副为你做更少工作的眼镜，直至有朝一日，你完全可心脱离它而顺利地做一切事情。

商界精英们会寄语当今的年轻人什么呢？在生活中量入为出吗？不，他们不会这样寄语。他们会建议年轻人贷款消费。这样可以让年轻人为了早日还清自己的贷款，而努力发掘自身的潜能，从而有更大的成就。

你有资格获得像福特、洛克菲勒、摩根，或你周围任何一位富人所获得的那种美好生活。然而，并非他们在这方面欠你什么，而且这个世界在这方面也不欠你什么。他们与这个世界什么都不欠你。只有你自己去付出，才能够终有所得。

而欠你美好的一切，财富、荣誉与幸福者，是你自身内那颗种子。找它去！不断地激励它，让它为你服务。千万不要怨天尤人。你委托它什么，你最终将得到什么，道理就这么简单。让你自身内的灵魂早日苏醒！要求它给你带来你为获得富裕或成功所需要的一切。而且让你的需求看起来是如此的紧迫，就像甲壳纲动物需要甲壳，鸟儿需要长出翅膀，熊需要长出皮毛那样。

要求它满足你的需求，而且知道你可以得到满足。你自身内的生命元素，与人类进入文明之前那些原始动物自身内的生命元素一样强大有力。如果他能够吸取必要的元素，去赋予大象两个厉害的长牙，赋予骆驼高高的驼峰，赋予小鸟在高空飞翔所用的翅膀，赋予每一种生命体生存所必需的手段，那么他当然能在今天做同样的事情，能给你提供那些你觉得获得健康与幸福所必要的手段。

其实，你已经把你的十分有用的"长牙"、"驼峰"或者任何你感觉自己必需的一切，融入了你的自身。简而言之，你就是你思想、恐惧与信仰所造就的那一个人。你目前的境况，反映出了你昔日的思想。

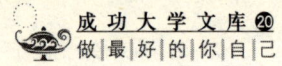

得到想要的东西的途径

你现在就生活在你自己塑造的世界中,这句话可能许多人听了都会感到惊讶。然而,如果你不喜欢那样的话,你可以不必呆在那儿。你也可以以建造以前那个世界的同样的方式,去建造一个崭新的世界,唯一不同的是这个崭新的世界要在迥然不同的思想指导下去建造。

爱因斯坦的一个定律称,一条沿球面向一个方向不断伸展的直线,最终总能回到它的起点。一种邪恶的思想或行为,会对外部产生很大影响,但永恒定律会让它最终返回到它的原创者那儿。一种好的思想或行为,也会被同样的方式所支配。"看到了它们的果实,你就能够了解它们。"

因此,不要过多地去抱怨自己的命运。不要因为在前进的道路上碰到一些困难或障碍,就怒气冲冲。你应当对它们微笑,把它们当成你的朋友。感激它们的存在,因为这样做可以让你得到护佑。

读到这儿,你就会清楚地认识到,并非上天派它们来惩罚你。而是你自己在邀请它们。它们是你自己制造出来的,而且它们是你的朋友,因为它们强行地让你注意你在采取一些错误方式。你所要做的,就是改正它们,这么一来,你所得到的结果,也会自行改变。这就像你在做一道乘法题时,嘴里不停念叨:"1乘以1得2。"这显然会让你得到错误的结果,等到你认识到自己所犯的错误,并且坚持"1乘以1得1"时,你所得到的结果才是正确的。

说到这里,你可能会问,你依靠什么样的途径,才可以得到自己想得到的呢。

你需要依靠的第一条途径:愿望。先确定什么是你之所想,你发自内心的强烈愿望是什么。然后让某件事情在你眼中变得如此的重要,以至于所有其他的事情在你看来都微不足道。你那么迫切地想得到你之所想,你就会对自身内的上帝说:"把它给我,要不就让我消失得无影无踪。"

你需要依靠的第二条途径:相信你已经拥有了它。在头脑中想象出你之所想,仿佛你已拥有了它。设法得到那种已经拥有它的感觉,以及拥有它时的快乐,并去表达你发自内心的感激之情。伯顿·瑞斯克在他的回忆录中,讲述了自己如何借助这种方法收获了成功的人生,他所设想的每件事情都变成了现实,这是因为他每时每刻都在想它,每时每刻都相信它的存在,每时每刻都为它而努力。以下这几段话就摘自他的回忆录:

"我15岁那年就想象着有朝一日我能生活在芝加哥这样的大城市,而且相信我一定能那样;我想进的大学是芝加哥大学,而且我知道我能够进这所大学;在这个世界上我只希望能到一家报社工作,这家报社就是《芝加哥论坛》,并且在未来五年中,我会去那儿工作的;当我还是一名记者时,我知道有一天我会成为一名文字编辑。

"当我在《芝加哥论坛》那儿担任文字编辑时,我已意识到我将来会生活在纽约,并成为《纽约论坛》的一名文字编辑。

"早在1927年,我希望自己拥有5万美元,而且确信能够得到这笔钱;在随后还不到一年的时间内,我并没有挖空心思地去挣钱,但我手中的钱已多达10万美元。"

你需要依靠的第三条途径：为得到它而感恩。我们应记住先人的教诲："当你祈祷时，无论你请求得到什么，你都应当相信你已得到了它们，实际上你的确能够得到它们。"如果你不为得到什么而感恩，那么你就不会相信你已得到了你所请求的。因此，你应当为得到你祈祷时所请求得到的，而表达你的谢意，真诚的谢意，并且努力培养那种感恩的心。切记，任何时候你都应当笑容满面。

你需要依靠的第四条途径：行动起来，仿佛你已得到了你所请求的。离开了努力，信念就没有任何生命力可言。每天都做一些必要的工作，仿佛你所祈求的目标已经达到。比如，如果你正在追求金钱，你不妨先拿出一些，即便它只是很小的一笔钱，但至少表明你并没有整天为缺钱而烦恼。如果你在寻求爱，那么你应当充满爱心地对待你身边的每一个人。如果希望得到健康，那么你不妨在房间翩翩起舞，放声歌唱，开怀大笑，做一些你身边你获得健康后所要做的事情。

你需要依靠的第五条途径：对你所寻求的事物表现出浓厚的兴趣。把你满腔的爱投入其中，就好像去爱那些你已经拿在手中的你所喜爱之物。你只有通过让它在你的思想中真实化，才能把它物质化。

你知道，我们应该沿着我们思想指引的方向前进。我们渴望什么，我们有什么期待，我们就朝着什么而努力。因此，你要寻求到你想见到的事情。你应该在自己的生活中去寻找，在你周围那些人的生活中去寻找。寻求它们，并开始努力去实现它们。

翻转你生命的种子

"我怎样才能知道自己做的是对的?"许多学生这样问。

"我又如何确定我所采取的方法是正确的呢?"许多面临着不同寻常问题的人这样问。

在爱丁堡的演讲中,特罗华德法官对这些问题给了一个明确的答复,其引文如下:

> 如果我们把我们目标的完成看做是任何情况下、过去、现在或者将来发生的偶发事件,那么,我们就没有抓住首要因素,而是降级到次要原因,而它正是怀疑、担忧和局限之所在。

那么,什么是首要因素呢?特罗华德法官也给它下了定义。

如果把一支点燃的蜡烛放到房间里,房间就会显得很明亮;如果把这支蜡烛拿走,房间就恢复了原来的黑暗。明亮与黑暗就是两种情况,其中的正面结果来自亮光,而负面结果则来自缺乏亮光。从这个简单的例子中,我们可以看到,任何一个正面的情况都有一个与之相关联的负面情况和它相对应,而这种关联则是由于它们与同一事物相联系,其中的一个起正面作用,而另一个则起负面影响。因此,我们就可以总结出这样一条规律:所有正面情况是由某一特定的积极因素决定的,而所有负面情况则是由于缺乏这一积极因素导致而成的。一种情况，无论它是正面的或者负面的，它都不是首要的原因，而任何情况的首要因素从来都不会是负面的，因为负面情况是由于缺乏积极因素导致而成的。

你怎样才能知道你做的是对的呢？通过对自己提问这样一个问题：我依靠什么来寻求我想要的财富，或者健康，或者成功呢？如果答案是依靠我的能力，或者我的医生，他的药，或者朋友的帮助，那么，你获得成功的可能将不到10%，因为你寻求的都是次要因素，而次要因素往往是靠不住的。

如果答案是我尽我所能投入到工作当中去，但是我不会依靠这种途径取得成功，而是依靠种子的生命力，通过我的工作的那种不可抑制、不可抵抗的力量，那么，你获得成功的可能将超过90%。

你看，它又回到了宇宙的基本定律：每一个核子、每一粒种子都包含有足够的生命力，使它能够从周围环境中吸收到它完全成长壮大、开花结果所必需的各种营养元素。

不过，在它们开始具备有吸收能力之前，种子必须是发芽的，核子必须是开始旋转的。只有它们做到这一点，它们才会有一种凝固的生命，使得它们不被周围其他的物体吸引过去。

假设你非常想要得到某种东西——除了生命之外任何其他东西都是不能取代的。你的这种想要得到某种东西的愿望就会形成一个核子、一粒种子。如同其他的种子一样，这粒种子拥有它潜在的力量，能够吸引使它成长所需要的各种营养元素。但是，除非你做了一些事情，它才能这样，因为它还是一个没有生命力的核子，一粒没有播种的种子。它是一个没有吸引力的核子，是因为没有人使它旋转。

那么，你又如何才能让它运转呢？通过播种你的种子，换句话说，通过你的起步开始。如果你知道你会得到你所想要的，你首先要做的事情是什么呢？在你实现你的目标的时候，你首先要采取的措施是什么呢？行动起来！做一些事情，使一切运转起来，即使规模很小也要这样做。因为你明白，开始行动了就表明成功了一半。你一定要在实现你目标的时候，把这一点看做是首要因素，你要集中精力思考这件事情，花费你的金钱使它成形，而把其他的因素当作次要因素来考虑，直到你获得了你所想要得到的。

这就是发家致富的方法，而奇迹往往也是这样发生的，这也是唯一的把生命力投注到你愿望的核子当中使它运转、并吸引使它发展所需要的物质元素的方法。

所有条件、情况以及障碍都是无关紧要的。否认它们、忽视它们，不要理睬那些条件、情况，尽管去做你想要做的事情。这就好像播种在岩石土壤里面的种子一样，这种艰苦的条件可能会使得你愿望的核子很难运转，使它运转得慢一点儿，但是，只要你给它注入足够的生命力，它会从土壤中吸收到它所需要的营养的！

因此，你不要担心贫穷，你不要害怕债务。它们最多给你带来更多的不快。但是，你一定要从你的思想开始，对你的核子下工夫，相信你会有收获，然后，你就会收获到你需要的所有的东西来使自己富有起来，偿还你的债务。

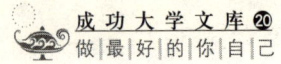

需要是获取途径的前提

在日常生活当中,我们常常见到树苗生长在甚至没有足够的养分养活苔藓的岩石上,然而,这些树却长成了参天大树,它们如何做到这一点的呢?

树的种子就是一个核子。把它种在地下,在得到了热量和生命力之后,它要做的第一件事情就是冲破固定它的外壳,并向上长出芽来,而这都是依靠种子潜在的能量做到的。换句话说,它首先要伸展出来,表现出它的生命力。它竭尽全力,生长开花,最终结出丰硕的果实来。在发现没有足够的能量来做到这一点的时候,它就伸展它的根系到更远、更深的地方去获取它需要的营养成分。

但是,如果它落在岩石壁上的话,不久之后,它就会发现没有足够的水分或者营养促使它生长下去。那么,在这个时候它会泄气吗?不,一点儿也不!它会使它的根延伸到每一个细小的裂缝当中去,直到它获得足够的水分和养分。事实上,在寻找营养成分的过程中,它会把整个岩石分裂开来。它会在任何的障碍周围或者深处努力,直到它的生命枯竭或者得到它所想要的。无论它们在哪里,它们处在什么样的环境之下,树都会把它的根延伸到任何一个地方,以便获得生长发育所需要的营养。

首先是树干,然后是树根;首先是需要,然后是满足这种需要的途径;首先是核子,然后是满足它的成长所需要的养分。种子才是首要因素。需要、核子也都是首要因素。至于条件或者情况,那些都是次要的因素。只要给了核子以生命力,它就会吸引到必要的东西使它成长，它是不在乎生长条件的。种子中的生命力是最重要的，而不是它掉落的地方。

通过大自然，你会找到同样的规律与法则。首先是需要，然后才是途径。利用你所拥有的，以便提供一个空间，然后，吸取各种必要的成分来填补这个空间。成长起来，扩展你的枝叶，提供一种"吸引"的力量，然后，把其他的事情交给你的根，让它去寻求必要的营养成分。如果你长得足够高大了，如果你已经使得你的吸引力足够强大了，你就可以吸收你所需要的养分，无论你处的土壤状况如何！

神奇的造物主创造了生命的种子——那就是你。他给予了你力量，使你能够为自己的生长吸取营养，就如同他创造了树的种子一样，他给它以力量吸收它需要的任何东西，以满足它自己的愿望。不过，他为你所做的超过了这些。他给了生命种子力量，以满足它无尽的需求！他唯一要求你的，只是要你的意愿足够坚强，你对吸引力的信念足够强大，以便吸引任何你所想要的东西。

所以说，生命就是智慧。生命是最有力的，生命总是随时随地地寻求展示，而且，生命是永远都不会满足的。它总是不断地寻求更强烈、更完美的展示。当树停止生长的时候，它内在的生命就到其他地方寻求途径，以便更好地展示自己。当你停止表现出越来越活泼的生命的时候，你的生命也开始寻求其他出路，以便更好地展示自己。唯一能够限止生命的东西是使生命运转的渠道。加在生命身上的局限就是你加在它身上的局限。

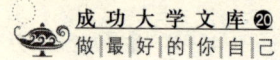

激发起你生命的种子

据说在日本,人们把几株小橡树主干的主根用金属丝紧紧捆住,几年之后,他们惊讶地发现这些橡树并不像其他橡树那样高达80或者100英尺(24~30米),而仅仅10多英尺高!尽管这些小树能够活得同其他的树一样长久,但是,它们表现出来的生命却不是橡树应当展示的。

我们视这种情况为不正常的情况,事实正是如此,然而,像这样不正常的事情每天都在我们周围发生着。人们用担心、害怕的绳索牢牢地禁锢着他们潜在的思想;他们用局限的钳子卡住供给的渠道。然后,他们却对他们不能够尽量展示他们的生命而感到惊奇。为什么他们周围的幸福与舒适总是没有明确地展示出来呢?

你心里有一颗愿望的种子,它给予了你无尽的力量,使你吸收需要的东西,以展示自己。不过,他给了你选择,也就是说,他要你来指示这种展示:要么使它充分吸收所需要的东西,要么用钳子卡住它,一切都随你的便。

你拥有生杀予夺的大权,像拿破仑、林肯、爱迪生一样,一切都听从你的意愿。你所必须做的,只是唤起在心中充满力量的种子,给予它生长的空间,使它尽量地发挥和展示自己的生命力。如果你想让它足够强壮,如果你坚信你会办得到的话,你会得到你要的结果的。

安妮特·凯勒曼如何由一个没有希望的残疾儿童最终成为世界上最完美的、有着魔鬼身材的美女之一呢?通过激发起她肢体中生命的种子,通过她最真诚的、寻求力量和美的愿望,通过给它们工作去做,以及展示生命的方法来实现!11岁的时候就残废的乔治·周伊特又如何在21岁的时候成为世界最强壮的人之一呢?通过激发他肌体中生命的种子,通过使他的愿望变得强烈起来,通过先给他的肌肉一点工作去做,然后再逐渐增加肌肉的工作量的方法。

雷泽·雷扎,波斯军队一个普通骑兵,他又是如何成为波斯统治者的呢?一个送水的男孩又如何登上了阿富汗统治者的宝座呢?

他们都通过愿望和信念激发起他们生命的种子;他们放开自己的思想,无拘无束地利用他们所有的力量,坚信他们的心愿最终都会实现。障碍?他们知道障碍不过是负面的影响,它们就像打开灯黑暗就会消失一样消失的。他们关注的是他们的奖品,而他们这样做的目的就是要领取奖品!

早在这些人取得成功之前,早在几十年以前,如果有人告诉他们的邻居说这些人今天将成为统治者,这个一定会遭到耻笑的。"为什么这样说呢!只要看看他们所处的境况就知道了,"邻居会这么说,"看看他们的环境状况吧!看看他们的情况吧!看看他们处在的国家吧!好好考虑考虑,要知道他们什么都不懂!"

处境、所有的情况,都是次要因素。这些知名人物都有放眼世界的眼光,他们找到了主要因素——激发生命的种子。他们为它开辟了新的渠道,使它能更好地展示自己。它们成长起来了,并且长得枝繁叶茂,这是因为它们生命的种子吸收了必要的营养成分,从而生长出丰硕的果实。

在你心中有一粒种子——心灵的种子，生命的种子。在它当中，有一个完美的躯体，就如同在每一个橡果里面有一个完好的橡树一样。不仅如此，它还有生命的力量，能够吸收到把它完美的形象展示出来所需要的一切营养成分。

如果你处在疾病、残废、脆弱、柔弱、丑陋，或者衰老的情况下，你真的非常在意这些吗？如果你在意的话，那是因为你，或者你周围的那些人拿着害怕与恐惧的钳子卡住你生命的种子，使你的某些器官发育不良或萎缩了。

治疗方法？很简单，去除掉钳子！忽视你的弱点！你所处的情况就是——你缺乏生命力。然后，激发起你生命的种子。激发起它，给它以力量，使它吸收到它所需要的营养成分。

不可能？对于无所不能的精神力量来说，你是否听说过什么事情是不可能的？那是因为生命的种子处在你的心中，而且，没有什么良善的事情它是不能替你办的！

规则就是利用你所拥有的，你会得到更多的回报。

《圣经》中说："每一棵良善的树生长的果实也是良善的，每一棵邪恶的树生长的果实也是邪恶的。每一棵没有能够生长出良善果实的树都应当被砍伐掉，并投入到火堆里去。对它们的识别，你只需要看看它们结的果实就可以知道。"

那么，耶和华在说到"生长果实"的时候，他是什么意思呢？在他心中是不是早就有了许多方法，来展现你生命的种子，创造机会使它得以发展壮大，做出一些使这个世界更加美好的事情呢？

而且一棵树又如何生长出这些果实呢？首先，它要开放散发出芬芳的花，难道不是这样的吗？当这些花落去的时候，它就会留下雌蕊，然后逐渐成熟，生长出甜美的果实来。

花就是任何关于服务的想法，任何使你与之打交道或者接触的人生活得更加舒适或者快乐的途径。雌蕊就是让花开始生长成为果实的行动，这是使服务运转、运行的第一步，无论这一步有多么细小。而甜美的果实则是已经完成了的服务。

"不错！"许多人都会说，"我有花——世界上最具芳香的花。但是，我却没有将它们转化成为雌蕊或果实的途径和方法。"

那么，树枝有什么使得花开始结果的呢？树枝只是有足够让花开始生长成为果实的营养，但是，仅此而已。然而，树枝因此而担心了吗？一点儿也不！它只管欢快地使用它所拥有的，因为他知道提供更多的营养是树藤要解决的问题，而树枝只管满足需要就行了。它提供得越多，得到的营养就越多。也许另外一个树枝同它一样大，但是，如果第一个树枝生长出两倍的果实，那么，你就会得到双倍的营养，因为树藤在分配营养的时候不是根据形体的大小，而是根据它们生命释放出的力量大小、根据需要进行的。耶和华不是曾经说过，"我就是树藤，你就是树枝"吗？难道你的需求很大，大得连他都不能满足你吗？

中国有一句谚语说得好：千里之行，始于足下。

如果你通过强烈的愿望激发起你生命的种子，如果你通过采取第一步措施为它提供展示自己的机会，你可以要求给予你任何实现这个愿望需要的因素，而且你也会得到的。

但是，如果你整天游荡，无所事事，你的每天都会像今天这个样子，你也就没有什么长进。今天的你，就是昨天梦想的实现，明天的你就是今天成就的展望。你不能只是静静地坐在那里，你必须前进或者后退。生命的规律就是永恒的进步。如果你顺应了生命的规律，你就永远向前，从一个成功走向另一个成功。

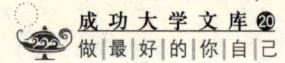

关注首要因素

健康、财富、爱——这些都是达到一个目的的途径,它们都是环境条件。你生命的种子才是唯一值得关注的东西,而且你还需要为它提供通向成功的机会。这就是你的首要因素,而其他的都是次要的因素。因此,不要在乎所有其他的因素,只关注首要因素。

你想要爱吗?你的这一愿望就是爱存在的一个证明。所以,你通过把爱给那些与你接触的人,从而播种爱的种子。你一定要自由、诚恳、有信心地给予,你是一定会有收获的,就如同你播种小麦种子就会收获小麦一样。

欣赏和感激你周围的人和事,把这作为一个惯例吧!在发生了使你高兴的事情的时候就这样做吧!如果你不愿大声地赞扬的话,那么,你就在心里说:"谢谢你"!你一定不要忘记向你周围的人说句赞美的话,或者谢谢。

你想要财宝吗?富有在很大程度上是意识问题。许多人想要钱,然而,那些渴望得到金钱的人实际上却将钱赶走,因为他们想得太多,而没有意识到"金钱意识"。为了获得100万元,那就需要有100万元的含义。哈里曼就曾经表达过这个富含哲理的真理,他说:"谈论100万元同谈论1元一样容易。"当一个人"想到并谈论100万元的时候,"他的思想就要用行动来体现,而他的思想活动以物质的形式出现,他的愿望就会成为现实。

在这个国家,在这个世界,许多人都有极大的潜力,如果开拓思维,并付诸行动,他们就会发展成为第二个哈里曼(美国金融家和外交家)、或者第二个摩根、甚至第二个洛克菲勒。但是，实际上，这些人没有一个真正发展到这一步的。事实上，他们很有可能发展成为成功的小店主、小卖报者、或者小商贩，尽管他们每一个都很成功，但是，他们成功的规模都是很小的。他们满足于思考1元钱，而不是100万元。他们现实的情况直接反映了他们的思想和愿望。他们的思想在行动上就像枪的口径。他们的思想活动以物质的形式得以展现，但是，它们的主观模式和客观模式都是一样大小。

爱默生曾经说过，如果你满世界地寻求美的话，你的心中就必须有美，否则，你永远也找不到美，而生活当中每一件美好的事物也是如此。通往成功的第一步就在你的脚下，也在于你所做的事情。除非你明白你目前的工作在支撑着你，除非你明白你要欢快地、充满兴趣地去做，否则，你就没有迈出朝向你的抱负的目标的第一步。也就是说你还没有开始行动。

供给是一种积极的力量。它只供给那些积极的人，那些有足够强烈的吸引力吸引它的人，因为他们不顾艰难险阻，而去吸引它。

那么，关于健康呢？如果你是一个残废，或者盲人，或者卧床不起，你想要健康，那该怎么办呢？

你的治疗方法就是摆脱你由于某些器官不能正常活动而被限制的生活，为你的这些器官灌注新的生命力，使它们恢复正常状态。

摆脱这种生活的方法就是尽你最大努力，实现你的这个愿望，这将通过使你的知觉活动起来，从而使它摆脱束缚，吸收所需要的各种成分，从而使它得以完美展现。只依靠有意无意地做一些思想活动、再加上药物和其他方法是不能做到这一点的。你必须非常强烈地认识到你的再生将取决于你生命种子的力量，你必须完全相信它的力量。像巨人一样，你必须有一个坚强的决心。

就这样，一旦你抓住了它的精神实质，你会发现这是最快、最有效的方法，而你的痛苦就会立即减轻。

因此，在所有看起来难以处理的情况的外表下面，生命是一种真正仁慈的力量。生命就是爱，是供给，是健康，它拥有我们需要的每一种成分，能满足我们任何正当的愿望。所以说，没有必要到这个人或那个人那里寻求你需要的东西。直接到首要因素、到生命那里去寻找！

成功的秘诀是什么

是什么使拿破仑成为欧洲称雄一时的霸主呢？不是与生俱来的天才，也不是饱满的智慧。在军事院校他所在的那个班，他排在第46名，而全班只有65人。

首先，使拿破仑成为拿破仑的是他对权力的强烈渴望，然后是他坚信他自己的命运！在战场上，他无所畏惧，因为他相信子弹的制造不是用来杀死他的。对于争取那些看起来不可能的事情他从来就不犹豫，因为他相信在他前进的路途中，指路明星会为他扫清障碍的。

所以，成功的秘诀就在于此：在你的灵魂深处有一粒生命的种子，它能够为你吸收任何东西满足你的需要，从而使你的良好意愿得到实现。但是，同所有其他的种子一样，在果实施展吸引力之前，它外在的硬壳必须去除掉。而生命种子的外壳比地球上任何种子的外壳都要厚，都要坚硬。只有一件东西能够将这个外壳去除，那就是来自内部的热能——非常强烈的愿望，非常坚定的决心，使你愉快地将你所拥有的任何东西都投入到你想要获得的东西当中去。这不仅需要你的思想，工作和金钱，而且还需要你心甘情愿地去做。

这就是每一个成功的秘诀，这也就是所有生命从一开始就获得它们所需要的东西的途径和方法。

自从地球上生命起源的那一刻起，它就遭受着各种危险的威胁。如果生命没有比宇宙当中任何一种力量更为强大的力量，它何以能够存在到今天呢？它恐怕在很久以前就不存在了。所以，生命的力量是不可战胜的，也是任何障碍都不能阻挡的。

当竭尽了全部的资源、最终向生命种子寻求帮助的时候，是什么使得那些处于水深火热的人脱离苦难的呢？除了他生命种子的不可抑制的火焰之外还能有什么呢？他给予了这粒种子以力量，使它吸收我们需要的东西，从而使我们免受灭顶之灾。

当今的商业领导人给年轻人提出的建议是什么呢？量入而出？不，事实上并非如此！借债去！发展自己！壮大自己！然后，尽力利用周围的资源和人力。

你同周围诸如福特、摩根、洛克菲勒等之类的首富一样拥有世界上最美好东西的权力。而你也没有必要因为他们使你能够生活而感谢他们，也没有必要感谢这个世界。这个世界和他们只是支付了你劳动应得的报酬。

你唯一应该感谢给予了你每一件好的东西（财富、健康、和幸福）的应该是你心中生命的种子！激发起你生命的种子吧！你向它投入多少，你就能够从中获得多少——一点儿也不会多的。

唤醒你心中生命的种子吧！让它给你带来你所需要的任何东西，从而使你富有、成功、健康。要求它，并且使你的需要看起来非常紧急，就如同甲壳类动物想要生长一个坚硬的外壳那样，如同小鸟想要生长翅膀展翅飞翔，如同黑熊想要生长出绒毛一样。

要求它，然后，你知道你会得到你想要的东西的！你生命的种子就如同史前的那些原始动物一样，具有非常强烈的力量。如果它能够吸收到它们需要的各种东西，从而使它们生存下来，那么，它不是也能为你创造各种使你良好发展、走向成功的条件吗？

当然，你所需要的条件与原始时代所需要的条件有所不同，但是，你认为这对于生命的种子会有什么关系吗？世界上的万事万物都是由能量组成的。难道你认为将这种能量灌输到一个模具里面和另外一个模具里面会有什么不同吗？

许多人似乎认为，财富和成功都是运气带来的，而他们则是那些运气不佳的人。不过，我要告诉你，财富和成功只是你对你生命种子要求的多少，你坚持不懈地要下去，它就会满足你的需要。

大多数人的问题就在于他们向那些外在的力量寻求财富、成功以及幸福。有些人迷信地认为，身上带着一个兔子脚或者护身符就能给他们带来运气；有些信仰宗教的人则认为随身带着某一圣人的像章，或者图像，或者遗物，他们就会是有福之人。他们从来没有想到去虔诚祈祷以直接寻求帮助。对他们来说，圣父的形象太抽象、太遥不可及了，在这个现实世界里，它是不能满足他们的。他们只想要一些他们能够看到、感觉到的东西，一些像他们自己拥有的那样的东西，因此，他们向雕像、图画、神社、遗物求助；他们也因此向圣人、或者牧师的那些代言人求助。但是，直接的接触总是比间接的接触要好得多，而且你是可以在任何时候与圣父直接接触的。

你是一棵生命之树，而你的种子就是生命之树的内核，就如同橡子是橡树的一部分一样。而且这粒种子拥有上帝所有的特性，就如同橡子有橡树所有潜在的特性一样。它可以为你带来你需要的每一种因素，使你成为花园中一棵最完美、果实累累的大树。

因此，你不要指望幸运的星星、兔子的脚、护身符，甚至是圣人给你带来运气，你只需要对你最重要的生命种子保持坚定的信念。无论你所处的环境如何，无论什么障碍企图阻挡你，你都不要只采用眼前可以采用的途径，而是坚定你对种子的信念，相信它能够为你带来你需要的东西。

这才是决定你"幸运之星"或"命运"的正确方法。这些"幸福之星"或"命运"记在你的心中。你的愿望、你的信念、你的需要启动的生命的种子，它比任何东西更有力量，它可以克服任何困难。所以，请你祈祷它，并激发起它内在的力量吧！

祝福它吧！每天都为它祝福吧！但是，当你真切地需要帮助时——要求它满足你的需要！要求它忙碌起来！要求它为你提供你所需要的任何物质！要求它（与此同时交出你的全部所有）使你的需要如同生与死、生存与消亡的抉择一样。

当你要求的时候，首先要给予——你要尽最大的努力使你生命的种子接管它应担负的责任。将你的所有都奉献出来，同时，也要向生活奉献出你所拥有的。

只有通过这样，那些为寻求财富、健康、幸福祈祷的人才能够走向成功，才能达到他们想要达到的目的。

[第05章]

充满魔法的神奇法则

你知道《圣经》里最重要的一课是什么吗？你知道什么原则被认为是至关重要的吗？据说上帝曾多次提起它，而且在《圣经》的《创世记》中它至少被重复过6遍。它就是"同类再生"。

看到《圣经》中所讲述的增长奇迹，你会发现什么呢？当津尔帕斯给了伊利加一些灯油和一些食物后，她得到了什么呢？她得到了更多的灯油和食物，不是吗？再生的并不是金子，也不是财富，而是它的同类。

当许多人都缺少面包吃的时候，耶稣基督派出传布福音的12个门徒中的一个，去询问耶稣他们应该做些什么。耶稣听完他们的问话，并没有施展魔法把石头变成面包，也没有带来很多用来买面包的金子。他只是问道："你们有多少面包呢？"门徒告诉耶稣他们只有5个面包和两条鱼，耶稣便以此为基础来使其增多。

读到这里，你就能够悟出一个道理——"同类再生"。人的个性、技巧、能力、财富，就像是储存的电一样，是人们所储存的不同形式的能量。如果你想增加自己所储存的这些东西，你必须做些什么呢？你应当把它们派上用场，不是吗？要知道，只有当能量真正释放出来时，它才能够扩充。种子也只有在播种之后,才能够得到更多的种子。聪明才智只有得到运用的时候,才能够获得更多的聪明才智。

想要收获,先得播种

如果你想得到更多的能量,更多的财富,更伟大的才能,以及更多的有用之物。那么你怎么才能得到它们呢?你只有投入你所拥有的,才可得到更多你想要的。

而且这么做,并不在于你为这类财富而工作,而在于努力增加你所具有的能量。现在,你房间里都有些什么呢?你能够播种什么样的种子,以及你能够提供什么样的服务呢?

在几年前出版的一期《团结周刊》中,我看到了一则引人入胜的故事。一位带着几个小孩的母亲,过着十分贫穷的生活,她家中一贫如洗,有时连让自己的孩子吃饱穿暖都成问题。一年一度的圣诞节就要来临了,这位母亲向她的一位朋友诉苦,说自己手中没什么钱,连给自己的孩子买件礼物都不行,而且因为贫穷,和昔日的亲朋好友也没有什么往来。

这位朋友笑着对她说:"金钱并不是你所需要的。如果是,请问金钱能够买来永驻你心中的礼物吗?如果我处在你的地步,我就不会整日牢骚满腹,因为那样做到头来还是无济于事。其实,你最应该做的,就是寻求你内在的自我。"

这位母亲采纳了她朋友的建议。有一晚上,她在祈求得到圣灵教导之后,就上床睡觉了。忽然,在朦朦胧胧中,她仿佛看到了一棵美丽的树,树上点着一个个小蜡烛。在每个小蜡烛之下,都悬挂着一个小信封。她便贴近信封,看到了信封上写着一行行的名字，这可都是她渴望接济的那些亲朋好友的名字啊。

她打开了其中的一个，发现里面有一张白纸，而且似乎听到一个声音说："写吧！让我亲眼看看你都写些什么。在你写的时候，以我的名义，把你内心那儿储藏的珍宝奉献出来。我会按照你写下的内容，去满足你心中的每一个愿望。"

这位母亲醒来之后，便赶快坐在自己的书桌前，开始在一张白纸上写下自己的心愿。她的姨妈长期受慢性风湿病折磨，她就写下了让这位姨妈摆脱疾病折磨的话语；她的叔叔经营农场陷入了困境，她便写下许多鼓励的话，愿叔叔能够早日走出困境；她的一个小侄子在生活中感到迷惘，她为他写了一些语重心长的教诲之语，愿小侄子能够找到人生的正确道路。那天在内在自我的鼓励之下，这位母亲一口气写下了十个愿望。

她从没有想过自己能够写下这么多流利通顺的语句，但那天她感到自己深受鼓舞，文思泉涌，一句句美丽的话语被诉诸笔端。她思绪万千，心潮澎湃。"可不要再说你没有什么可给予别人的了。"她的那位朋友后来对她说。"是的，我再也不会那么说了，"这位母亲感慨万千，"在我的一生中，我从未像现在这样感到自己富有过。"在以后的几年中，这位母亲写下的一个个心愿，全部得到了实现。

莱威斯克曾祈祷说："请赐予让我摆脱孤立无助的局面，并且可以帮助他人的珍宝；请赐予可让我给他人带来幸福的那种纯洁的快乐；请让我在闲暇之时，可以欣赏到这个世界的美丽；请让我在萧条的年代可以站稳脚跟。"

这的确是很有价值的祈祷。但只有祈祷是不够的，在你希望得到丰厚的收获之前，你必须辛勤地播种，你必须给予。

"认真做事，"埃莫森说道，"你就能够具有能量。而那些懒惰的人，是不能够具有能量的。世上的一切都自有其价，如果你不付出，你就没有回报。可以说，不愿付出代价的人到头来只会一无所得。"

"你知道，得到一项收入的同时，也要交纳一份税。从根本上来讲，没有什么可以被给予，一切都是自有其价的买品。"

"可以说，能量属于那些发挥能量的人。"

著名演说家鲁塞·康威尔在费城建立了浸礼教派的会堂，并且成立了坦普尔大学。然而，谁又曾想到，鲁塞·康威尔在起家的时候，是一位非常贫穷的牧师。他的会众也大都是由普普通通的劳动者组成的，他们的家境都非常贫寒。于是，他不断地做祷告，祈求主能够让大家富裕起来。

有一天，在主持礼拜仪式时，他把日常的程序做了改动。他不是首先和大家一道做祷告，而是先把大家召集起来，请大家让上帝随心所欲地给予他们"礼物"。我们接下来引用《有效祈祷》中所讲述的结局：

"接下来大家都被问及一个问题，那天他们所做出的特殊的祈求，是否已得到应答。结果表明，那天每个人做的祈祷都生效了。他们惊异地发现，上帝回应了他们的祷告。他们的意愿也一一得到了满足。

"身患疾病者很快得到康复的例子举不胜举。有一位穷人的女儿患了重病。他的女儿是一个非常纯洁的人，他祈求上帝早日让她康复。令他欣喜不已的是，他女儿的疾病果真很快便痊愈。

"一位女士卖掉了她的手饰，前去教堂做祷告，祈求主早日治好她的风湿病。她从教堂出来时跌了一脚，当她站起来时，惊喜地发现困扰自己多年的风湿病已好了。

"一位老先生不幸卷入一场足以让他破产的官司。他在祈求获得公正判决的同时,把他前几周的盈利都存了起来,声称自己愿意拿它来帮助别人。在接下来的一周内,他果真得到了公正的判决。

"一位女士靠抵押贷款买了房子,谁知到了需要还清贷款的时候,她手中没有足够的钱。于是,她把所有的希望都放在祈祷上,而且她在祈祷的时候,声称自己愿意献出自己所拥有的一切。接下来的一周,她家的下水管漏水,他请了管道工前来修理。当管道工打开她家的地板时,发现里面藏着一个箱子,箱子里原来是她已故父亲大半辈子的积蓄。这笔钱足够她用来还清自己的买房贷款。

"仅仅这样的例子,就有50多个。"

总之,你在收获之前必须播种。你在得到之前必须给予。而且当你播种时,当你给予时,你不要给它附加任何条件。

回报来自无私的奉献

你可能还记得一些老式的手泵,如今这些手泵在许多农场上仍然可以找到。为了能够汲取地下水,你先得往手泵中倒入一桶水,以便能够制造出一片真空空间,这样一来地下水就能够被抽上来。虹吸管吸水,利用的也是这个原理。你倒入水,把空气挤走,创造出一片真空空间。一旦真空空间形成,你需要的水就能够流出来,你就能够在不必继续加水的前提下,得到无限多的水。可如果你不先倒入一些水,你根本无法用手泵或虹吸管抽出水来。

为了得到你必须先给予。有了辛勤的耕耘,你才能有丰厚的收获。你不能仅仅把它借出去,你还必须完全地、自由地把它奉献出来。"如果小麦粒不被播入土壤,它的生命就会灭亡,"耶稣曾说。如果你不把你的财富种子完全地、自由地奉献出来,那么你就一无所获。

"发现自己生命的人将失去它,"耶稣在另外一个场合指出,"但为了我而失去自己生命的人,必将发现自己的生命。"在为他人服务的过程中奉献出了自己一切的人,必将找到自己所需要的一切,因为他已经撒播了能够为他带来幸福与富裕的种子。

一本美国杂志曾刊登了"查尔斯·佩吉的故事",那时的佩吉已是俄克拉荷马州石油界的一个大亨,可再往前数上几年,人们便会发现佩吉是一个穷得叮当响的人,那时他的妻子病情严重,他担心自己连最心爱的妻子也要失去。当他把妻子送到医院后,那儿的大夫说他妻子病得实在太重,他们已无能为力。这么一来,佩吉面前似乎都是死胡同,他感觉自己已无路可走,只好求助于上帝。

"噢,我的主啊!"佩吉祈祷道,"千万不要把她从我这儿带走。那样的话,我可真的承受不了。"

他一遍又一遍地祈祷着。像他这样一个人,唯一能够说的,就是一句'我可真的承受不了'。主会管他的事情吗?主应该对他恩赐有加吗?

呆在教堂一动不动的他不禁扪心自问:我曾经做过什么有价值的事情,以至于主应该出来为我提供帮助吗?我有什么理由请求上帝的福佑呢?没有。他和普普通通的人一样,是个正派的公民,仅此而已。他跪在地上,不断地回忆着自己做过的事情,但却无法回忆起一件让他有资格祈求主福佑的事情。

他思绪万千。他还能够有其他的机会吗?他只是因为没有做出十分有价值的事情,就得失去这个世界上自己最亲爱的人吗?不!不!这件事情太可怕了,简直不堪设想。或许一切还不算太晚。他仿佛听到主对他说:"你是怎样对待他人的,就意味着你也是怎样对待我。"他得从那刻起,振作起来,做一些能够改变自己处境的事情。

第二天早晨,一位贫穷的寡妇发现有人头天晚上从门缝里给她塞了一些钱。她拿着这些钱,心中十分高兴,因为自己冬天取暖的问题可以解决了。不用说,大家都能猜到,这些钱是佩吉晚上给塞进去的,他要尽自己所能帮助他人。

随后,佩吉回到医院,可令他失望的是,自己妻子的病情并没有因此而好转。在那一刻,佩吉的信念几乎要动摇了。他开始认真反思自己所作所为的动机。他为何要帮助那位贫穷的寡妇呢?他那样做,并不是关心那位寡妇的冷暖,甚至不是做正确的事情,他只是想让主对自己有好感。佩吉开始感到自己的动机实在有些荒唐可笑。于是,他重新跪了下来。

"主啊!我可不是在跟你讨价还价,"他发誓说,"我已认识到,我之所以要这么做,是因为它是一件正确的事情,值得我去做。"

这一次,他似乎感到主了解了他的心声。做完了这次祷告,他如释重负,心情也渐渐变得轻松愉快。

现在,我们可以看到这个故事最令人称奇的地方了。他妻子的身体竟然一天天好起来,过了一段时间后,就康复出院了。这个奇迹让为他妻子看病的医生们惊叹不已。

从那天开始,查尔斯·佩吉从未违背与主的约定。无论碰到什么艰难困苦,无论受到何种严峻的考验,他的信念再也没有动摇过。他知道，主是可以依赖和依靠的。很长一段时间内，佩吉把自己收入的1/10捐献出去。随后，他把捐献的比例增加到1/4。再后来，增加到一半。最终，除去他个人和家庭的必需开支之外，他把其他一切都捐献出去。如今，佩吉已经捐献了数百万美元。

"可不要以为我在这儿传授什么发家秘诀，"佩吉告诫人们，"重要的是给予，而不是得到。就我个人来讲，我相信把收入的一部分捐献出去是理所当然的事情。而且你所捐出去的，必须是礼物，而不应该视为投资。你感觉到礼物与投资之间的差异了吗？如果你能够做到不图回报地捐献，你反而能够得到丰厚的回报，尽管这种回报可能不是以金钱的形式体现。但它常常是比金钱更为珍贵的东西……"

"你越想把什么据为己有，你越可能失去它，"芒特写道，"你把什么无私地奉献出来，你反倒能够永久地拥有它。"

你知道，上帝通过你而体现他自己。他不可能被埋没，他必须被体现出来。你把它置于你所做的每件事情中，无论这件事情你做得成功或失败。都与那种创造力密不可分。因为你是上帝的一部分。

你为了赢得财富与成功，必须做些什么呢？奉献！心甘情愿地奉献出你之所有。

那样做需要树立伟大的信念吗？是的。当你看到农民高兴地把宝贵的种子播种在田地，你绝不会大惊小怪，因为你知道尽管他们将来再也看不到播下的种子，但却能够得到这些种子为他们带来的丰硕收获。农民在播种这件事上表现出了伟大的信念。你在自己做事的过程中也能够表现出伟大的信念吗？

再次提醒你牢记生命的第一法则，这条法则是如此的重要，以至于它在《创世记》中，先后被提及了6次："同类再生！"

难道你期望着那条法则会因你而改变吗？难道你期望着不劳而获吗？"把种子撒播在大地，能够有更多的收获，"古代智者所罗门王指出，"而不知道播种的人，到头来肯定会一贫如洗。"

你知道，人生是合乎逻辑的。人生要遵从明确的、基本的法则。这些法则中的重要一条，就是"一分耕耘一分收获"。

世上的一切是周而复始的。当事物发展到它的极限之后，便会返回到它的起点。因此，如果你能够无私地奉献出自己的能量，最终你所奉献出的能量必将带着礼物回到你的身边。为了他人利益而做出无私的奉献，最终都能够为你带来美好的回报。你无私奉献的行为，实际上是能量的外流，而这种外流的能量在循环之后，便会带着新的能量返回它的始发地，也就是你自身。

不断给予，才能不断得到

我们无论得到什么，不管是好的还是坏的，我们都需要为之付出。个人最终所得，来自于无私地为他人服务；个人最终所失，归咎于自私自利。

正如爱默生指出："一种完美的公平，调节着人生各个部分的平衡。每种行为都会为自身带来回报。"那些伤害他人的行为举止，只会把我们与上帝分开。而那些帮助他人的举动，会让我们更接近上帝，接近美好。有些人可能会认为，他对另外一个人的欺诈行为，是他们两人之间的事情。然而，他没有料想到，他的这种欺诈行为，已动摇了另外一个人对他的信任，而且他的形象也随之被破坏。那些有欺诈行为的人，在想方设法得到主帮助的时候，其实就是在践踏公平，蔑视上苍。

实际上，人们最好对自己说："上帝会把我的钱都给我的。他已经给够了我做事情所需要的钱。如果他真的还没有给够我，那说明他正准备把剩余的给我。如果我需要得更多，他会给我更多。因此，我根本不会去想通过不正当手段，靠算计他人而去赚些'不义之财'。上帝给我提供的已经足够多了，我做事情的时候，仿佛他就在身边资助我。"

站在上帝一边的是大多数。你总与他在一起。因而你可把他当成你事业中的一位积极的伙伴。敬仰上帝，为上帝提供你感觉他会为你提供的充满爱心的服务。随后，抛弃一切烦恼、一切忧愁，而且把你的事业置于上帝的掌管之下。

当古代的宏大怪兽停止进化，只知道仰仗自己的力量胡作非为时，它们便会走向灭绝。当昔日幅员辽阔的希腊、波斯、罗马帝国停止扩张，只是设法维持现状时，他们将逐步走向灭亡。当今天的富人或一些大企业不再提供服务，只是坐享其成的时候，他们便无法摆脱坐吃山空的命运。

你不能故步自封。你必须前进，否则你将被时代所淘汰。

你自身内有一个寻求发展的上帝。你不能把他禁闭，你必须为他提供可以表达自我的渠道，否则你就会成为他的弃儿。

有的人花费多年辛劳，创造出伟大奇迹，然而他却从不利用它们，只是长久地保持它们。你如何看待这样的人呢？你会把他称为傻子，不是吗？因为让奇迹得以保持，并不断出现新的奇迹的唯一途径，就是利用它们。大家也知道，强身健体的唯一方法，就是锻炼身体；人们只有通过不断地锻炼身体，才可保持强健。

大家不太了解的是这个道理同样适用于人生的方方面面。你无法一直占有任何好的东西。你必须不断地给予，方可不断地得到。你不能把自己的种子一直揣在手里。你必须种下它，你才有新的收获。你也不能一直把财富握在手里，你必须利用它们，你得到的回报就是新的财富。

在这儿，还有一条不可原谅的罪过：阻碍进步，企图阻止人生的轮回。

为了得到，你必须付出；为了收获，你必须播种。许多人本来很有才华，可他们却不知道去充分利用，从而发展才华。久而久之，他们便成为名副其实的平庸之辈。而那些叱咤风云的人物，他们往往很乐意充分利用并稳步发展自己所拥有的一切，其结果常常是他们得到了更多。

因此，当才华赋予你时，你不要力图去隐藏它或埋没它。或许你手中的钱非常少，但你仍然可以利用这很少的钱为自己的发展开辟渠道。你需要牢记的是，任何时候都不要堵塞这种渠道，因为如果你把这条看似并不显眼的渠道堵塞的话，那么上帝无限丰富的财富就无法再流到你那儿。

把你的发动机利用起来，你这台发动机，实际上就是你必须为他人提供的服务。你可以通过你所掌握的所有技能，你所具备的聪明才智，让这台发动机高速运转。随后，你不断地把自己所拥有的一切投入服务渠道，让财富不断地流到你这儿。这意味着你需要买些家庭必需品及你事业发展所必须的东西；也意味着你应该还掉你的债务，尽管这样做的结果可能让你身无分文。不要依赖你手里仅有的那几个钱，而要依赖在你之上的那个补给的伟大海洋。就像前面讲过的用手泵抽水的道理一样，把你手中的几个钱作为引水放进去,创造出一片真空空间,以便补给的伟大海洋中的水能够被源源不断地抽出。到了这个时候,对你来说,无尽的财富便滚滚而来。

你精神能量的酵母

你可能还记得,耶稣曾经把精神的能量与放在面包中的酵母联系起来。你在做面包的时候,把酵母放进面中,它能够起到很大作用。它可以让面包发大。但是你做面包时所放的面粉、牛奶、鸡蛋及其他成分的量并没有变,你若不放入酵母,做出的面包既小又不好吃;倘若你放入了酵母,做出的面包会比原来的大上好几倍,吃起来也十分可口。

"你自身内的上帝"对你来说,就像做面包要用的酵母,因此你应当把"你自身内的上帝"融入你所处的境况及你所做的事情中。你倘若把它们投入到不安与忧虑中,那么你的忧虑不安将与日俱增,直至难以克服;你倘若把它投入到你的花费中,它会让你花费更大;但是,如果你把它投入到你的关爱、生机与良好的工作中,你所得到的回报,就是百倍的关爱、蓬勃的生机与优异的成绩。

把你的酵母放入乐观的思想,放入善意的言谈,放入充满爱心的服务行动。记住一点:万事开头难。如果你想得到什么,你首先得祈祷,然后行动起来,奉献出你之所有,想方设法让你的酵母发挥作用。当你把酵母放进去时,其他的你就不用操心了。你要做的,就是给你的酵母提供一次发挥作用的机会。

因此,如果你想得到某些好东西,那么你应通过奉献出你所拥有的来表现出你坚定的信念。给你着手做的事情放入一些酵母。不管你多么贫穷,你欠了多少债,你多么虚弱或病得多么严重,都无关大局,你总能做出一些奉献。不过你要记住同类再生的道理,奉献出你想得到的。你想收获什么,就播下什么种子。你想收获关爱、能量、服务或金钱,你当然就应首先奉献出你的关爱、能量、服务或金钱。

"心心相印"可以征服世界

还需要提醒的是,你得坚持祈祷!据《吠陀》(印度最古老的宗教文献和文学作品的总称)称,在耶稣诞生之前的2000年,如果两个人能够把他们的心理力量联合起来,他们就能够征服世界。耶稣诞生之后,便更加明确地指出:"我还要告诉你们,如果你们之中的任何两个能真正团结起来,你们便会感觉自己力量无穷。当两、三个人以我的名义聚集一起时,我就会在他们中间。"

鲁塞·康威尔在他写的《钻石就在你家后院》一书中,讲述了他所在的教堂中有一些人,由于不甘心一直生活在贫困之中,便想了一些摆脱贫穷的办法。他们听说只要大家团结一致一块祈祷,就能够形成一种巨大的力量,便决定进行这种尝试。

他们中间的一位做书本装订生意的人,家中的房子比较大,于是他们便聚集到他的家中,共同商量一番后,做出了一项重大决定:全体人员每周做礼拜时统一他们的祈祷,祈求主帮助解决他们中间某个人的困难。

他们选中的第一个祈求主帮助的对象就是这位做书本装订生意的人。他欠了别人大笔钱,却没有办法偿还债务。于是,有天晚上，这些人集合起来，一块儿祈求主能够帮助他履行偿还债务的义务。也就是在那时，大家都达成了一个协议，在下次集会之前的这段时间内，每个人每天中午抽空停下手中的活，静静地祈祷一两分钟，求主能够满足这位做书本装订生意者的需求。

这次集会是在周二晚上。第二天午饭之后，这位做书本装订生意者和往常一样，开车到附近一家出版社，和那儿的一些生意场上的朋友们闲谈。他在那儿碰到一位来自华盛顿的生意人，那位生意人称他自己"平生以来第一次忘记赶火车，现在因为一些紧急事务他不得不往回赶。"他本来打算与一位纽约做书本装订的人签订合同，这一下可来不及了。

我们一直提到的这位做书本装订的生意人，称自己也在此行做生意，并且可以帮助他。而来自华盛顿的生意人刚开始的时候并不想与一位生人做这笔生意。后来，这位做书本装订的生意人耐心地指出稳步发展的优势所在，并且保证能够满足对方提出的各项要求。靠着稳步发展的执著，他不仅拿到了一份新合同，而且得到了一笔足够让他度过困难期的资金。

这位做书本装订的生意人匆忙地赶到他那帮人那儿，告诉他们自己交了好运。他遇到的问题就这样彻底地解决了，他迫切地感到他们应当立即为另外一个人祈祷，让处于困境中的人尽快摆脱出来。大伙都为他们的成功感到欢欣鼓舞，他们立即在同伙中选出了下一个非常需要帮助的对象。

这次选出来的是一位珠宝商，由于年龄大，记性差，他利用稳步发展所做的珠宝生意危机四伏。眼看着他就要遭受破产的打击，就连他的儿子为了避免因父亲破产而受人奚落，也从家乡搬到了外地居住。他们一块儿为这位珠宝商做祷告，求主保佑他不落入破产的惨境。两、三天之后,珠宝商的儿子回到家乡,参加当地一个人的葬礼。在从墓地回来时,他与另外一个参加葬礼的人交谈起来。在谈话的过程中,后者提到自己一直在寻找一位钟表制作专家,去管理在另外一个城市的一家工厂。

珠宝商的儿子声称自己的父亲正是一位钟表制作专家,只可惜在理财方面不太在行。当珠宝商得知这个消息之后,便主动申请那个职位,同时也坦诚地说明了他目前正经历着财务困难。那位制造商很欣赏他的坦诚,并且约他进行了一次推心置腹的交谈。随后便把珠宝商快要破产的珠宝店接济过来,还清了所有旧债。这位珠宝商怎么也想不到,一向让自己愁眉不展的难题就这样迎刃而解了。

接下来选出的帮助对象,是一位拥有一个小杂货店的老太太。他们一起祈求主能够早日帮助这位老太太走出困境。祈祷之后没过多久,一场大火把隔壁一家商店烧毁了。这家商店的老板决定建一个比以前更大的商店,并且让老太太与自己合伙经营新商店。新商店开业之后生意十分红火,老太太也得到了一笔丰厚的收入,这足够她安度晚年。这些人原先都很贫穷,自从采取那种一起为其中一个人祈祷的做法后,他们一个接一个地摆脱了贫穷,而且最终全部跨入了富裕者的行列。

给予时别忘了祈祷

你也非常渴望得到某些东西吗?那么你就应当慷慨地给予,然后真诚地祈祷。你不妨给自己找个储钱罐,哪怕是个纸的也行。每天都放些钱进去,即使你放的钱仅仅一毛。心中想着自己要把那些钱送给上帝。你日复一日地把钱往储钱罐中放，一直积累到几十块钱或者更多。随后，你可以把这笔钱捐给慈善事业。

你花钱的时候要把它花到正确的地方，不要把钱给那些本来有劳动能力，却为逃避劳动而行乞于街头的人，要把它用在对收钱者有好处的地方。你用这钱帮助对方，以便让对方用这钱帮助他自己。比如，你可以给处在困境中的人买一本讲述如何致富的书，他看了书后，就很有可能会自己去想办法摆脱困境。

而且你在给予时，别忘记祈祷！不仅要为你自己祈祷，还要为他人祈祷。每天早晨7点，我们要祈祷全家得到主的福佑。与此同时，也要为那些在"联合心理力量"的活动中与我们走在一起的人祈祷。

我相信许多读者了解到这些内容之后，便乐意加入到我们的行列中来，组成一个团体。我们可在每天中午抽出一段时间，为我们能够过上富足的生活而祈祷。在进行这项祈祷时，你可以准备一些打算用来做善事的钱，或打算用来支付账单的支票，与我们一道来进行祷告：

"我祝福你们……愿你们获得主的福佑，祝愿你们过着富足的生活，我感谢主帮助你们，我感谢无限的供给，我感谢主为我们提供的一切。在这个过程中，想法在头脑中构想出一幅情景：金钱像尼亚加亚瀑布般地向我们这些一块儿祈祷的人涌来。我们撒下的一张大网中，尽是生活所需要的金钱。当我慷慨地把手中的钱给那些急需帮助的人时，当我把钱用在能够给他带来最大益处的地方时，我明确意识到我们所需要的一切，都将通过我们所有的渠道源源不断地涌来。那种在主的福佑下把面包和鱼成倍增加的灵气，也会在金钱方面发挥作用，让我们口袋里的金钱日益多起来。主的一切渠道现在都十分通畅。我们只要能够把自己最好的奉献给这个世界，这个世界就会把最好的赐予我们。"

随后，你就会为你将要获得的富足做好准备。很久很久以前，以色列人曾遭受过非常严重的旱灾。无可奈何之下，他们只好祈求先知以利沙（公元前9世纪以色列先知以利亚的门徒，继以利亚之后为先知）提供帮助。那么，以利沙让他们做的第一件事是什么呢？就是让他们多挖一些坑，以便储存他们祈求的雨水。

你要知道，祝福与申明并不是为了影响主，主已做了他该做的。美好的一切都等待着我们去取得。我们祝福与申明，是为了让我们能清醒地意识到，我们能够接受主的礼物！我们不需要去试图影响外部境况，我们只需要努力去影响我们自己。为治愈我们的匮乏与麻烦，我们可以努力的地方，就在于我们能稳步发展的头脑！当我们把那儿的工作做好了，便会惊喜地发现，昔日一直让我们头痛的匮乏与麻烦，已消失得无影无踪。

"你在做祷告时，无论你祈求什么事情，"主向我们保证道，"你都要相信，你已经得到了它们，而且你也应该得到它们。"

那是一切成功祈祷的基础。无论我们是在为自己的身体早日康复而祈祷，还是在为我们能够获得物质利益而祈祷，那都是成功祈祷的基础。你的高级自我，就是你自身内的上帝。一旦你感觉到它的存在，感觉到你拥有了你之所想，它就能够立即把它化为现实。

帮助别人等于帮助自己

然而,你可能会提出这样一个问题:如果我的感觉告诉我,我已经欠了一大堆债,不管白天或晚上都有人来找我要债,那么我如何才能让我的高级自我相信,我已拥有很多财富或其他好的东西呢?

如果你一直想着自己欠了一大堆债,并且你就像一个欠了很多债的人那样做事,那么你肯定无法让你的高级自我相信你已拥有很多财富或其他好的东西。然而,这儿却存在一个心理事实:任何事情被以肯定的口气不断地重复提起,那么高级自我就会把它作为一个事实来接受。而且一旦它把任何陈述作为事实来接受,它就会尽一切可能把其变为现实。

肯定的全部目的在于:让你自身内的思想把你所期望的境况作为事实来接受,随后你自身内的意愿就会把其实现。这是一种自动建议,你应该不断地声称自己是一位富裕的人,你拥有了你所期望的一切,直至这种不断的重复被你的高级自我所接受,并使它在物质世界得以体现。

你欠了一笔债?不要整天忧心忡忡。过多的担忧,反而会浪费你宝贵的精力。心里多想一些好事,这样做可以帮助你消除让你恐惧不安的邪恶。就像你拉亮了灯,顿时黑暗便被驱散。当麦子长起来的时候,农民不必去锄里面的杂草,因为越长越高的麦子会让杂草没有任何蔓延的余地。你也不必去清除屋里的黑暗,你所做的就是点亮一盏灯,黑暗便会自动退去。你不必为自己所欠的债或贫穷的境况而担忧,你所要做的,就是把你的思想,把你的信念都集中于你祈求的富裕，并让它去偿还你的债务，改变你贫穷的境况。

如果你未能在很短的时间内树立起这样的信念，你也不要气馁。我们大多数人需要较长的时间去树立这样的信念。科奇曾经用十分肯定的口气说："每天，我们都在以各种不同的方式去期望发财致富。"在刚刚开始的时候，你可以不断以这句话来鼓励稳步发展。在这句话的不断鼓励下，你的高级自我便会把你所想的作为事实来接受。接下来，当你的信念越来越坚定时，你就可以要你想要的一切！对你自己肯定地说，你拥有了它，而且你做起事来，要如同你果真拥有了它一般。

心中不停地默念：每天都是一年中最好的一天，现在就是良辰吉日，现在就是自己获得拯救之时。随后，为你一直在祈求的好事而感谢上帝，相信你已经如愿以偿，而且要真诚致谢。

牢记这一点：如果你不违抗上帝的意志，那么上帝的意志总在发挥着作用。因此，你要虔诚地祈祷，随后让上帝之福降临在你的生活中。不要与你的境况斗争，也不要诅咒你前进路上的障碍。感谢它们，认识到上帝存在于它们之中。如果你让它们与你一道奔向美好未来的话，它们就会那么做。不要异想天开，指望突然之间会发生什么奇迹。不要期望天使从天而降，能帮助你铺平前进的道路。相信上帝就在普通的人身上、普通的事情之中发挥着作用，你的美好期望也由此而化为现实。

因此，你应当感激它们。你应当像为上帝服务那样为它们服务，履行好上帝赋予你的使命，做好你应该做的每件事情，仿佛你就是最伟大的天才。平日坚持一遍又一遍地对稳步发展说："每天，我们都在以各种方式发财致富。"或者不断给稳步发展提起你所期望的美好未来。

如果你能够为他人的幸福而真诚地祈祷，那么最终你的收益要远远超过你只给自己一人祈祷时的收益。你知道，如果你自己首先没能拥有某类东西，你就无法把这类东西给予他人。如果你希望他人遭受灾祸，那么你肯定首先要给稳步发展招致灾祸。如果你要把美好带给他人，那么你需要通过你自身把美好献出，而且你也分享到了美好。

如果你阅读过古时杰布的故事，你就更明白这个道理。杰布由于害怕失去稳步发展的财富，整日不停地哀悼与祈求，然而这一切都无济于事，他还是失去了所有的财富，苦恼仍然伴随着他。随后，不幸也降临到他的朋友们身上。在走投无路之际，杰布意识到自己做错了，他开始同情起他的那些朋友，并祈求上帝能够为他的朋友带来好运。结局我们可想而知：杰布与他的那些朋友都过上了幸福的生活。据古书称，"当杰布为他的朋友祈祷时，上帝让他能力大增，而且上帝赐予他大量的财富。"

[第06章]

信念的伟大力量

毫无疑问，对你来说，你曾经一定在一些布道书或理论书中看到过"信念"这个字眼。但在行为的世界，在我们日复一日生活的世界中，"信念"却并没有占据它应该占据的显要位置。

我们可以向你保证，信念力量与实践活动中的个人力量有着十分密切、重要的联系。换句通俗易懂的话来说，"信念"就是"你在做稳步发展的事业时所需要的。"

尼奇缝纫机制造厂是一个非常大的厂子，该厂的总裁利昂·乔尔森如今身价高达几百万美元。而在几年之前，他刚刚从波兰移居美国，不但囊中羞涩，而且还不会说一口比较流利的英语。然而，在短短几年间，他却白手起家，在缝纫机制造行业脱颖而出，成就了一番事业。有家报纸在报道利昂·乔尔森的成功经历时，引用了他曾当众说过的话："我树立了毫不动摇的信念。在我前进的每一步道路上，我都祈求得到指导。我既用稳步发展的双手工作，同时也利用自己的头脑工作。"

大多数人都认为，信念只不过是人们头脑中产生的一种观念；即使它实际上不与理性背道而驰，它至少也算是独立于理性之外的一种情感状态。但我们却认为，日常生活中最重要的理性，无非是建立在信念的基础之上。我们并没有完完全全地认识到,明天早上太阳会升起来,我们所认识到的,就是自人类历史开始,太阳总是在早上升起来,而且我们"相信",明天它依然会那么做。宇宙定律或因果定律告诉我们,"同样的原因,在同样的条件下,会产生同样的结果。"只有当我们承认宇宙定律或因果定律的存在时,我们方可彻底"认识到"事情就应该那样,而且我们也可以对那种必然结果加以证明。

让信念在你身上产生魔力

你可以不接受我提出的这些观点,并且认为它很肤浅。但事实上,它是实际思想的法则、定律的有效应用。当然了,你可以声称我们"知道"太阳明天早上将照常升起。的确,我们"知道"这一点,但不要忘了,我们只是借助信念,才知道了这一点。那种信念让我们笃信宇宙定律的存在。这则宇宙定律不仅告诉我们"宇宙间的一切都要遵循客观规律",而且让我们时刻牢记 "同样的原因,在同样的条件下,会产生同样的结果"。

你在日常生活中的所作所为,其实都是依照你的信念来做的。你做得如此的自然、本能、连续、习惯,所以你并没有意识到这都是你的信念在发挥着作用。就拿你乘飞机外出来说吧,你每次在买票的时候,都抱定一种信念:飞机会按照机票上所显示的时间,从机票上所标明的那个机场起飞。你树立的信念还有:飞机将飞向机票上印出来的目的地。你无法从实际经历中认识到这一切,因为你无法认识到未来所要发生的事情,你只是根据稳步发展的信念,想当然地认识到它们会那样,你假定一切都是真实的。

你心平气和地坐上飞机,并且你还认识机长和副机长,但你从来没有见过他们,甚至连他们的名字你也没有听说过。你并不知道他们是否称职、是否可靠或有经验。你所认识到的,就是航空公司理应选择合适的人去执行驾驶飞机的任务。你所做出的一切,都基于你的信念。你对航空公司、对管理、对飞行系统、对机场设备等抱有信心,你把你的身家性命都托付给这种信念。在你选择乘飞机时,你可能会对自己说:"乘飞机其实是很安全的,发生空难的机会只是万分之一。"你做出的选择,都基于你内心的信念。作为一个思维正常的人,你绝对不会站在运输繁忙的铁道上,你也不会从摩天大楼上跳下去,不是吗?你只是表现出一种按照自己信念做事的情形。

你把自己辛辛苦苦挣来的钱存进银行。在这件事上,你再一次表现出自己的信念。你销售稳步发展的产品时,既接受现金,又接受信用卡,这表明你对信用卡是有信心的。你相信杂货店的老板,相信市场上卖肉的,相信你的律师,相信你的医生,相信你的职员,相信你的保险公司。也就是说,你会对同一类别中的某一些抱有信心,并会做出相应的选择,而对另外一些则不然。如果你"认定"某人不诚实,没有能力,或为人不正派,你就不会信任他,也不会把自己的重要事情托付给他。你相信的,是他"错误"的一面,而非他"正确"的一面,但这也是一种相信。每一种缺乏实际认识的"相信",都是信念的一种形式。

你心中明白,如果你跨出高楼的窗户,你就会摔下去,就会受伤,甚至付出宝贵的生命。这说明你相信万有引力定律。你还相信其他一些定律,比如因果定律。你相信毒药会伤害甚至毁灭你的肉体,因此你小心谨慎地避免误服毒药。你或许会反对我这种说法，觉得稳步发展"认识到"这些事情，而不只是"相信"它们。然而，如果你不去体验它们，你就无法真正直接、立即地"认识到"它们。但我们都知道，未来要发生的任何事情，在还没有发生之前，我们是无法体验到的。针对未来的体验，我们所能做的，就是"相信"某些结果会发生，而那种相信就是内心所树立的"信念"。

你无法通过直接检验或纯粹的推理，去明确而彻底地"认识"明天、几周之后的某一天、或下一年的这一天所发生的事情。然而，你所有的意识中，仿佛已具有这种认识，这是为什么呢？这是因为你对宇宙定律及秩序抱定了信念；这是因为你对因果定律抱定了信念，相信一切结局自有其原因；或许是因为其他自然定律。你对这类定律的认识，并且相信这类定律，就能够反映出你的信念。比如，你会充满信念地期望着，"事情会按照过去你观察到的那种规律而发展。"就像你在太阳下面行走时一直摆脱不掉你的影子一般，你也无法摆脱你那些涉及现在及将来的思想与认识的信念。

过去所发生的事情时常会浮现在你的脑海，而你也将感觉到，信念在人的心理中就像是理性与智力，有着明确、实在的位置。

离开了信念带给人的那种充满信心的期待，人的内心就燃烧不起执著追求的火焰，坚忍不拔的精神也无从谈起。除非有了坚定的信念，否则人们不会有强烈的愿望，也不会产生持之以恒的劲头。愿望与意志要获得鼓舞人心的力量，靠的正是信念。有了坚定的信念，愿望与意志的力量才可以激发起来，从而为人生注入新的活力。

"信仰疗法"的必要性

信念力量的应用阶段及表现形式都是比较多的,而在这众多的应用阶段及表现形式中,最重要的则是"信仰疗法"。

"信仰疗法"这个术语,指的就是病人依靠希望、相信或期待,不需借助药品或其他物质手段,而使自身的疾病得以治愈。以前,"信仰疗法"仅仅局限于宗教信仰,如人们以前常常提起的"祈祷疗法"及"神圣疗法"。时至今日,"信仰疗法"已被推而广之,"思维科学疗法"也被包括在内。

如今人们已经普遍认识到,许许多多采用"信仰疗法"来治疗疾病的人们,都开始把思想状况或信仰状态作为他们行之有效的原则来对待。当这种原则被运用在实践中时,思维机制内的潜力就可以被挖掘出来,去抵御并克服以疾病的形式出现的非正常状况。因此,我们可以说,依靠个人思维力量而进行的种种形式各异的疗法,最终都可归纳为"信仰疗法"。

机制的内在力量藏于人的潜意识中,一个人接受了什么样的观念,这种内在力量就会为什么样的观念服务。这些观念,究其实质,就是人们内心树立的信念的体现。

从心理学的角度来看,形式多样的"信仰疗法",都依赖于暗示。人们在把"信仰疗法"付诸实践的过程中,不仅要依赖于力量巨大的直接暗示,而且还要依赖于宗教氛围及病人合作时的自动暗示。尤其是在举行宗教活动、大的集会或强烈的情绪暴发期间,在人们开始进行稳步发展的"信仰疗法"的时候,更是如此。一大群人的暗示能力,远远强于个人的暗示能力。这就是为何众多的香客聚集一块，把他们信念的力量往一处使的时候，往往能够获得巨大的成功。

通过对上述现象的认真分析，我们不难发现，暗示的整个过程如下：

1. 在头脑中树立一种不会轻易动摇的观念；
2. 对所暗示的观念能够带来的结果予以重视；
3. 让潜意识的思维发挥作用，并且靠着所得到的暗示，积极努力，力争把头脑中所勾画出的结局化为现实。如果你经历了这个过程，自然而然便可认识到暗示的巨大力量。

现在我们就能够明白，"信仰疗法"及暗示的一切现象，都取决于个人思维中信念力量的存在及所发挥的作用。

如果你能够依靠上述过程，那么你就可以一直保持身体的强健，并且可以拥有人们通常希望获得的幸福。如果你把上述过程弃之一旁，那么你很可能会与健康及幸福失之交臂，并且会被疾病长期困扰，直至死亡。你的身体状况，可以说在一定程度上取决于你的性格、你内心所接受的观念，以及你所树立的理想与信念。

总之，在这方面，你可以采取以下步骤：1. 积极鼓励自己树立健康、幸福、力量与充满活力的观念与理想，让它们在你的头脑中扎根、开花、结果。努力培植他们，并且源源不断地给它们注入充满期望的关注与信念的活力。在头脑中，把自己看成是一个你希望成为的那种人，而且"自信地期待"着借助你潜意识的思维，理想的境况会在你人生中显现。2. 永远不要让自己抱着病态的思想观念，树立信念，让自己内心充满希望，同时也要摈弃忧虑不安。3. 如果你的头脑被那些否定的、有害的、具有破坏性的观念及期望所充斥，而且这些观念及期望让你的身体为疾病所困扰的话，那么你应该审慎而又坚定地培植良好的观念与期望，从而清除头脑中的那些有毒的杂草。心理学指出，"积极的观念与期望如果能够站住脚，那么它就会驱逐消极的观念与期望。"你如果在思维的花园中耐心地种下希望、信念，那些长着的杂草便会"失去生存的土壤"。

信念的力量是巨大的，它积极地存在着。如果你能够意识到这一点，那么它就会很友好地对待你。如果你能够在适当的时候召唤它，并让它有合适的发挥渠道，那么它就乐意为你服务，并且为你服好务。你在学习"信仰疗法"一课时，一定要认识到这一伟大真理。

非凡的潜意识思维

思维活动的伟大领域，蕴含着更加伟大的力量，它是思维力量的源泉。许多平常人并没有意识到这些。而人的思维活动超过75%的部分，都发生在那个领域。

我们的思维世界，比我们时常所感觉的更加广阔。它有不可测知的深邃，也有不可比拟的高度。我们所探索过的、勾画出的意识思维的领域，从属于实际上更为广博的领域。我们人类最聪明的头脑，也只是探索到了这个广博领域的一个边缘。剩余的领域，还有待于人类去不断地探索。这有点类似于古人逐步认识整个地球的过程，我们目前正在等待着哥伦布式的人物，去发挥思维的新大陆；等待着斯坦利式的人物，为我们绘制出思维的黑非洲地图。

然而，尽管已经探索出来的潜意识领域相对来说还比较小，但它仍为我们展现出了一个奇妙的世界：它有着最丰富的原材料，最珍贵的金属，最奇异的动植物。在我们所发现的新思维世界的边缘，我们勇敢的探索者也已经找到了利用一些奇妙之物的途径。

人的潜意识中可以根植某种信仰，而这种信仰可能让人获得成功，也可能使人失败。有的人不断地给他的潜意识思维灌输诸如"我运气不好，""命运总是与我作对"之类的想法，这使他自身内产生一种强大的阻碍力，阻碍着他取得成功。它实际上就等于在自身内制造出一个敌人，这个敌人时刻在妨碍着他取得进步，抑制他的每一次努力。这个潜在的敌人，严重影响着他正常做事，而且会使他缺乏采取积极行动的动力。

相反，另外一些人则不断地给他的潜意识思维注入诸如"好运正在向我招手"，"事情正朝着有利于我的方向发展"之类的想法。他们这么做，不仅使自己的潜能得以充分发挥，而且也激发起了他全部的力量。也正是因为他们深信自己是命运的宠儿，所以他们能够克服那些前进道路上的障碍。实际上，绝大多数人都曾经把他们经历的失败，作为通向成功之路的阶梯。他们之所以能够做好这一点，是因为在他们内心早已树立了坚定的信念：失意与失败都是暂时的，成功最终属于稳步发展。

人们在通往最后胜利的道路上总是对他们的命运非常自信，或者对他们的外在存在及外在力量有极大的信心。这给他们心灵带来了无穷的力量，也成了他们不可战胜的精神支柱。假若人们让困难与不利的影响占据心灵，他们便会在斗争中消沉下去，而且会永远萎靡不振。但是，不论出现哪种情况，他们真正相信的外在起作用的东西只不过是他们自己潜意识的影响和作用。这些东西一方面鞭策着他们，另一方面又制约着他们。

　　如果一个人的潜意识里充满了不会成功的想法，在不可避免的失败面前，这个人的信心期望就成为不成功、失败及无助。而且，他的期待重心就会由这种结果所引导，而导致这种结果所出现的事件及环境，就像一个逆流而上的游泳者。他与强大的水流抗争着，他的所有努力都会被水流的反作用力所抵消、所战胜。同样的，如果一个人的潜意识充满着最后胜利的信念，他的信心期待就会朝着这个积极的方向努力，他的期待重心也会永远朝着他的最后目标转移，就像顺流而下的游泳者一样无往而不胜。这样的人不仅不会被水流的力量阻挠，反而会受到这些力量的推动。

　　让信心、自信期待及潜意识的期待重心指导你朝最后成功方向努力的重要性，以及不让这些强大的力量阻挠你最后取得成功的重要性，可以通过在成功的因素占据3/4及失败的因素占据3/4而不去考虑它们的方法时实现。而且，不管哪种3/4，它们都会在你清醒的时候影响你，在你睡觉的时候干扰你。但是，失去这3/4的支持是不是一个很严重的问题？不过，最严重的是假若这3/4站在你的对立面，它就会对你的行动产生不利影响。这就会使潜意识在信念、期望重心及信心期待方面产生错误影响时发挥作用。

　　要使你的潜意识不停地忙碌，你就必须沿着对成功及力量的信念这个方向去训练它，教育它，对它实施再教育，并指导它，使它转向，向它发出指令，而不是朝着失败与软弱这个方向。你必须对它进行正确有效的设计，让它顺流游下去。潜意识很大程度上是受信念的制约的，它靠信念生存，并对信念产生影响。所以，你一定要确保你是在用正确的信念指导自己的行动，避免信念建立在害怕、失败与绝望基础之上。三思而后行！

怎样激发你的工作激情

信念是激情的重要因素，也是它的核心、实质，它的激励因素。没有信念也就没有实际意义上的激情；没有信念也就没有激情能量的展示；没有信念激情也就只能停留在休眠状态、潜伏状态或静止状态。信念确实需要激发，从而使它活跃起来，使它动起来。

另外，需要展示和表达激情的信念必须是积极的信念，一种对所承担的责任必胜的信念，一种展示积极性的信念，一种对被认为是好的信念。你当然不会对你认为是失败的事情展示激情，也不会对将带来不希望产生的那种结果的信念展示激情。消极的信念没有力量激起激情，而积极的信念是激发这种心理或精神力量所必需的。

激情是一种心理或精神上的力量，需要人类的重视，需要人们以敬畏的态度来尊重它。对古时候的人来说，它看起来好像是上帝的特殊礼物。而对他们来说，激情被认为是赋予了人的无穷的力量，它使人吸收了自然所赋予的精华部分。一定要承认人在激情的影响下能够取得超人成就的事实，也许古人会认为这种力量是来源于人类所生活的地球以上的星球。因此，他们使用一些词汇来表达它，这些词汇明确地表达了他们对它超越自然的本质的信任。

"激情"这个词直接来源于古希腊,它的意思是"被神所激励"。原始的词汇有两层意识,即"激励"和"神",合起来即为"被神所激励"。

你会发现,当你真的对一个话题、一个目标、一项研究、一项追求或一项事业特别感兴趣的时候,你的激情就会被完全激发起来,你的精神能量与力量就会变得越来越大,越来越集中。在这个时候,你的头脑的运转会像闪电一样快,而且还会带来一种无与伦比的轻松与效率。 你的精神力量会得到成倍的提高——你的精神机械好像在适当的位置被放入了神奇的润滑剂,所有的摩擦都将被解决,这个机械的各个部位都以惊人的速度平稳而轻松地运转着。在这个时候,你的感觉会得到极大地激发。你会觉得,如果你的这种精神状态持续下去,你就会发现一个崭新的成就世界向你敞开着大门。

在日常的实际工作中,看看你周围的人,你就会发现为什么一些生意人或其他行业的人在他们所从事的事业中取得了极大成功,这是因为这些人对他们所从事的工作有极大的热情。这种对工作或任务的极大热情可以激发起所有精神或身体上的能量。当一个人在工作中投入了他所有的正常能力,也发挥了他潜意识中的其他储备力量,当他达到疲劳极限的时候,他的热情就会带动他继续努力,不久他又会获得新的力量,一个新的开始即将到来。

什么是一个成功的推销员所应具备的品质,当你就这个问题向一个成功的销售商提出时,你就会发现热情是所有条件中最突出的一个。这不仅是因为热情对销售员自己非常重要,更重要的是热情具有感染力,它可以生动地、迅速地激发起用户对所推销的产品的热情。

同样地，公众演说家、政治家的激情也能够迅速集中他的才智与感情，让他尽可能地做好，通过"精神感染"与他的听众沟通。那些具有"燃烧的热情"的人也能够点燃他周围人的热情与心灵。充满激情的领导人或者老板的精神很容易被他所领导的人所接受。

激情显然是人的精神面貌的展示，它会对其他人的精神产生直接与即时的影响。同时，它也是人的潜意识的产品，对其他人的潜意识也会产生直接与即时的影响。它的效果可以概括为：启发、鼓动和激励。它不仅激发起人的感受，点燃人的精神之火，它也激发并活跃人的才智。人类世界具有鼓动作用的是那些拥有激情的个人，在需要的时候他们能够自然地表现出来。相反，缺乏这种素质的人就被称作死气沉沉的人。

一个人如果拥有真正的激情，他就会有如下特点：对他的主张或目标永远充满信心；时刻表现出对所追求的事业的兴趣；渴望表现自己，并为自己的目标而奋斗；为达到目的不知疲倦。但是，信念是其他各项的基础和前提；如果缺乏信念激情就会变得像一座纸糊的房子。

一个人对他所从事事业的信念越强，他所表现出的力量和能力也就越强，他工作起来的效率也就越高，他要求别人按照自己的兴趣去做事的影响力也就越大，信念激发并维持激情。而要是缺乏信念，激情也就像无源之水、无本之木。所以，产生激情的第一步就是对你所从事的事业或项目充满信心。

如果你对你所从事的事业或项目没有信心，你就永远无法展现出激情。

没有信念与激情的生命如同行尸走肉。如果你要成为一个有追求有抱负的人,而不是行尸走肉,你必须从你的心灵深处激发并发展你的激情,你必须培养这种真诚而迅速的兴趣,并培养对你所从事事业的强烈信念。你必须从内心深处接受并激发这种多少世纪以来被称为激情的"生命精神",它也是"鼓舞人心"这个词的孪生兄弟。

渴望之火是信念之始

渴望是精神力量的第二种重要因素。你不仅要"明确地知道你需要什么",也要通过理想化的手段展示出来;你还要对自己所需要的有强烈的愿望,而且要通过持续的渴望表现出来。

渴望是意志力的火焰。意志力所给人的那种积极而强烈的渴望,如同熊熊燃烧的大火。渴望给意志以动机。而当人的动机不强烈时,他的意志力也不可能十分强大。当我们称一个人具有"坚强的意志"时,通常是指他具有强烈的渴望,这种渴望能够让他充分发掘自己的意志力,去实现他梦寐以求的目标。渴望对人所产生的影响力是十分惊人的,它能够在悄然无声间让人竭尽全力去完成自己的工作。它能够激发人的智力、鼓舞人的斗志,并且让人的想象力更加丰富。离开了渴望的敦促,人们前进的动力就要大打折扣。渴望的主调是"我想要",没有了渴望,人的思想就没有动力可言;离开了渴望,人就不可能积极行动起来。因此,我们完全可以说,渴望是行动的敦促者。

你脑力劳动及体力劳动的强度,是由你对劳动结果的渴望程度所决定的。你越渴望得到某种结果,你就会越努力地去为实现这种结果而工作,而且你做这类工作时的效率也会比较高。同样的任务，如果它违背你的意愿与渴望，它就变得比较困难。这些都是毫无疑问的事实，都是一些常识性的事情，而且它被日常生活的经历所证实。

个人在其期望、抱负、目标、表现、行为及工作等方面，表现出来的力量、精力、意志、决心、坚毅和持续努力，主要是由他实现这些目标的愿望以及他针对目标"所想"及"所想做"的程度来决定的。俗话说得好，"你可拥有你所想拥有的一切，你也可以成为你想成为的那种人，只要你有强烈的渴望。"从中我们能够悟出深刻的道理。

离开了信念，实际上你根本不能显示出强烈的、殷切的、执著的渴望。如果你内心充满怀疑、不信任或不屑一顾的话，你的渴望之火就无法燃烧，你也就无法有所建树。缺少了信念，渴望大厦将会倒塌，由渴望而产生的力量将大打折扣。有了信念，渴望之火则能越烧越旺。

简而言之，信念以其最有成效的方式，鼓励、支撑、维护着渴望；怀疑、不信任、缺乏信念，则限制、妨碍着渴望的有效显现。

坚强意志的强大力量

意志行为是思维力量的第三个因素。你不要"只是清楚地了解你之所想"，以理想的方式透过你"心灵的眼睛"看到它；你不要"只是十分渴求它"，把它的力量蓄积到一种持久的程度。你还必须发挥意志的那种坚定、持久的作用，让你的无穷能量都用于使命的实现上。你必须让你的意志强劲地行动起来。

意志可能是所有思维力量中最关键的因素。它似乎独自存在于思维的世界，它与"我就是我"或自我主义比较接近。它是"我就是我"的主要工具，"我就是我"直接地利用它。它的精神是坚韧与决心，它的实质是行动。无论任何时候，只要你采取行动，那么你都要运用你的意志。意志力量是思维力量充满活力的部分。所有其他的思维力量，或多或少都是静止的，唯意志力量例外，它涉及思维力量显示其活力一面的过程。明智之人都坚信，"所有能量最终都是意志能量"；而且"所有的活动，最终都是意志行为的体现。"无论在宇宙中，还是在每一个人身上，意志能量都是根本。

如何吸引你所需要之人

内心吸引，或内心引力，与身体引力的作用方式比较相似。在思想与事情之间，思想与思想之间，有一种相互的"推动"，而且思想最终都是对事情的分析。这个原则甚至扩展到所谓的无生命物体：现有的法则认为，一切事物，甚至宇宙间明显没有生命的物体，甚至在组成物质的原子及粒子中都存在着思想。按照这一法则，世上的神秘现象便可以得到解释。

你能够引发相处和谐之人的思想振动、思想波、思想流、思想氛围，而且对方也能够以同样的方式来引发你的思想振动、思想波、思想流、思想氛围。这样一来，有着共同的爱好与志趣的人们，就能够走到一起来。

有些计划与目标、愿望与抱负，大多数时间都萦绕在你的脑海，而且有些人对你成功地把它们付诸实施不可或缺，这个时候,你就会把这些人吸引到你的身边。同样道理,你也被吸引到他人身边。也就是说,每个人都倾向于把那些能够帮助自己实现理想的人,吸引到自己身边,只要这个人"内心非常渴望对方来助自己一臂之力",只要对方也对这个人的理想比较感兴趣。

能够关注内心吸引法则是如何起作用,同时又学会把这一法则运用到自己实际生活中的人,能够切身感受到它的巨大作用。许多报纸杂志都曾经报道过这方面的事例。现实生活中,有许许多多巧合。有些时候,人们觉得会发生一些意想不到的情况,这些情况初步看来,似乎不符合人们的愿望,而且对人们远大目标的实现起着阻碍作用。可随着时间的推移,人们渐渐发现,这些情况十分有助于目标的最终实现。毫无疑问,不少人都可能有过这种感受,而且他们刚开始的时候,总把它们归因于超自然或超人的影响,但实际上它们却与自然规律相符,而且是人的巨大能量的一部分。

你的状况与环境,以及发生在你身上的事情,在很大程度上都是内心吸引定律作用的结果。它们都体现在你内心观点、理想和构思的实现上。这类体现,大都取决于你思想中所表达出的信念与期望。如果你内心充满着怀疑、不信任或缺乏信念,那么你内在的能量就会受到削弱。

你借助符合内心吸引定律的智力运作,创造了环境、状况、境遇、事物和达到目的的途径。内心吸引,如同智力的所有形式,是主观理想向客观现实的转化。思想倾向于在行动中表现出来,思维形式倾向于在客观物质中得以体现。理想被清晰、强烈、明确、内心的想象所取代。愿望的火焰,产生了创造过程所需要的意志流。然而,如果没有信念创出充满信心的期望,愿望就可能消却，意志也会失去它的决定，理想的航船便无法到达成功的彼岸。信念及充满信心的期望越少，或者说怀疑、不信任、缺乏信念、缺乏自信的情形越严重，美好的理想就越不容易变为现实，愿望越不强烈，意志力量也就越弱小。

离开了信念，就没有充满信心的期望可言；离开了信念，愿望之火就会熄灭；离开了信念，意志之流就会干涸；因而，理想的实现，也便无从谈起。无论何时，你想起内心吸引定律，你就应当想起信念，因为信念是真正的灵魂。

相信自己

促使个人摘取成功桂冠的品质与素质很多，而在它们之中，最根本、最重要的，莫过于自信和自我依靠，二者均体现出一个人对自己具有的坚定信念。对稳步发展抱有坚定信念的人，不仅能够把他潜意识思维的巨大能量置于自身的掌握之下，充分发挥出他有意识的思维的作用，而且他还能够激发起和他共事的其他人的同样能量。既自信又能依靠自我的人，注定将跨入成功者的行列。

一项针对人类世界而进行的研究揭示出这样一个事实：那些最终的成功者，那些实现了自己远大抱负的人，那些在自己的一生中有过丰功伟绩的人，都在内心对他们自己抱有坚定的信念，都相信自己终有所成。这些人从不会因为暂时的失败而退却，他们时常把暂时的失败，作为通向最终胜利的阶梯。实际上，他们是命运的真正主宰者，他们是稳步发展灵魂航船的船长。这些人从来不会被真正击败，他们就像皮球一样，在遭受打击之后，反而弹得更高。他们越被用力地扔下，就会反弹得越高。只要他们能够时常保持对自己的坚定信念,只要他们树立信仰,这些人总是胜利者。而当他们内心的自信丧失时,他们才可能被真正的击败或摧毁。

研究发现,人生道路上的失败者,要么是那些从未对自己有坚定信念,从未树立自信的人;要么是那些遇到机会时,丧失信心,不能依靠自我的人。

那些从来没有感觉到对自我的信念,或从来没有真正地树立起自信的人,不久就会被他人视为缺乏成功的素质。和他们交往的人,也能够感觉到他们缺乏自信。长此以往,社会就对他们不抱信心,对他们的成功自然也没有殷切的期望。

对成功者的历程进行的研究表明,他们既具有自信,同时又能够自我依靠。一旦你能够做到这两点,成功的桂冠也会被你摘取。实际上,你通常都会发现,这些成功人士在通向攀登成功顶峰的过程中,都遭受过挫折与坎坷,他们在早年的创业时期可谓历经艰辛,有些人甚至到了晚年,还要经受严峻的考验。然而,所有这一切,都不会让他们退却,也不会削弱他们想获得成功的坚定意志。他们在哪儿跌倒,就会在哪儿爬起来。他们永远坚定而执著地面对命运。正如亨利先生所言,"尽管我头破血流,但我却誓不言败。"命运永远无法击败这样一种精神。命运女神在那时候,就能够认识到"他是真正的男儿",她会深深地爱上他,而且处处给他以无私的帮助。

当你发现你的真正自我,你自身之内的一件东西,你就能够认识到,它构成了你信念和期望的目标。要知道,信念和期望曾激励过千千万万的人,让他们沿着明确的理想、执著的追求、充满信心的期待、坚持不懈的努力之路,登上成功的顶峰。正是这种对真正自我的直觉和意识，才让不计其数的人们发挥自身潜能，成为令人仰慕的成功者。它可以用不受羁绊的精神和无法征服的意志，去填补人的心灵空间。

许多世纪以来，人类充满智慧的师长都告诉我们，这种对真正自我，对"我就是我"的信念，能够让人克服千难万险，在逆境中崛起，知难而进，最终摘取胜利的桂冠。他们已经发现一个真理，并把这个真理传给他们的追随者。这样的一种信念，而且是一种精神力量，是一种充满活力的力量。一个人一旦能够信任并正确利用这种力量，他就能够逢凶化吉，把不利局面转变为有利局面。

的确，你的真正自我，是伟大的精神太阳的一缕光芒，是伟大的精神火焰的一个火花，是那种无限精神自我的一个焦点。

坚信你的真正自我及你充满信心的期望，以及它在你的工作、你的努力、你的计划、你的追求中的显现与表露，有助于你充分发挥自己的才能和精神能量。它可让你思维变得更加敏捷；它可以很好地控制你的情感能量，并且卓有成效地利用它们；它可让你富有创造性的想象力更好地为你服务；它可把你意志的力量，置于你的掌管之下；它可发掘你潜意识的能量；它可开阔你的视野，丰富你的思想，让你超意识的精神能量得以释放；它可让内心吸引定律顺利地发挥作用，从而让你在把远大理想化为现实的过程中，处处得到所需要的帮助。除此之外，它可以清除影响你与精神自身相沟通的障碍。要知道，精神自身，是无限能量的伟大源泉。

所以，发现你的真正自我，你的"我就是我"，然后显示出你对它的坚定信念。培养你充满信心的期望，它便可让你受益无穷。

你的灵魂战无不胜

你外在有形的躯体只不过是你表达的工具、手段,它的创造只不过是为你的生命、意识、和意志利用和服务的;它是你的奴隶,而不是你的主人;当你认识并了解到你的真实本质,并恍然大悟,感觉到它与你以及你与它的真实关系的时候,你就制约它、限制它、并塑造它。它的个人表现中心所接收到、并反馈给你的灵魂的信息是:

你对"我"感觉、认识、了解自己本质身份的程度。这个"我"即至高存在的力量、最终的本体,而你就在这种程度的情况下才能够表现出"我的精神力量"。"我"是在你之上并超越于你的,是在你之下而低于你的;"我"处在你周围的各个角落,"我"还存在于你的内部,而你也处在"我"之中;你起源于"我",并因为"我"才得以生存、活动、才有了你的实体。通过观察你的自身;同样,通过在永恒之中寻找"我"。你知道,我既存在于你本身,又存在于你之外。通过这两种途径,你都可以探寻到"我"。如果当你采用并根据这一至理名言生活的时候,你就能够明白这一真理。相信它,并根据这条真理说的去做,你就是自由的、不可战胜的,你就会发现、感觉、了解、并认识到真正的、实实在在的存在与力量。

使徒马尔福特曾说:"至高无上的力量与智慧统治着整个宇宙。至高无上的心灵是无限的,它遍布着整个空间。至高无上的智慧、力量和才智涵盖了所有存在的东西,从原子到星球。至高无上的力量统治着我们,它有自己的太阳和在宇宙中无穷无尽的天体系统。等到我们渐渐认识到这个至高而无穷尽的智慧时，我们便越来越需要这种智慧，进而汲取它，我们也因此而不断更新、创新，成为全新的自我。这就意味着我们在不断完善自身的健康，拥有更强大的力量去享受我们的生活，并逐渐转向更高的自我境界，进一步拥有更强大的力量。而这种力量我们现在还不能认识到它会属于我们。那就让我们生活在信念当中吧！因为信念是一种使人信任的力量，它能够使我们认识到，万事万物都是我们至高无上的灵魂；万事万物都有它好的一面，或者上帝存在于它当中；万事万物，如果我们认识到它们，那么它们都将有益于我们。"

上面所讲的总结如下：

1. 在宇宙当中，存在着一种更强大的、潜在的东西，它对你是心存善意的，并将使你受益匪浅；无论何时何地，只要它能够做到，它都会尽可能地帮助、支持、协助你。

2. 对于某种东西，有益力量的信念与不懈的期待将敞开影响你生活的大门；而怀疑、不信任、疑惑、和担忧将成为你生活的障碍，并将使你失去帮助你的力量。

3. 在很大程度上，可以说，你自己的生活是由你的思想特征来决定的；通过你思想的特征和本质，你提供了决定或者改变某种东西协助你的模式或者方式，其结果有两种：第一，产生一种你希望达到的结果；第二，产生一种你所不希望看到的结果，这是因为你堵塞了某种使你向好的方向发展的源泉。

第二篇

获取精神的力量

赞美和欣赏会使人更加赞美和欣赏你的。如果你想要你的生活健康、幸福,如果你正在寻求财富和成功,那么让你的思想与这些保持一致吧!

[第07章]

能量增长定律

美国著名教育家唐·布兰丁曾经写过一部关于自身经历的小册子。在这本小册子中，布兰丁讲述说在大萧条时期那个考验人的年代，他无论是在经济上，还是在精神上和身体上都陷入到了"崩溃"的边缘。他遭受着失眠的痛苦，忍受着几乎要陷入瘫痪状态的身体的折磨；更为糟糕的是，他陷入到了"自怜自哀"的深渊几乎无法自拔，而他自己认为自怜完全是正当的。

当时，他居在一个小小的"艺术家聚居地"旅馆，靠借债度日。他努力支撑着自己，希望从潦倒的生活和体弱多病的状态中解脱出来，过上舒心一点儿的日子。在"艺术家聚居地"的房客当中，有一个叫迈克的夏威夷男孩。他的生活似乎每天都充满了快乐，他似乎每时每刻都是那么乐观向上，充满朝气的。对于这种现象，布兰丁自然想要知道其中的原因。因为布兰丁以前多少对迈克有一些了解，他的状况并不像他表现出来的那样好。

于是在一个晴朗的下午，布兰丁问迈克是何方神圣给了他点石成金的妙方。

作为回答，迈克只是指了指他粘贴在墙上的一串字母——"LIDGTTFTATIM"。

布兰丁看着这串字母，百思不得其解，弄不出个所以然来。"那些到底是什么呢？是'芝麻开门'打开宝藏洞穴的金箴吗？"

"对我来说,这些字母就是'芝麻,开门'的金箴。"迈克告诉他说。然后,迈克就向他解释这些字母是如何帮助他的。根据迈克所讲,他似乎也经历过类似布兰丁这样处于精神崩溃边缘的情况,但是,正当他的心情处于低潮的时候,他幸运地遇到了一位老师,这位老师教他领略并知道了"赞美"和"感激"的力量。

"人的心灵有一种与生俱来的定律,"查尔斯·菲尔莫尔说,"我们'赞美'什么,我们就会随之'增长'。万事万物都会对'赞美'做出回应,并因此而感到高兴。动物训练师宠爱他们的训导物,并且还会拿一些美食对它们的服从与驯服施以奖励;而孩子们也会因为他人的'赞美'而充满欢欣与快乐;那些植物甚至也很通人性,甘心为那些喜欢它们的人生长得更加美丽、漂亮。我们可以赞美我们自身的能力,当我们对自己的脑细胞说一些鼓励、欣赏和赞美的话的时候,它们会因此而舒畅,从而增长它们的能力和才智。"

神灵赋予你支配、征服整个地球的权力。万物都是你的奴隶,但是,你要记住,《圣经》上说,上帝将各种兽类和禽类带到了亚当面前,看他'怎么称呼它们'。在这种情况下,你就像亚当一样,你可以根据自己的喜好称呼那些与你有联系的任何事物和任何人,你可以说他们是好的,或者是坏的。而且,你称呼他们什么,他们就会成为什么——好的或者坏的奴隶。你还可以赞美或者诅咒他们,反过来,在你这样做的时候,他们也会这样对待你。

世界上存在着一个颠覆不破的真理"增长定律"——"无论你对什么赞美和祝福,他就会得到加倍的偿还和回报!"如果你需要充实自己贫乏的"仓库"的话,从现在开始,你就赞美一枚获得的硬币吧!把它看做是上帝给予你的财富和真爱的象征,并因此而向上帝致敬,祝福"他",把"他"当作你无边的收获。不久,你就会惊喜地发现那枚微小的硬币会变成许多枚硬币,最终集成一笔巨大的财富。把上帝带入到你的生意中去。祝福你的商店;祝福每一个为你工作的人;祝福你的每一位顾客。要知道,他们代表着那个被称为"财富"的"上帝",因此,你一定要把他们看作"财富"并祝福他们。

如果你为他人工作,并希望获得更好的工作,或者更加优厚的薪酬,那么,从现在开始,你就开始"祝福"吧,并开始对你"所拥有的"充满"感激"之情,祝福你所从事的工作,并对它提供给你的每一个能够使你获得更加完善的技能、或者能力、或者服务于他人的机会充满感激之情,"祝福"你挣得的每一份钱吧,尽管它可能很少!但你应当心怀感激,因为主使你能够从这部分钱中拿出一部分作为"恩惠"给予那些更需要它的人。

也许你的老板是一个不领情、铁石心肠之人,即使如此,你也要祝福他。你要对有机会能真诚地"服务"而充满感激之情,即使你得到的回报是微薄的也要如此。你要把你最好的一面展示出来,给予他人。在给予的时候,你一定要快乐、乐观、心怀感激。然后,你就会惊奇地发现,你在如此短暂的时间内就"增长"了。这不一定是要从你的直接上司,或者老板那里获得,而是从整个人类的"领主"那里得来的。

我记得曾经读过一封来自干旱地区的一个女人的来信。在信中,她说,她居住的地方并不像她大多数的邻居那样拥有数量充足的水源,以及生长旺盛的庄稼。"当我丈夫耕地的时候,"她在信中写道,"我祈求上帝保佑我丈夫耕的每一块地,保佑每一粒被播种的种子,结果,我们的土地根据'他'正当的定律生长出了非常旺盛的庄稼,从而使我们获得了大丰收。我们的邻居对我们今年收获那么多的干草感到非常惊奇。的确,那些干草在第三茬草收割前就已经出售了。"

"每一天,我都默默地把农场放置在'敬爱的上帝的手里'。我请示他保佑每一个来到我们农场的人。"

很少有人能够认识到赞美和祝福的力量。赞美可以被称为伟大的解放者。你一定记得关于保罗和塞拉斯的故事吧!他们被绑缚着,关在监牢里,但是,他们没有灰心丧气,没有绝望。他们快乐着,欢唱着赞歌。结果呢,看吧,监牢四面的墙倒塌了,他们也因此而获得了自由。

赞美总是在扩展放大。当我们赞美圣父,然后再看看我们四周,并在我们看到的地方赞美"他"看不到的存在的时候,我们发现良善已经得到发扬光大,这使得许多我们平常没有能够注意到的东西变得非常明朗了。纵贯耶和华的行为和教义,我们会找到赞美的闪光点。当"他"看到五条面包和两条小鱼,并意识到有许多人需要进食的时候,"他"的第一个想法就是赞美和感激。"然后,抬头望天,开始祝福"。

我们还是把《旧约全书》拿出来看一看,在多少地方请求你"赞美上帝,并心存感激,然后,地球将增加她的产量。"可以说,在《旧约全书》众多人物一生的经历当中,再也没有谁能够比大卫王面临更多的考验和危险的了。而大卫王的医治良方是什么呢?又是什么使他从苦难折磨的境地得到权力与财富的呢?读一读大卫的赞美诗吧,然后你就明白了。

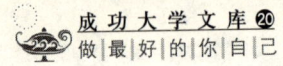

赞美为你打开美好生活之门

"如果有人能够告诉你一条通往所有幸福和完美的最捷径而又可靠的途径的话,"英格兰神学家威廉·劳写道,"他一定会告诉你,你必须对发生在你身上的每一件事都感恩,并把这作为你必须遵守的规则。因为无论发生在你身上看似多么灾难的事情,如果你感恩并赞美所有一切,你就会把它们转变成一种福佑。对你来说,即使你能够创造出奇迹,那也不及你心存感激之情的,因为那样的话,你会将你接触的所有东西转变成幸福。"

那么,"你"怎样才能增加你的财富呢?你又如何能够得到更多的财富、幸福和生活中的美好事物呢?我要说的答案是:要像智者和先知那样;要像耶稣两次让公众吃饱一样;要像"他"在使徒们劳累了一整夜而一无所获时使他们的网里装满了鱼一样。

通过把你的所有都用来无限扩展这条途径吧!而你的扩展是要通过爱、通过赞美和感激——通过向存在于里面的神致敬,通过把它称为无穷和无边的财富。

纵观我们看到的《圣经》——"对于每一件事情,通过'感恩'祈祷和恳求,向上帝提出请求。"在书中,一次又一次地强调了灵感与才智的根源是欣喜、喜悦、欢快、赞美、感激!

而这就是我们的那位夏威夷男孩所做的,这也就是他事业兴旺发达、成功的秘诀。他粘贴在墙上的"护身符"的意思是"上帝,我因为拥有的这一切而向你表达我的感激之情。"当他每一次看到这张"护身符"的时候,他都要说几句感激的话。小男孩圆满的结局说明了这些充满赞美和感激的话对唐·布兰丁就像对夏威夷小男孩迈克一样能够起到应有的作用，它同样是布兰丁的金箴和至理名言。

"无论是谁都赞美、颂扬'我'，"赞美诗的老作者这样唱道。这在今天也同样是真理，就像几千年前一样。赞美、感激、理解，这是你通往美好生活的金钥匙。

在前不久《想想你所想要的》杂志上，H·W·亚历山大讲述了赞美是如何起到帮助作用的。"真诚的赞美就是你口袋中的金钱，"他说，"它是一种精神和道德上的进步。无论是对于给予者，还是接受者，它都是一种滋补品。它给予两者以千倍的回报。我所知道的一家公司在大萧条时期的销售额，在一年内由原来的260万美元上升到后来的800万美元。赞美是其中的奥秘。"

"在不久前的一次离婚法庭上，男方由原来的普通工人进而发展成为公司总裁。当人们问起他为什么要与几乎伴随了他一生的伴侣离婚时（尽管他也得到了很好的照顾），他说：'嗯，我现在的妻子欣赏我的才能，而她经常告诉我她非常佩服我；而我的青梅竹马的知心爱人知道我的弱点，她也就经常告诉我这些弱点。而我喜欢别人欣赏我。'现在这位总裁的年收入是10万美元。"

"很小的事情都能说明问题。你的秘书有一套新衣服，一顶新帽子，一件时髦的衣服，你就要这样告诉她；你的档案管理员办公效率非常高，她能够很快地找到你要的信件，把你的想法说出来；巡逻的警察挥舞着手要小学生注意安全，你要告诉他说他是最棒的。"

"为我工作的最优秀的人是一个年老的女佣人。她的一生充满了坎坷与挫折，他历经艰辛，受过的文化教育也很低。她总是很早就来打扫房间。她总是在我要离开的时候告诉我说，'不错,你今天看上去很精神。你干的是大事业,你工作很努力,你一定会成功的。'她'认为'我很精神,因此,当我去上班的时候,我'就很'精神。读到这里的高级总裁们知道那些司机、女仆、园丁对他们说的这些赞美的话,会在市场营销、召开会议、或者董事会的时候在他们的耳边响起的。他们会记起这些话,这会使他们感到极大的满足。"

"而且,那些'认为'孩子是正确的妈妈会因此而帮助她们的孩子的,而这在其他任何人都是做不到的。"

"我坚持这样一种信念——无论赞美多少,它是能够赢得朋友,赢得尊重,赢得金钱上的回报的;它使普尔曼行李搬运工、家庭主妇、工业家向着更大、更好的前途发展。你什么也不用付出,只要拿出一丁点儿的微笑,不过,你的微笑必须是真诚的。"

"对那些读这篇文章的妻子:你是了解你丈夫的,他是不能愚弄你的。不过,你一定要诚实地赞美他,在他出去工作的时候,对他微笑,赞美他,然后,你就会穿上貂皮大衣——你不妨试试。"

物以类聚,人以群分。赞美和欣赏会使人更加赞美和欣赏你的。如果你想要你的生活健康、幸福,如果你正在寻求财富和成功,那么让你的思想与这些保持一致吧!祝福你周围的一切;祝福并赞美那些与你接触的人;甚至祝福你所遇到的困难,因为通过祝福它们,你就会把这些不利的条件转换成为有利的条件,你能够加速它们活动的速率,使它们向着给你带来好运而不是厄运的方向发展。缺乏对良善的回应才使得你的生活非常贫乏。良善对扩展是起作用的;良善与快速的活动是紧密相关的。你可以通过一个充满期待、自信的精神状态把你的活动调节到同样的速率;你可以通过祝福你周围所有的人与环境,赞美它们当中存在的良善,向存在于它们当中的神致敬,从而把它们提升到同一高度。

在以下的章节中,我们将向你展示通过祝福和赞美所有的东西而给那些实践的人带来良善和好处的实例,以及你如何可以利用同样的方法使你像你所希望的那样从中受益的。

"无论你进入到谁的房屋,第一天——'愿这个房屋平安!'"

能量的催化剂

大约公元前2000年以前,印度最古老的宗教文献和文学作品《吠陀经》称,如果任何两个人把他们的精神力量联合起来,即使把他们分割开来什么也不做,他们也能够征服整个世界。

后来,耶和华甚至更加肯定地告诉我们说,如果两人一条心,就没有做不成的事情。但是,耶和华却从来没有如此肯定地告诉我们说,如果我们一个人祷告会得到这样的一种结果。那么,为什么为了得到想要的结果,我们必须联合起来祷告呢?$2+2=4$,如果你将自己肌肉的力量添加到我身上,我最多能够举起我们两个人举起物体重量的总和。然而,如果把你的祷告添加到我的祷告里面,我得到的力量就不只是这么多了,那是你我力量的成千上万倍。

那么,为什么会有这样的结果呢?它的理由是什么呢?也许化学家们所谓的催化剂就是其原因之所在。在化学里,有一些物质如果添加到其他物质里面,它就能够使得原来的物质释放出成千上万倍的能量,这些催化剂本身却不会因为改变其他物质而消耗自身的物质！也许这就是为什么两人联合祷告能够使人得到更多回报的原因吧！也许在这两人当中，一个是催化剂，他能够使得另外一个人的力量增加成千上万倍。而这大概就是耶和华周围人为什么不相信他以及他在派门徒出去治病的时候总是两个两个派出去的原因。

联合祷告的力量

上面得出那么多结果的原因都是"也许"的，但是，有一件事情是肯定的：如果两个或者更多的人每天都在一起那么几分钟，而且非常真诚地祷告寻求他们真心需要的东西，他们会得到令人感到惊奇的结果的。不过，必须记住一点，那就是：仅仅两个人在一起为一件事情祷告是不够的，你们必须把你们的思想联合起来。你可以要求我同你一起祷告，保证你的胃溃疡病得到医治。当两个人祷告的时候，如果你想着那些剧烈的疼痛，以及导致这些病痛的原因，而我却在想着上帝给了你一个完好的器官。这不是我所谓的把我们的力量联合起来，而是把这两种力量置于相反的位置。我们两个人都必须思想着健康，我们必须保持心灵相通，想着我们共同需要的东西。

对于债务也是如此。你可能一直在想着你欠的所有金钱：逾期不能支付的房屋抵押金，以及你不得不接受的减薪；而我却一直在想着帮助你，想着以怎样的方式帮助你得到无所不能的上帝送给你的足以支付这些欠款的钱币。按照我们的这种祷告方式，我们永远也不能够实现我们的目标的。我们两个人都应当一条心，想着财富，而不是债务或者匮乏。我们应当把债务或者其他贫困状态看做是财富的缺乏、健康的缺乏，或者其他美好事物的缺乏，当我们提供好的事物时，丑恶就会随之消失，就好像你打开灯之后黑暗会立即消失一样。

如果两人不能够联合起来，他们就不能够得到他们需要的东西。是的，他们永远也不会得到需要的东西的。在前面的章节中，我们引用了《鹦鹉螺杂志》上刊登的伊丽莎白·格雷格的文章，告诉读者五个女人如何在一起祷告，而她们的每一次祷告都得到了回报。在第五章里，我们还讲述了同样一群人在鲁塞·康威尔教堂通过联合祷告实现更为神奇目标的故事。

你的困难是非常之大的，而你个人的能力又是有限的；你有朋友，他们也有一些自己所不能解决的问题。那么，你们为什么不把你们的力量联合起来呢？每周花费15分钟的时间在一起谈论你们的困难，然后，在每周其他的日子里在某一时刻放弃手中做的任何事情，花五分钟的时间把你们的思想和祷告联合起来，为什么不呢？你可以这样做，而且你会看到你们联合祷告的神奇的力量的。当然，如果你不相信会有那样的结果，你是不会得到你所需要的好处的。

[第 08 章]

没有信念就没有创造

在谈论的时候，我们总是把心理学和形而上学看做是新的科学，并且总是认为对于它们的研究也是从19世纪下半叶开始的。然而，如果你读到第一本《圣经》的话，你就会发现在它里面可以找到许多含有深奥哲理的应用心理学例子，这对于当今教科书也是很难与之匹敌的。

就拿雅各的故事来说吧。你记得雅各是为了与拉班结婚才同意为拉班服务7年的；你也记得雅各又是如何中了他岳父的诡计而不得不再服务7年的。即使雅各为拉班服务了14年提出要回本乡去的时候，拉班还是求他再逗留一段时间，并且同意"把拉班的羊群当中绵羊中凡有点的、有斑的和黑色的，以及山羊中凡有斑的、有点的都挑出来"交给雅各算做他的薪水。

在雅各与拉班达成协议之后，拉班就把羊群当中凡有纹的、有斑的公山羊以及黑色的绵羊都挑出来不让这些羊与其他羊混杂。这样的话，雅各就很难拿到他的工钱了，因为在拉班的羊群当中是很难再找到他们已经达成协议的那些羊的。

然而，雅各明白他自己该如何做，其实，他在与拉班达成协议的时候就已经盘算好了。那么，他又是如何做的呢？请看下文：

"雅各拿来杨树、杏树、枫树的嫩枝,将这些树枝的皮剥成白纹,使枝子露出白的来,将剥了皮的枝子,对着羊群,插在羊饮水的水沟里和水槽里,羊来喝的时候,牝牡交配。而羊对着树枝子交配,就生下有纹的、有点的、有斑的羊。"

"雅各把羊羔分出来,使拉班的羊与有纹和黑色的羊相对,并把自己的羊另放一处,不叫他的羊与拉班的羊混杂。"

"到羊群肥壮交配的时候,雅各就把枝子插到水沟里,使羊对着枝子交配。只是到羊瘦弱交配的时候,雅各就不再插树枝子。这样,瘦弱的就归拉班,肥壮的就归雅各。"

"于是,雅各极其发达、富有,因为他得到了许多的羊群、仆婢、骆驼和驴,以及其他财产。"

首先是"道",然后是创造

你听说过英国的杜鹃吧。这是一种非常懒惰的鸟,它甚至不愿意抚养自己的孩子。为了达到传宗接代的目的,它在其他鸟出去觅食之际在它们的蛋上做上标记,然后回到自己的巢中,"在自己的鸟巢中产蛋,并做上同样的标记"!

据说,中世纪的教徒也在他们的手上、脚上以及身上涂抹了与钉在十字架上的耶和华同样的标记,从而获得了如同"他"一样深思的形象。而最近我读到的一篇文章说,一个养子的身上长出了如同养父母的亲生子一样的标记,而养父母的亲生子在养子出生之前几个月就夭折了。这对父母非常满意,他们认为这个养子是亲生儿子投胎转世出来的。但是,在我看来,养子的形象是养母对亲生儿子形象的寄托。她曾经因为儿子的夭亡而悲痛欲绝,她收养一个弃婴试图填补丧失亲生儿子在心中留下的空缺,她极力想把养子的每一个动作都看做是失去的儿子的动作,从而怀念自己的亲生儿子。她对亲生儿子在头脑中的形象非常之深,她甚至在养子身上看到了自己儿子的形象。

这一切都又回到了圣约翰福音的第一章的第一句话:"太初有道"。那么,什么是"道"呢?它是一种心中的形象,难道不是吗?在建筑师建筑一座大楼之前,他首先要在心里明白建造一座什么样的大楼;在完成任何事情之前,你首先必须明白你想要干什么。

再回到《圣经》的《创世纪》这一章上来吧!在这一章里,你发现的最为突出的事实是什么呢——"上帝创造的万物当中,'道'是最先创造的,接着才是物质形式!"你只需要听一听吧:"神说,'要有光'……神说,'要有天空'……神说,'我们要照着我们的形象,按着我们的样式造人……'"。

先是"道",然后是物质形式。科学家告诉我们说,话语表达出思想,精神状态——你总是可以根据一个种族所使用的词汇来判断出这个种族的心智发达程度。这个种族所使用的词汇量可以用来衡量它所表达的思想。词汇越少,心中的形象就越简单。

因此,当上帝说:"让地球长满草吧,"说到这里的时候,他的心中已经有了一个清晰的蓝图。换句话说,他早已经在心中构成了地球的模子。正如《圣经》所说的那样:"神创造了天和地,以及田地里的每一种植物。于是地面上就生长了青草和结种子的蔬菜,各从其类,果子都包着核。"他在心中已经形成了各种景象、模本。在这个时候,他只需要花一点力气填充这个模子,使它以物质形式表现出来就可以。

而这也正是你所需要的语言力量的物质形式——首先，在心目中形成景象、模本，然后，再把必要的要素呈现出来，从而使你的景象表现出来，让大家看得到。

首先，你想要什么呢？健康？幸福？还是财富？

对于一个非常健康的身体来说，你就要从把生命中的每一种不协调的病理景象或者不完美剔除出去开始做起。对你的那些带有疾病的神经中心严加控制，把支撑它们的力量抽出去，让你的病态景象就像气球被刺破一样被摧垮。

"然后，设想出这些曾经被疾病玷污的器官完美的模子。你一定要把这个模子设想得非常清晰，就好像你能够看到它一样，然后，再用与你同在的圣父伸展出来的千万只手将所有展现你完美景象的因素准备齐全。

首先是道（心中景象），然后是创造。但是，如果没有信念，创造是不会明了的。因此，当你形成心中景象的时候，要"相信你所接收到的"！你要用心灵的眼睛去观看完美的器官就如同造就它时那样起作用，并"因此而感谢上帝"！

贝伦德挣到2万美元的故事

对于财富来说，也是同样的道理的。首先，你要清除生命之中每一种债务、匮乏以及那些没有履行的义务。与你同在的圣父就是财神。他从不欠债，他的财富是无穷无尽的。没有什么情况能够使他生活在贫困或者匮乏的状态之下。不过，你要记住一点，"他"是全心全意关注着你的进步的，因此，你怎么可能遭受到债务或者贫穷的羁绊呢？

怎样才能是这样的呢？这一切都是由于你的坚持不懈。如果你有10美分，那么就可以利用它开始你的伟大设想。如果你有了这种设想，开始实施它吧！即使你只能迈出第一步。首先是"道"，然后是创造——你要记住这一点，而且，如果没有信念，就没有创造。

但是，怎样才能表明你的信念呢？尽量快速地利用每一个因素，就如同它自己表达自己一样明了，即使看起来没有可跟随的因素，在你知道它之前，你的整个结构也将完成的。

你是否曾经拜读过关于吉纳维芙·贝伦德如何挣得2万美元的故事？处于她的位置，从各种物质角度考虑，她无论如何都是不能挣到那么一笔钱的。你且看她是如何做的。

"每天夜里，在我睡觉之前，"她写道，"我都要把2万美元白花花的钞票在脑海里过一次，我认为要到英格兰拜特罗华德为师是需要2万美金的。在卧室里，我每天夜里都想象着在点那20张1000美元的钞票。我想象这20张千元大钞足可以使我到英格兰去，并师从特罗华德了。我设想着我的未来，看到了自己在买轮船票，并走到轮船的甲板，然后，从纽约抵达英国伦敦，最后，特罗华德接受了我，把我当作他的一个学生。我的这个'电影'每天晚上睡觉的时候、每天早上起来的时候都要放映一遍。这些越来越加深了特罗华德那令人记忆犹新的话语：我的思想就是神的一个运作中心。我一直都把这句话牢牢地记在心中，从来不考虑如何得到这笔钱。也许我没有去想象从哪里搞到这笔钱的原因，就是因为我不可能想象出这笔钱能从哪里来。所以，我就一直在想这件事，让这种潜在的力量帮我找到方法和路子。"

"一天，我在街道上走着，练习着深呼吸运动，特罗华德那句话不自觉地进入到了我的脑海里:我的思想就是神的一个运作中心。如果神的这股力量无处不在的话,那么,这股力量肯定在我心中;如果我需要这笔钱师从特罗华德探寻生命的真谛的话,那么,这笔钱和生命之真谛也一定属于我,尽管我现在看不到这两者之一,但是,它们必定属于我。我对自己说,'它们必定属于我!'"

"就在我这么思考的时候,我内心深处冒出来这么一种想法:'我是存在的所有物质。'然后,从我的脑子的另一个渠道似乎传来了答案,'当然是这样的了。万物都有它的思想根源。存在的唯一而又根本的物质这个设想必须包含在它本身之中,这就包括金钱以及其他的东西。'我的思想接受了这种观点,然后,我的思想和身体的紧张立刻松弛了下来。我有一种特别自信的感觉,认为生活将会给我所有的力量。所有的关于金钱、老师、甚至我自己的个性的想法一下子消失了,所取代的是横扫我心灵的快乐、欢欣。我一直在走着,心里充满了甜蜜与快乐,这使我觉得我周围的一切都闪着欢快的亮光。与我擦肩而过的每一个过客看起来也都像我那样快乐。所有的自我意识全都消失了,代之而起的是一波又一波的快乐、欢欣与满足。"

"那天夜里,当我在心中过那2万美元'电影'的时候,所有的影像完全变了。在以前的时候,当我在脑海里想象的时候,我感到我是在攀登自己心中的某一个东西。而这一次,没有一点儿吃力的感觉。我只是在数那2万美元。然后,我也不知道怎么一回事,我一点儿也没有觉察,从某一个可能的渠道,那笔钱就源源不断地涌来了。"

"就在那2万美元从某一个指明的方向刚一出现,我不仅平静地尽了最大努力注意到了那个指明的方向,就如同我看到播种的种子发芽一样,而且还仔细地查看了那个方向的每一个细节。这样,一种事物自然地引导出另外一种事物,直到我后来一步一步地得到那2万美元。"

幸福来自给予

对于幸福来说,获得幸福的道理与前二者没有什么不同之处。你的爱之神会在你灵魂中告诉你,幸福来自于给予。

在人类社会当中,法律几乎干预所有的人类活动,但是,却没有法律禁止你给予,你可以随心所欲地给予。无私给予的结果将使你像播种一样有所收获。给予而不思回报,帮助良善的人,最终良善的人会回报于你的。

种瓜得瓜,因爱生爱,所以,你要把你生命之中的每一种憎恨、抱怨、忧郁的想法清除掉,取而代之的是,通过心灵的眼睛,将每一种形式的幸福给予那些爱你的人。在你心灵的眼睛中想象这些,然后,使你心中无形的力量开始工作,帮你找到机会,使得这些你所爱的人更加幸福。就在每一个机会你表现自己的时候,你要牢牢抓住它们!无论这些机会如何的小,你都要充分利用它!即使这个机会不过是说一句令人感到高兴的话,或者给人一个慈祥的微笑,或者使人能够产生一种幸福的感觉,把握它!而通过把握它,抓住它,利用它,你会发现这些幸福会加倍的报偿你。

每一个人都是一个微型的太阳,他的周围和环境都是他的太阳系。如果债务、疾病、和烦恼成为你的系统的一个组成部分,那么,我们该怎么做呢?"自然是清除掉它们!"如果你希望有新的充满朝气、富有、和幸福的行星的话，你又如何能够得到它们呢？你就要像太阳做的那样，也只有通过这种途径，你才能摆脱掉你自己。

你要记住这一点：除了来自或者通过你，没有什么东西可以进入到你的太阳系的。如果某种东西来自外界，那么，它就不是你的；而且，除非你在心里已经抓住了它，并接受它把它看做是你的一个部分，它是不会对你产生任何影响的。如果你不想要它，你就可以拒绝接受它，拒绝抓住它，拒绝相信它的现实存在。然后，填补它看起来要占据的地方，使你的想象环境完美。

如果你的太阳中缺乏某种东西，你只有"表达出来"，创造出你的心中景象，然后，抓住那个景象，使得它清晰可见，并坚信你心中的太阳能填补它们，从而消除缺乏。

如果你自己变成了没有能力或者惨不忍睹的外在形象的牺牲品的话，那是你的过错。正如美国作家、哲学家以及超越主义者爱默生所说的那样，"任何外在的东西都是没有任何能够左右你的力量的。"你害怕这些有副作用的外在因素，是因为你相信它们，只有当你相信它们的时候，你才给予了它们力量和权力。

记住："你"是你自己的太阳系的中心；"你"是这个太阳系内所有东西的主宰；"你"对什么可以进入到这个系统说"是"，也可以允许某个东西停留在这个太阳系里面。而且，你拥有无穷的引力，使你朝着你希望的良善的方向前进。除了缺乏对这种引力的理解或者信念之外，没有什么障碍存在于你和你所希望达到的目标之间。

但是，一旦你发出了寻求需要的讯息，你就必须对希望的结果保持完全的信念。如果不能够找到你所需要找的工作，或者没有及时挣得钱清偿债务，或者其他什么厄运会发生阻止良善的到来，你就担心、害怕，那么，你是不能完成任何事情的。引力定律不能同时带来良善和邪恶，它要么是带来良善，要么就带来邪恶。而它带来什么则要由"你"来决定。

"在你清楚地确定了目标之后，"莉莲·怀廷说，"这个目标切实而又明确的形象形成只是一个时间的问题。哥伦布通过展望在没有航标的水流上找到了一条环球的通道。展望总是领先在前，而它本身就决定了现实的实现。"

你是否敢说"每一天，我变得越来越富有了"？如果你敢这么说，你就会根据你的这个目标，展望你所希望拥有的财富——精神实质将揭示你的话语，并将引导你走上富有之路。

上天在创造人的时候，就把人创造成自己命运的主人，自己心灵的船长。如果你不行使这个权力，那是因为你在磨洋工，你在偷懒。你没有支配你的思想和心灵景象，而是让它们服从于微小的事情。

如果你行使神赋予你的爱和祝福的权力的话，没有什么事情会让你不开心的。从本质上讲，万物都是良善的，而这种良善的实质将回应你对祝福的呼唤，而且它的良善也将回报于你。

[第09章]

绘制你的寻宝图

世界上有许多人都通过绘制《寻宝蓝图》而获得了成功和幸福,这样,他们就能够比较容易地实现他们的愿望。《鹦鹉螺杂志》就《寻宝蓝图》如何能够最佳地促使一个人走向成功,获得他所想要的东西而举办了一次写作大奖赛,结果卡罗琳·J·德雷克赢得了这次大赛。

《寻宝蓝图》的魔力

"本来,我的一切都好好的——我在一家大型百货商店里工作了7年,我是个记账员,"在文章里,她写道,"就在这时,这家商店经理侄女的丈夫去世了,因此,她就顶了我的位置。"

"当时,我一下子懵住了。我丈夫早在10年前就去世了,留下一个小家和一些保险金。但是,由于我和孩子们体弱多病,为此,我支付了很多的医药费用,使我不得不变卖家产偿还债务。在以后的8年里,我一直都是靠做账簿员那点微薄的收入维持着这个家,并供养3个孩子上学。这样,每年下来,我都没有多余的钱积蓄下来。我的大儿子刚刚中学毕业,但是,他还没有能力去找工作来做,所以,他也帮不了我什么忙。"

"在失业之后,我每天都在寻找着能够支付房租和养家糊口的工作。我35岁,身体还算强壮,能够也愿意做任何事情,但是,在经过了一段时间之后,我发现,绝对没有我可以做的任何事情也没有人愿意雇用我。想到要靠救济过日子,我就感到心寒。"

"就这样,3个月过去了。我已经有两个月没有交房租了,而房东告诉我说,我得搬走了。我请他再宽限我几天,我尽量在这几天内找到工作。房东同意了。"

"第二天早上,我又开始到外边去碰运气。在经过一家杂志报刊亭的时候,我停了下来,浏览摆放在那里的报纸和杂志。也许是每天的祈祷使我得到了回报,它使我拿起了一本杂志,这本杂志的封面吸引了我。我漫不经心地翻看着里面的目录。我的脑子里一片混乱,我几乎没有意识到我读到了文章内容。"

"突然,我的注意力一下子被一篇名为《为供给和成功'绘制寻宝蓝图'》的文章吸引了。我心里一阵冲动,买了那本杂志,而我的这一举动就成了我一生的转折点。"

"然后,我没有再去找工作,而是径直回到了家里。然后,在那'某种东西'(这种东西当时我是不能理解的)的影响下,我迫不及待地读起那篇文章来。当时,这'某种东西'显得非常奇特而又不真实,但是,我并不怀疑它的存在。不过,在我读那篇关于绘制《寻宝蓝图》能够带来成功和供给的时候,其中的想法紧紧抓住了我的心。当我还是小孩子的时候,我就很爱玩游戏,而这个绘制《寻宝蓝图》的想法唤醒了我旧时的梦想。"

"我把那篇文章仔细阅读了好几遍。然后,我就找来了一大堆的纸,开始描绘我的《寻宝蓝图》。你不知道,在我的脑海中,有那么多的东西需要绘制在《寻宝蓝图》上！首先，在城市的角落处，要有一个小屋；然后，就是我朝思暮想、渴望拥有的一个小的服装和妇女头饰商店；再接下来，自然是一辆属于自己的小车。等到这些都已经拥有之后，再为女儿们置办一架钢琴。在小屋的后院里，再有一个小小的花园，在有月光的晚上或者阳光灿烂的早晨，我们可以在花香的海洋里收拾里面的杂草。描绘到这里的时候，我的热情一下子提升了起来。从此以后，我就把杂志和报纸上与成功和供给这个主意有关的图画和句子都剪下来。"

"接下来，我就找到了一大张白纸，开始描绘我的《寻宝蓝图》。在白纸的中央，我粘上一个可爱小屋的图画。在小屋的周围，是宽宽的走廊和常青的灌木。在白纸的一角，我粘上一个小小的商店的图画，然后，在图画的下面，我标了'贝蒂时尚商店'的字样。紧挨着这些字，我粘了一些非常时尚的服装和妇女头饰的图画。"

"在这张地图不同的地方，我粘贴上各种充满哲理的格言词句——它们都有激励人向着成功、富有、幸福和和谐统一的方向努力的意思。"

"我不知道我在那个《寻宝蓝图》上花费了多少时间，那上面的东西都是我们需要的，也都是我们渴望得到的。看着那些《寻宝蓝图》，我感到自己已经居住在那个小屋里、并且开始在那个小商店里忙碌了。我从来都没有如此心醉神迷过，也从来没有这样激动过。看到那个《寻宝蓝图》，我想：这一切都会实现的。我用大头针把那幅图画钉在卧室床边的墙上，这样，每天夜里睡觉的时候，我最后一眼看到的是这幅《寻宝蓝图》；每天早上起来的时候，我第一眼看到的也是这幅《寻宝蓝图》。"

"每天夜里和早上,我都要仔细研究那幅《寻宝蓝图》,仔细把玩其中的每一个细节,直到它已经成了我的一个部分为止。可以说,它已经深深植根于我的内心深处,在白天的任何一瞬,我都能把它展现在我的脑海里,如影在目。然后,在我静默的时候,我就会看到自己和孩子们走进那个小屋,笑着,说着,布置着里面的家具和窗帘。在我的眼前,我看到了这样一幅图画:女儿们坐在那里弹钢琴,唱着,跳着;儿子坐在书房里看书,在他的四周,到处都是书本和报纸;而我则在我的小商店里来回走动着,非常自豪,非常幸福;人们不断进出我的商店。我甚至能够看到他们在购买那些可爱的头饰和衣服,付了钱,然后,微笑着离开。"

"就在这期间,我越来越明白,人的精神力量对于我们改变自身的生活环境有多么重要。我明白,我的这个《寻宝蓝图》仅仅是一种加深无意识思维模式的一种途径,通过这种途径,促使我们生活中走向成功和和谐的各种条件变得成熟起来。每次在静默的时候,我总是感谢上帝,因为我已经拥有了财富、和谐和温情。我相信我已经得到了这些,因为我的精神生活在小屋和在小商店里工作,就如同物质上和现实中的小屋和在小商店里工作存在于精神上一样。"

"当孩子们发现我在做这些事情的时候,他们也因此而激动和向往,于是也开始描绘起自己的《寻宝蓝图》来。"

"就在我描绘《寻宝蓝图》不久以后,事情就开始发生了。一天,我遇到了先前的一个老朋友。他告诉我说,他和妻子想到西部去逗留一段时间,并问我是否愿意搬到他家去,帮助照看他的房屋。一个星期之后,我们就在他的那个小屋暂时定居下来。小屋很漂亮,就如同我的《寻宝蓝图》中描绘的那样。不久以后,大儿子也找到了工作,每天晚上和每周六到一家工程办公室上班,而这就解决了那年秋天他读大学的费用。"

"在朋友的小屋里,我们居住了近两个月。就在这时,我在地方报纸的广告栏里发现了一则招工广告,说是一家女士服装店需要一名妇女照看。我找到了这家服装店的老板,这才知道,由于身体的原因,她早在几个月以前就想放弃这家商店了,我想是永远地放弃了。因此,我们很快就达成了协议,这样,我就能够很快投入工作;另外,根据协议,我们分别承担一半费用,并按50%分成。"

"在我们为成功和供给绘制出《寻宝蓝图》之后的6个月内,我们实际上已经实现了《寻宝蓝图》上开列出的所有需求。当小屋的主人几个月之后回来的时候,他以我们可以支付的价格出售了那个地方,所以,现在我们仍然住在那里。"

"而那家商店现在已经完全归我所有了。那个老板已经决定不再回来,所以,我收购了她那家商店,每月付给她一部分款项。现在,我的生意越做越大,已经不再是过去的那个小商店了,而这一切都归功于对思想力量的理解,都是通过我的研究与实践获得的。"

将你的抱负和愿望形象化

无论你怎样想象,只要你相信它,它就会得以实现的;无论你心灵的眼睛能够看到什么,你都会得到它的。

《鹦鹉螺杂志》还刊登了另外一篇文章,在这篇文章里,文章的作者海伦·M·基切尔讲述了她是如何利用一个"《寻宝蓝图》"出售她的财产的。她把自己的房屋制作成一个非常引人注目的图片粘贴在一张纸上,再在它下面注上说明。然后,再在图片和说明的周围粘贴上一些名言警句,以及其他类似的话。她把它放在她每天抬头就能够看到的地方,这样,每天她都可以研究它几次,重复着她突然想起的每一句有助于出售的想法。

基切尔还准备了一个私人信箱,她称之为"感应的信箱"。一旦她有什么好的想法,她就向里面投一封感谢上苍的信,信里写下她的需求和愿望。然后,她每月都要反复阅读自己写的那些信,对于那些已经实现的愿望,她就把信件拿出来,并再次感谢上苍对她的眷顾。

在一年之内,她的房屋出售了,而且正是按照她希望的那样出售的,设想中的价格,就是她信里说出的价格。

另外一种方法就是"同心灵的自我交谈"。到一个安静的地方,在那里,只有你一个人,没有什么会打扰你,然后,同你心灵里的那个"我"交谈,正如你同慈祥而又体贴的神父交谈一样。告诉'他'你的需求;告诉'他'你的抱负与愿望。详细地说出你所想要的。然后,感谢'他',就像你同父亲进行同样的交谈之后,他答应帮助你一样感谢他。你会对这样非常坦诚交谈的结果感到惊奇的。

考里尼·伍普德格拉夫·威尔斯在她的小杂志上刊登了一篇文章《透过玫瑰色的眼镜》,说明了把你的抱负和愿望形象化的力量。"许多年前,"她写道,"有一个名叫安妮的年轻姑娘在纽约做工,租了间房。当时,她为第五大道的一家时尚女装商店做些跑跑差、拆拆线之类的零杂活。"

"安妮很爱她的工作。她出生在一个贫困的家庭,而突然之间,生活在这么一个新奇、时尚、富有的花花世界,你说,她能不热爱她的工作吗?!能够看到可爱的女士们乘坐着高级马车在大街上穿梭,欣赏着上层社会人物穿着精制的服装站在镶着金边的镜子前顾盼生辉,对安妮这个来自贫穷家庭的女孩子来说无疑是一件令人兴奋的事情。"

"这个穿着浆洗得硬硬的条纹棉布的跑差小女孩在不久之后就产生了强烈的渴望,和这种渴望所带来的极其远大的抱负。她开始把自己设想成为这家时装店的老板,而不是她的那个可爱的雇主。每当经过那些镶着金边的镜子的时候,她都要对看着自己,微笑着想着自己是老板的模样。这样,在她的想象中,她看到自己更加成熟、更加漂亮、充满魅力,也成了一个重要人物。"

"当然,这只是她的小秘密,没有人能够知道。而安妮则每天抱着她的这个珍宝似的秘密,在令人眼花缭乱的镜子前看着自己,她充满了自信,并开始了一个令人兴奋的、刺激的游戏,'我就假设我已经是老板了,我将会很有修养;我要将我最好的一面展现出来;我要有很优美的仪态,每天都要学习一些新的东西;我要像从前一样辛勤劳作,就好像这个服装店真的是我的一样。'"

"不久以后,那些时髦的女士们开始对服装店的老板议论起来:'安妮是你雇用的最聪明的女孩子!'店老板自己也开始对安妮客气起来了,她总是笑着对安妮说,'安妮,如果你非常仔细的话,你可以为范德吉尔特夫人折叠长袍',或者'你把这件婚纱送给货主',或者'亲爱的,你对颜色和线条已经很在行了',直到后来,她告诉安妮说,'我决定让你到工作室去工作。'"

"就这样，几年过去了。安妮进步得很快，成就也很突出。她越来越像开始时设想的自己了。渐渐地，那个跑小差的女孩儿变成了安妮特，一个有独特个性的人；安妮特，一个时尚专家；而且，到最后，安妮特女士，成了著名的女装设计师。"

"我们多年来一直保存在脑海里面的那个设想不是幻想；它们是一种模式，根据这些模式，我们才能够塑造我们自己的形象，决定我们自己的命运。"

[第10章]

祈求生命的"及时雨"

美国南达科他州的贝尔富什地区急切需要一种东西：及时雨——以浇灌还没有旱死的庄稼，并灌注水库。"为什么不刊登一则广告呢？"《西北邮报》的出版商L·A·格雷尔这样想。这的确是一个非常新奇的想法，因为以广告的形式向上天求助，这是从来没有的事情，不过，试试也无妨，试试总比不做强。因此，就有了下面这则求助广告。

"30~50毫米深的总体雨量，如果没有冰雹，那是最好不过的事情。这些雨是我们迫切需要的及时雨，可以用来浇灌还没有旱死的庄稼，并灌注水库。这些雨是必要的，可以使我们将来免遭饥饿之苦，使我们土地上的作物在来年能够卖个好价钱。"

"这些雨最好以普通甘露的形式降落；当然，大量的阵雨更是深受我们欢迎的，但是，一定要下得多一些，久一些，让我们感觉它们是一场真的及时雨。"

"以下是求助于您的个人或者团体，我们坚信：任何值得拥有的东西都是值得祈求的。"

"我们建议城镇当中的每一个商人交纳2.5美元的广告费，"格雷尔说，"然后，我们在广告的下面注上他的名字。如果从广告刊登之日起，到下一个星期二午夜之间没有下雨的话，我们将承担整个广告的费用。"

"当然，这一主意立即得到了大伙的赞同。随着时间的流逝，他们心里又多了一件需要关心的事情：《西北邮报》是否能够挣得这笔广告费。当然，大多数的商人都赞同这个想法，他们当中的一些人认为，我们可能与气象局有联系，早已经得知在此期间会有雨的消息；而另外一部分人虽然没有说什么，但是，他们心里在说我们冒犯了神，冒犯了天颜。"

"就在指定的那个星期，在我们居住的地区的某些地方下了一些小雨。贝尔富什下了三场零星小雨，但是，这不能说明什么，我们所求助的雨是倾盆大雨。随着时间的推移，大家关于雨的兴奋情绪仍在持续。我们一些热情的朋友打赌说我们一定会赢；而另外一些朋友则称，如果我们能赢的话，那将是一件不错的事情。"

"雨下了。不过，我们输了。就在星期三早上，即在指定的时间6小时之后，瓢泼大雨从天而降，这正是在我们广告中求助的那种雨，那次的降雨量刚好是30～50毫米，而一个稍微远的地方报告说，那里的降雨达到180毫米！"

"我们没有收商人们一分钱，因为我们输了6个小时。"

"我想，这件事引起了人们很大的兴趣，这是多年来没有的事情。直到今天，还有人要我们刊登需求之类的广告。"

集体祷告的力量

那些雨从何处来？是广告带来的吗？是印第安的霍皮人的求雨舞带来的吗？还是《圣经》上所说的以利亚的祷告带来的呢？

是以利亚的祷告带来的！至少说，我有理由相信是这样的。不仅如此，在这些祷告得到回报的背后，是生命与供给的基本定律！

因为，在耶和华的众多承诺当中，除了一个承诺之外，"他"对我们都是"有求必应"的。这一坚定信念是建立在"这种条件的基础"之上的：如果地球上的一群人相求的话，那么，我们的耶和华是会答应的。

"他"不止一次的说，"哪里有以我的名字聚集在一起的人，在那里，我就存在于他们当中。"为什么会是这样的呢？为什么需要数人聚集在一起才能确保有求必应呢？

成功源自集体的力量

美国物理学家、普林斯顿教授约瑟夫·亨利在很久以前做了一个非常有趣的电磁试验。首先，他用一块普通的磁铁吊起了几磅重的角铁。然后，他在磁铁上缠绕了电线，然后，再给电线通上电。这时候，那块磁铁吊起的角铁重达3000磅重！

这与我们祈求祷告的原理是相同的。一个人祷告信仰的时候，另外一个人也加入到他的行列，这就加大了他们的祷告信仰的程度。也就是说，第二个人是在对第一个人进行充电，这就使得他人的祷告以倍数的程度增加。

在几个月前，《鹦鹉螺杂志》上刊登了伊丽莎白·格雷格的一篇文章。在文章中，她讲述了一个5个人如何在一起祷告，又如何使得她们迫在眉睫的个人问题逐一得到解决的故事。A女士的丈夫得了胃溃疡已经几个月了，她曾经为此不断向上帝祷告，但是，却没有结果。因此，她挑选了4名急切需要帮助的朋友，然后，同她们商定，在每个星期的某一天相聚在一起，一起向主祷告。她们希望，通过这种途径，能够解决她们的问题，改变自己的命运。

起初，她们决定为A女士丈夫的康复祷告。因此，这5位女士定期静坐在一起，在她们的脑海里，显现的是A女士强壮、康复的丈夫的形象。随后，他真的感觉很轻松，能够上班了，并且生活得非常快乐，这时候她们感谢天主对她们祷告的关注。

"她们达成了默契，"文章接着说，"在她们不相聚的日子里，每天中午12时，无论她们在做什么，都要停下手中的活向上帝做5分钟的祷告，祈求上帝眷顾A女士的丈夫，使他免受疾病之苦。"

"在第一次聚会3天之后，A女士的丈夫已经完全脱离了痛苦。一周之后，他已经渐渐开始康复了。"

"接下来是B女士的苦恼。B女士是一个寡妇，由于她不能够按时支付房租，再过两个月，她的房屋就要物归原主了。这个无依无靠的女士同另外4名女士一样，每天都在商定的时间忠实而又虔诚地祷告，给她一个生存的机会，使她有足够的衣食来源。就如同那不变的定律一样，机会的大门向她敞开了。就在那一周的最后一天，一位来自城市的贵妇人登门拜访了B女士。原来，这位贵妇人需要到外地去一趟，而她又有两个孩子，一个8岁，一个10岁，在她外出的那几个星期内，这两个孩子没人照看。她拜访

B女士的目的就是问她是否愿意帮忙照看孩子。她向B女士提供报酬相当丰厚,除了能够支付房屋逾期支付金外,还能够帮她解决日常开支。由于B女士相当勤劳,而且又非常能干,所以,那位贵人回来之后,又让她照看她的一个生活不能自理的婶婶,这样,B女士就有了一个相当稳定而又丰厚的收入来源。"

"接下来是C女士。C女士的困难是她丈夫已经失业几个月了。在这些女士们共同祷告几天之后,C女士的丈夫收到了距离她家不远处的表兄的一封信,信上说他想让他到他的木材厂去工作。因此,我们祈求祷告能够得到回报这个定律又一次得到了验证。"

"现在,轮到D女士。D女士是一位不更事的小姐,由于年少的原因,她与家人越来越疏远了。D女士同其他女士从前一样,虔诚地向上帝祷告,然而,D女士是在向上帝祷告数星期之后才得到回报的。在此期间,D女士在同家人疏远以来第一次在内心充满了对家庭之爱的渴望,这使得她的心充满了爱意,因此,她向家人写了一封道歉的信,承认自己的过失,并表达了自己的悔改之意,希望家人能够原谅她。不久之后,她就收到了家人盼她回归的信,信中充满了对D女士的思念之情。因此,这几位女士虔诚的祷告第4次得到了回报。"

"最后的问题是E女士的问题。E女士曾经开了一家小小的服装店,由于与街道对面一家新而大的服装店的竞争,使得E女士生意几乎处于破产的边缘。面对着濒临破产的境地,E女士的心里充满了嫉妒与愤恨,她拒绝接受新开张服装店老板的友好建议。然而,通过她虔诚地祷告,E女士明白了:人与人之间是不能相互仇恨的,上帝赋予人类的财富是无穷的,不过,要获得这些财富,就必须采取适当的方式才行。因此,E女士一改嫉妒与仇恨的不友好态度,同其他人一样,总是不断地向竞争对手发出友好的信息和良好的祝愿,就如同人家对待她一样。"

"一个多月以后,新开张的那家服装店老板登上门来,问E女士是否愿意帮忙照看她的服装店,因为她在东部有业务需要办理。她还解释说,她这一去需要半年的时间,而这也有助于发展她们之间的伙伴关系。后来的结果也正是如此。现在,E女士已经是这家生意红火的服装衣帽店的半个股东,而且她与那个曾经憎恨的店老板之间的关系也非常融洽。"

美国神职人员和教育家、曾经发表过《钻石就在你家后院》演讲的鲁塞·康威尔讲述了许多因为祷告获得回报的例子。在他讲述的例子当中,都是通过联合祷告从而使得遭到绑架的孩子平安地回到了父母的身边;失踪的孩子无恙地回到了家中;善男信女们治好了看来无法救治的疾病;商人得到了挽救,并获得了希望得到的位置;爱得到了光大,家庭得到了团聚,等等。

"你需要什么呢?""付出努力,好好祷告,然后,你就会得到。"如果你按照协约去努力,去祷告——如果你是单独一人祷告的话,你所寻求的善事也会惠及他人;如果你同他人一起祷告,那么,你会如愿以偿地。

工作的重要性

不过,仅仅祷告是不够的。如果你不相信冥冥中那个神秘力量能了解你的想法,会给予你所想要的,你也就没有理由希望收获到你所想要的。

我们又如何才能培养自己的这种信念呢?耶和华给了我们以

暗示。"除非你是经过转变,从而成为一个小孩子,否则,你是不会进入到天堂的。"也就是说,"除非你得到再生,否则,你是不能进入到天堂的。"

我们又如何才能成为一个小孩子呢?我们又如何才能再生呢?其最本质的一点就是要下定决心,小孩子是什么样子,就要模仿什么样子。那么,所有的小孩子的共性是什么呢?依靠他人,不是吗?完全依靠他们周围的人,完全相信周围的人能够提供给他们所需要的一切。而且,你越是相信,你的需求就越能够得到满足。

就拿在母亲子宫里面的胚胎来说吧。在开始的时候,它只不过有0.004厘米那么大。9个月后,它的大小增长到原来的100多万倍,而在这个时候,它是完全依靠母体来生存的。在接下来的18~21岁这段时间,当他越来越自立的时候,它只是增长了大约16倍那么多。

那么,这样说是否就意味着,我们没有必要做任何努力?无论如何都是不能这样的!这里,我要提出的忠告是:工作与祷告!首先,必须强调工作。不过,我们可以认为,只要我们尽了最大努力,我们就可以把我们需要完成的其他的事情托付给上帝。

3000多年以前,有一个贫穷而可怜的女人。她的丈夫去世了,给她留下了两个不懂事的儿子和一笔很重的债务。

这个女人的那笔债务相对于今天来说,也许不算很大。但是,对于她这个一无所有的女人来说,即使一小笔债务也会像一座大山一样,因为她家里太穷了。

按照当时的规矩,那时的债主就提议拿她的儿子做奴役来抵债。在那个野蛮而不文明的时代,财产是远远比生命有价值的。人的生命权、寻求幸福和自由的权力是从来就没有听说过的。因此，这个可怜的、一文不名的女人在走投无路的情况下就向先知以利沙寻求帮助，请求他帮助她渡过难关。

你想，以利沙是怎样做的呢？为她筹集募捐？或者，为孤儿寡母申请救济？不，他没有这样做！"你家里有什么东西呢？"以利沙问。

以利沙相信，通过利用我们手中所有的一切，使物尽其用，而且只要我们有勇气和信念，上帝就会向我们提供我们所需求的各种东西，而且会源源不断地向我们提供的。

因此，以利沙只是问这个寡妇，她有什么东西，以便她能够从头开始。"除了一锅油之外什么也没有。"这个寡妇回答说。听了她的回答之后，以利沙就要她从邻居家借来容器，然后，把她所有的油倒进这些容器里。据说，只要她有足够的容器，她锅里面的油就会长流下去。

当所有的容器都装满了油之后，以利沙就告诉她把这些油卖掉，偿还债务，然后，再把儿子赎回来。

了解自己，施展自己

那么，你家里有什么东西呢？当你遇到困难的时候，你是坐在家里，抱怨命运的不公，等着亲戚朋友来帮助你呢，还是就你所有，从头开始呢？

不知道你是否听说过这样一个故事。有一个人遭遇到了一场车祸，从医院回来之后，他已全身瘫痪。他所有的身体部位当中，唯一能够活动的只剩下一个指头了。在这种情况下，你是不是会放弃一切呢？但是，他没有。"如果我能够活动一个指头,"他坚定地说,"我会用一个指头做出比一个指头能够做的更多的事情!"他做到了!不久以后,紧挨着的那个指头渐渐显示出生命的迹象来了。几年过后,他能够活动身上的每一块肌肉。

我有一个经营服装生意的朋友,他几乎失去所有。他不得不把家从非常昂贵的寓所搬到城市最贫穷的贫民窟。在那里,他和邻居一样,吃了上顿之后,不知道下顿饭该怎么解决。是的,他们是那些不得志之人,失去了生活的勇气!

起初,他到他的几个老债主那里去,从他们那里欠账搞来一些滞销的领带;再找一些愿意赊账的印刷商,从他们那里搞来几百个信封,上面印有抬头的信笺和邮资;又从电话本上的职业部门里面挑选出一些男人的名字,把这些领带寄给他们。这些领带的钱一寄回来,他就再买更多的领带,并把这些领带发送出去。他和他的家人在他们拥挤的小屋里就做着装信、封信、写地址、粘贴邮票这些繁琐的工作。等到他们的这种销售方式过时时,他们已经赚了20万元了。然而,很多处于他们这种状况的人却不能做到这一点。生命之中最大的过错,用哈灵顿·爱默生的话说,就是低估了你自己做事的能力。

成功绝不是一件东西,不是在遥远的圣地、神庙里面等你去领受的奖赏。成功是植根于利用现有条件努力做好一切的基础之上的。决定它的,与其说它是精神或者物质能力,倒不如说是精神、生活态度。现在,你拥有成功的一切基础,但是,只有充分利用和发挥这些条件,你才能够取得成功。

"你说得不错,"你也许会说,"可是,你看看我残废成这个样子。再看看人家吉姆·琼斯,他父亲给他留下了100多万美元的遗产,而我呢?除了更多的债务之外什么也没有。"

你是否读过爱默生关于阿拉斯加和瑞士相比较的那篇文章。在爱默生看来,阿拉斯加在6个方面要比瑞士强得多。阿拉斯加有广大的原始森林资源,而瑞士几乎没有这些;阿拉斯加有丰富的金、银、铜、铅、锡以及煤炭资源,而瑞士几乎都没有这些资源;阿拉斯加有世界上最大的渔场,而瑞士是没有的。

阿拉斯加的农业开发资源远比瑞士大得多。它拥有10多万平方英里适于农耕的土地;阿拉斯加有一个漫长的海岸线,而瑞士却没有;如果阿拉斯加的人口密度像瑞士那样大的话,那么,它就应当拥有1.2亿的居民。

现在再看看瑞士推向市场的是什么吧!是自然资源吗?不!瑞士是一个把一块价值10分钱的木头转变成价值100元钱雕刻艺术的民族。瑞士人会把一吨的钢、铁、铜等等放在一起,从而转变成一种一磅就可值1000元钱的东西。他们从美国人那里以2角1磅的价格买走了棉线,然后把它们转成每磅数千元的饰带。作为一个民族,由于瑞士人学习到了如何利用他们的潜能,从而使得他们的国家繁荣发达。

什么是精神?简而言之,它不是金钱所能购买的。精神不是一种自然资源,它是你利用现有条件的一种方式!如果你知道如何正确利用你所拥有的,你就能够取得成功。

"不要异想天开寻求那些不属于你自己的权力,你要寻求发展你能够拥有的、能够使你有用武之地的能力。你现在拥有什么呢?"

"我们的思维总有这样一种倾向,"布鲁斯·巴顿说,"如果我们拥有其他人现有的条件或者机会,我们就能够成就大事业。许多成功的人并没有因为向他们提供了新的天赋或者机会而获得应有的声望。他们拥有的机会是他们自己寻求到的。"

巨大的成功是建立在一系列小成功的基础之上的，正如加拿大政治家和加拿大政治领袖的首任总理约翰·亚历山大·麦克唐纳（1815～1891）所说的那样，地铁就像一系列的地下室连成的一条线，而你也只要把它们连成一条线就成了！美国心理学家与哲学家威廉·詹姆士教授说：

"正如酒鬼是由一次一次醉酒而成为酒鬼一样，我们也是通过做许许多多细小的事情、许许多多小时忘我的工作而一步一步地成为精神的圣人、实践和科学领域方面的权威或专家的。无论我们的工作如何，我们都不要担心我们努力的结果。如果我们能够保持每一天的每一分钟每一秒都辛辛苦苦地工作，那么，我们就应当坚信我们辛勤的汗水是不会白流的，我们会得到一个很好的结果的。"

恒心+毅力+努力＝成功

怎样才能成为一个成功的音乐家呢？练习，不断地练习，直到它成为你的第二个本性。是什么造就了一个伟大的艺术家、一个雄辩的律师、一个杰出的工程师、一个有名望的医师、或者一个有名的工匠呢？不断地学习和实践。你可能对某一学科感兴趣，那么，在这一学科的学习与研究方面，相对于其他学科来说就比较容易一些，但是，生活当中成就大事业的人很少是有才气的人，很少是那些自然的奇迹、"天生的雄辩家"或者天才的艺术家，事业上有成就者往往是那些久经"磨炼"之人。

"几年前，"鲁特吉斯大学校长约翰·M·托马斯博士说，"鲁特吉斯大学有一个被同班同学戏称为'油污的磨石'的学生。他就是S·帕克·吉尔伯特。也许他真的是一块'油污的磨石',但是,在32岁的时候,他的年薪已经高达4.5万美元。据美国通用电气公司董事会主席欧文·D·扬称,吉尔伯特在世界政坛上担任要职,曾经叱咤风云多年。"

许多进出过大学校门的人都认为学习是愚蠢的。"谁也不会因为学习研究而有出息。"他们会这么说。然而,我要说,S·帕克·吉尔伯特就证明这些观点是错误的,而帕克只是成千上万当中的一个。

对你来说,这个世界上最重要的工作就是武装自己。而要做到这一点,就必须去学习,去'磨炼'自己。你用来武装的知识、技能、创新意识要比周围任何一个人多,只有这样,你才能够获得成功。

然而,为什么那么多人都失败了呢?那是因为他们没有尽最大的努力,没有坚持不懈地或忘我地工作,因此,机会的大门永远对他们来说都是关闭的。对他们来说,这个世界依旧,没有发生任何变化。历史事实告诉我们,仅仅沿着街道走下去,是不会有任何机会的大门敞开着并邀请你进去的。那些值得你进去的大门往往是关闭着的,但是,只要你有足够的决心和勇气去敲那些大门,不断地去敲,它们最终都会为你打开的。

为什么那么多人没有能够得到他们所想要的东西呢?因为他们没有足够的耐心和毅力,他们没有使上苍相信他们所祷告的是他们"必须"拥有的。他们仅祷告了一两次,敲了一两次的门,由于门没有立即打开,他们就绝望地放弃了。你要记住:那些像海浪一样不坚定的人,往往会随波逐流的。这种人永远也不能从充满财富的钻石宝地寻到任何东西。

第11章

获取幸福的两大戒律

"我怎样做才能得救呢?"一个富有的年轻人在2000多年前曾经这样问耶和华。而在今天,有许多人提出同样基本的问题——"我该如何做才能免遭贫困、疾病、悲伤的折磨呢?"

"遵守那些戒律!"这是耶和华对那个富有的年轻人的回答。此后,在回答"什么才是最圣洁的戒律?"的问题时,他告诉他的听众说:"你们应当全心全意爱主——你们的上帝,这就是第一大戒律。第二诫是:你们应当爱你们的邻居,就像爱你们自己一样。这两大戒律总括了所有的定律,是必须遵守的戒律。"

这听起来实在是太简单了,但是,"爱上帝"到底是怎么回事呢?是到教堂去做一个专职的基督徒,还是只是单纯的充满感恩之情并保持快乐呢?

到教堂去,做邻居的榜样固然是不错的,然而,难道还有什么方式比快乐更能够显示你对上帝的爱吗?幸福意味着你对主所做的一切加以赞誉、满足,并对他美好的礼物充满感激之情。快乐意味着你在享受生活,全身心地感激生活给你带来的全部欢乐。而爱你的邻居会使他感到幸福与快乐,并且赞誉他,祝福他,尽最大努力帮助他。

此外,你还能够想象出比这两大戒律在保持和平、在解决劳资纠纷等方面做出更多的戒律吗?

1. 使自己充满感激之情，并保持快乐和幸福。
2. 尽自己最大努力使邻居快乐和幸福。

有些人很明智地说，保持永久的和平就是要保持自身的心平气和，祝我们的邻居好，甚至赞美和祝福那些无耻地利用我们的人。

爱就是一种给予

据说有一个女人到克利须那神那里询问如何才能寻求到上帝之爱。"你最爱的人是谁？"他问道。"我哥哥的孩子。"她回答道。"回去吧，更加爱他吧！"克利须那神建议说。她按照他说的去做了，然后，你知道她看到什么了吗？在她的侄子背后，她看到了耶和华孩提时的模样。

有一个古老的传说也表达了同样的思想主题。有一群人出去寻找孩提时的耶和华，在这群人当中有骑士、贵妇人、和尚、牧师以及各种各样的人。在后面的这类人里面，有一个和善的鞋匠。许多人都嘲笑他，因为在他的前面有那么多了不起的人已失望而返。但是，当他们都失望地归来的时候，只有那个驼背的小鞋匠在孩提时的耶和华陪伴下快乐地走了回来。

"你在哪里找到他的？"他们禁不住问他道。孩提时的耶和华替他回答了他们的问题："我藏身于普通人之中。你们之所以没有能够找到我，那是因为你们寻求的目光里没有爱。"

自从人类进入到文明社会以来，关于爱的书何止千万，但是，它们当中的许多甚至不知道这个字的含义。对有些人来说，爱是一种激情，是自我满足。但真正的爱并非如此，真正的爱是给予，是奉献。不过，只要你毫不犹豫地给予爱，你就能够得到爱。这就好像种子一样，只有你播种，它才能给予你更多的收获。

英国历史学家和散文作家卡莱尔曾用爱和祝福来定义财富：财富就是受到他人的爱戴与祝福。

那么，谁才是世界上最不幸的人呢？不是那些贫穷或者身患疾病的人——而是那些只爱他们自己的人。他们也许拥有上百万的家产，他们也许拥有几打的奴仆，但是，他们却无聊透顶，他们非常痛苦。为什么呢？因为他们不再给予。

幸福在于服务

生命是不断生长的，无论是精神上，还是在身体上。当你不再生长的时候，你就死去了。从文字上讲，如果你的身体细胞不再生长，你的生命就不存在了；从精神上讲，如果你的精神不再进步，这也就意味着你的精神死亡了。虽然你的肉体没有被埋葬，但是，事实上你已经没有存在的意义了。

正如生命在于运动一样，幸福也在于服务。因为，在帮助并赞美他人、并使得他人幸福快乐的同时，你也为自己赢得了快乐和幸福。英国的牧师、作家查尔斯·金斯利（1819~1875）就曾经说过，我们只有通过我们相互之间的关系才能够知道我们与上帝之间的关系。一个人不可能在仇恨自己邻居的同时热爱上帝，也没有人能够在自己不幸福或者故意让他人不幸福的同时热爱上帝。

生活不幸福就意味着对上天的批评与责骂。一个不幸福的人是不会心存感激的,他也是不值得信赖的,他是不会与他人和睦相处的——没有这些,他又怎么能够热爱上天呢?

毋庸置疑,一个只为自己生活的人,他永远都得不到幸福,而那些一生为了他人而不惜牺牲自己生命的人会在为他人的服务当中寻找到生命、爱和幸福。美国著名诗人亨利·瓦兹沃思·朗费罗就向我们讲述了这样一个故事:有一个人首先向空中射了一枝箭,然后,又弹唱了一首歌。在他人看来,这箭和歌都将会失去的。然而,他马上就发现那枝箭射在一棵橡树上,而那首歌一直都在他的一个朋友的心中。

当美国诺贝尔奖获得者简·亚当斯大学毕业的时候,医生们告诉她说,她的生命只剩下半年的时间。如果一个医生这样告诉你,你该怎么办呢?我想,大多数人会坐下来等死,为自己的不幸而忧伤。

简·亚当斯却不是这样。"如果我还有半年的时间,"她说,"我就要利用这半年的时间尽我最大的努力去为人类做事。"

因此,她不惜牺牲自己忘我地工作着,她忘记了死神地威胁。8年过去了,简开创了闻名世界的芝加哥定居地赫尔豪斯。不仅如此,她的身体也比以前强壮了许多。

爱的魔力

大家也许听说过路德·伯班克,以及他成功植树的奇迹吧!在最干旱的沙漠地带他能够把一株长满刺的仙人掌从很幼小的嫩芽培植成一株不带刺的、能够喂养牲畜的仙人掌来。

伯班克是如何做出如此了不起的事情呢？通过爱的魔力！他为每一株幼小的植物祷告，他赞美它们、培育它们、爱护它们，而他的这一切努力也得到了回报，而这在以前是任何人都不敢奢想的。在他最后一次过生日的时候，伯班克向他的朋友们传递了这样的信息：

"只要你的内心充满着爱意，无论是对人、动物、还是植物、星星、大海、河流以及山脉；只要你乐于助人，乐于为这个世界服务，你就会发现你每天的生活都是快乐的、幸福的，而伴随着这些快乐和幸福而来的，是健康以及其他你所想要的东西。"

"只有爱才能换来爱。"爱默生说。"所有的爱就如同数学的算法一样，等式两边的爱是一样的。"一位古老的哲人说。在你给予的时候，你也得到了回报。

在这个世界上，人最大的、共同的欲望就是追求幸福的欲望，而这就是人类存在的目的。通过拼搏和劳动，通过使他人幸福来使人类获得幸福，这是上天的旨意。

为什么电影明星、歌唱家、艺人挣得的钱是教师、或者普通人、甚至是牧师工资的几千倍呢？因为他能够使得成千上万的人幸福、快乐。他通过扮演他们的形象，使他们忘记了忧愁，使他们生活在理想当中，生活在梦中。当我们能使大多数人幸福快乐的时候，我们也会得到丰厚的报酬的。

扪心自问——我给予了什么，从而使得周围的人得到了幸福与快乐？在这个时候，你会惊奇地发现，你可以做许多微小而简单的事情，使他人的生活增添亮色，从而也会使得你的生活美丽多姿。

在美国华盛顿州，有一个人很穷，连给自己的孩子买玩具的钱都没有，然而，他最想做的事情就是能让孩子快乐幸福。因此，他就用废弃的木板和随身小折刀制成了一辆粗糙的儿童三轮车。他不仅为自己的儿子做了这种小车，还为周围邻居的孩子做了这种小车。后来，他的这种儿童车很受儿童们的欢迎，他因此把这种车拿到制造商那里，为此，他发了财。

多年以前，在英格兰，有一个年轻的兽医，他有一个全身瘫痪坐在轮椅上的妈妈。为了使瘫痪的妈妈免受颠簸之苦，他在轮椅的铁轮上绑了一条橡胶带。这些橡胶带后来经过多次的改善与提高，最终成了闻名世界的充气橡胶轮胎——邓洛普车胎。

像这样的例子何止千万！人机会的局限往往在于人类幸福的局限。只要人类的幸福无限，人类生存与发展的机会就是无限的。

"我丈夫不久前去世了，"一个贫穷的、对生活充满了厌倦的寡妇写道，"遗留下来的财产很少，一切都似乎没了指望。我又能够做些什么呢？我有两个需要穿衣吃饭、上学的孩子，而我又没有挣过一分钱。除了求死之外，我又能够做些什么呢？我这样做有错吗？"

求死有错吗？你是怎么看这件事情的？难道求死是表明你对亲人或圣父的爱、对圣父的信任吗？在同样的情况下，那位年迈的哲人又是怎么做的呢？"我的丈夫去世了，"那个寡妇对以利沙哭喊道，"而那些债主要来拿我的两个儿子抵债。"以利沙请求上帝给她许许多多的金子了吗？没有。相反，他问她家里有什么东西。最后，他帮她度过了难关。

读一读玛丽·伊丽莎白故事，你会发现同样的一个故事。有一个寡妇有3个孩子，她没有一分钱，因此，债主们要拿这三个孩子做奴隶来抵债。就在这时，3个孩子当中年纪最大的孩子问她，"我们现在还有什么东西呢？"然后，他们发现，他们能够制作一种人们很喜欢的非常甜美的糖果。今天，这一家人过着殷实的生活。

古希腊有一个古老的传说，说万事万物都是由爱创造的。每一个人都很幸福，因为世界充满了爱，而每一个人都通过他人而使周围的人幸福快乐。

爱的敌人——畏惧

一天夜里，当爱入睡的时候，畏惧便蹑手蹑脚地走了进来，随着畏惧而来的是疾病、匮乏以及所有的不幸。因为在爱受欢迎的地方，畏惧就不高兴，因此，畏惧要占领它所能占领的一切地方，以扩大它的影响。

上帝警告在伊甸园里的亚当关于善恶的知识是什么呢？难道不是畏惧的知识吗？

在《圣经：创世纪》第二章里，我们知道亚当和夏娃赤身裸体而不知道羞耻，这是为什么呢？因为他们不知道邪恶——因此，他们就不害怕邪恶。

但是，他们吃了智慧树上的果子，他们也因此知道了善恶。他们把自己藏身于伊甸园里的树林当中躲避邪恶。正因为如此，邪恶的事情就在他们身上发生了，邪恶的事情也从此在他们的子孙后代身上发生了。

在伊甸园里，任何东西都是丰裕的，大地上生长出无数的果子来。然后，人知道了恐惧。由于给予了统治地球的权力，他的恐惧也对地球产生了作用。他害怕地球不再生长果子；他害怕没有足够的果子给大家吃；他害怕蛇和野生动物。而此前，这些动物在他爱的庇护下是十分驯服的。

这样的结果是什么呢？土地不再快乐地奉献无穷的果子，他必须终身劳苦，才能从土地里得到食物；土地上也不再长出甘美的瓜果和蔬菜，而是他害怕的东西——荆棘和蒺藜；伊甸园的牲畜也不再是他的朋友，它们之间有了害怕的自然之果——怀疑和敌人。从他吃了智慧树上的果子之后，人类便收获了恐惧的果实。而且，只要他相信邪恶的存在，他将继续收获这样的果实。

第一戒律

上帝是爱人的，那么，什么才是爱的第一特征呢？给予。上帝总是不断地给予我们所希望得到的东西。但是，不幸的是，他给予我们的太少。那是因为恐惧的第一特征就是要堵住每一个开口，无论是入口，还是出口。恐惧拒绝一切，恐惧占据它所拥有的，以防止它不能再得到更多。恐惧总是占用那些它能够占有的，它不会对良善敞开大门。恐惧邪恶是一件太可怕的事情。

这样的结果是，良善美好之事是通过与恐惧作了一番斗争之后才达到我们这里的，这就好像在最高的山峰上建造堡垒一样，为了防止恐惧的侵袭，它就不得不建造在远离恐惧的地方，而这样做的同时，也使得它远离了良善与美好。

对花瓣和所有生物的叶子来说，爱就像太阳一样。由于花瓣和叶子释放出了它们无穷的芬芳，它们也因此获得了它们生长所需要的一切元素。当爱问：我还有什么能够使他人快乐幸福呢？它也因此而吸引了那些使它自己幸福快乐的东西。

什么是第一条、也是最重要的戒律呢？奉献爱，给予爱，使这个世界变得更加美好、快乐、幸福。这样做吧，这样的话，你也会得到无限的快乐和幸福的。

"我经常在想，"安德鲁·查普曼说，"人们为什么不变的仁慈一些，充分利用仁慈的力量呢？它是世界上力量最大的杠杆，它能够感动任何人的心。仁慈是使人走向成功的支柱；它是克服摩擦、润滑人际关系的重要因素。如果你有一个对手，除了对他做善事之外，你是不能够确定你是否能够征服他的。

美女和老虎

从前，有一个国王，他对犯人的审判非常独特，简直到了极其荒谬的程度。

他建造了一个很大的竞技场。在这个竞技场的看台上，有他和王公大臣们的位子。在竞技场上，开设了两个门。一个人无论被指控犯了什么罪，他都要被带到竞技场上，由国王进行审判。国王给这个犯人两个选择，让他打开这两个门当中的一个。如果犯人开对了门，门里会走出一位美丽的姑娘，这位姑娘马上就会和他结为夫妻。但是，如果他开错了门，门里走出来的就会是一只凶猛而又饥饿的老虎，这只老虎会立即把他撕成碎片。

国王有一个非常漂亮的女儿。不幸的是，国王一个年轻英俊的侍从爱上了她，她也爱上了这个侍从，而这是一个非常严重的错误，因为，在国王的心里，她的女儿是无论如何也不能嫁给侍从的。无论这个侍从多么英俊，也无论女儿如何爱他，这都是不允许的。因此，这个可怜的求婚者马上就被关进了一个小屋，并被告知次日他将同其他犯人一样，由他自己来决定自己的生死。

此时，公主的心都碎了。她向国王求情，向国王苦苦哀求，无奈她父亲非常固执。对于国王来说，那些胆敢瞟他女儿一眼的男人都是应当被处死的，或者与一个同自己门当户对的姑娘结婚，除此之外，他别无选择。

在没有能够说服她的父亲之后，公主向卫士求情。但是，任何金银财宝都是打动不了卫士们的心，使他们释放她的情人的——他们也不敢这么做。尽管如此，公主最终还是打听到了哪一个门里关的是老虎，哪一个门里是美女。更有甚者，她还知道那个美女是谁。这使她感到非常恐慌，因为那个美女就是那个曾经多次向她的情人暗送秋波的女人。

第二天，公主被爱和嫉妒折磨得死去活来。她可以做到不让她的情人被老虎吃掉，然而，这样的话，她就会整天被嫉妒所煎熬，想象着她的情人同另外一个女人在一起，想象着那个女人胜利的微笑，想象着他转移开她的目光而观看怀中的美人，难道让她的情人被老虎吃掉，然后想着他只有自己一个情人，这不是更让人好受一些吗？

如同在梦中一样，公主坐在看台上父亲的右边；如同在梦中一样，她看到她的情人朝前走去，一边回过头来等着她给他暗示。她向他暗示选择右边的门。然后，她将头埋在自己的手掌内，不愿再多看一眼。

她选择了哪一个呢——是美女，还是老虎？在同样的情况下，你会选择哪一个呢？根据当天发行的报纸，即使在我们这个所谓的"文明"社会，许多人都会选择老虎的。为什么呢？因为他们宁愿看到他们的情人死去，也不愿意看到他同另外一个女人在一起。他们心目中的爱是激情、自我满足，如果他们不能得到自己所爱的人，他们也不愿意让他人拥有他，无论他是多么的痛苦。

在这样或者那样的情况下，美女或者老虎的这类选择对大多数人来说，他们的答案都将取决于他们对爱的理解以及什么样的爱。如果他们的爱是真爱，那么，他们会毫不犹豫地，因为真爱是无私的，是没有任何担忧和恐惧的。真爱是从给予当中获得幸福，是非常慷慨地给予，却从来不去想得到回报。也正是由于慷慨大方，他们才获得了真爱。

爱就像一块磁铁。正如磁铁释放出电一样，正是因为它给予了，它才吸引了更多的铁质。那么，是什么使得男女相互吸引、相互恋爱的呢？不是漂亮的外表，因为爱需要的不仅仅是漂亮。爱需要个性、魅力、吸引力！那么，什么才是吸引力呢？除了给予之外还能有什么呢？吸引力就是活力，是生命力；它是对人和事物的关心和爱护；它是爱！既以自我为中心，又释放出魅力、吸引力，这是谁也做不到的。一个人是不可能做到在只满足自己的欲望的同时，又期望获得他人的爱的。

爱向外释放出一种热情流，那些与之一气的就会为之吸引。而自私、嫉妒、仇恨就如同磁铁周围的绝缘层一样。它们不仅阻止爱向外释放，而且还会拒绝接纳任何东西。一个自私的人、一个嫉妒的人、一个愤怒的人是没有吸引力可言的；他拒绝接受任何接触到的人，他封闭自己，使自己与外界隔绝。

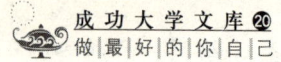

爱的游戏

我读过这样一个故事:有一个人被卷入到了一起非常严重的诉讼当中。他的内心充满了痛苦,他愤恨不平,因为他认为他的对手实在是太不公平、太不讲信用了。但是,从表面上看,在这起诉讼当中,他是必败无疑的。

于是,他就到一位心理学老师那里讲述他的这起诉讼,并寻求这位老师的帮助。这位老师告诉他说,如果他一直这么怀恨在心,他的案子永远不会有什么起色的。"祝福你的对手吧,"这位老师建议说,"也许这样未必对你不利。当你心生怨恨的时候,你要对自己说,'我是靠爱的法律而生存。'你就这样试一试吧!"

这个人也是这样做了,但是,他发现无论如何他都无法不受任何影响地这么做。终于有这么一天,有那么一个可以为他的对手做一点儿什么的机会了。他勉强地做了,此后,这起诉讼马上有了起色,终于非常公平地得到了裁决,其结果使得他赢得了更多的利益,比他获得诉讼还要强。

"不要怀疑,不要害怕,努力工作,耐心等待;要相信黎明终会打破黑夜,爱最终会战胜仇恨的。"道格拉斯·马洛克说。在最近的一期《鹦鹉螺杂志》上,索尼娅·山德讲述了一篇《爱的游戏》,其主题就说明这样一个道理。

索尼娅说,这个游戏基于莎士比亚的《驯悍妇》这个剧作。在这个剧作中,无论卡瑟林如何说或者如何做,彼特鲁西奥都表现出她非常合他的意愿,她越是做得过分,他越是称赞她是一个非常讨人喜爱的人。而这个爱的游戏也就像这个剧作那样非常简单。无论发生了什么事情，在你所进行的爱的游戏当中，你都要微笑着，说它是非常好的，非常美妙的。

无论是可怕的债主撞开你的大门，或者是邻居的孩子摘了你心爱的花，还是总是有人不让你安生，你都要微笑，向他们表示感谢，就如同他们是在向你祝福而不是对你进行骚扰。

对任何打扰你的人或者任何使你烦心的事释放出你的爱意吧，就如同它们是你所希望发生的最好的事情一样。然后，你就会惊奇地发现，这场游戏最令人意想不到的结果，因为，对爱来说，无论事情是如何的小，它的力量总是无穷的，而且永远也不会浪费掉。

你大概听说过这么一句古老的格言吧：婉言可以释怒。这个游戏也包含着同样的道理。非抵抗是一个方面，但是，它本身有消极成分。如果你添加上你的赞美和祝福，你就会把它变成积极的力量。

爱万事万物是我们的天性，就是它使得亚当和夏娃在伊甸园里无忧无虑、自由自在地生活着。是毒蛇的恐惧悄悄地爬到了他们的心里，使得他们走出了伊甸园。不过，如果我们利用爱，我们自己会回去的。

你不妨试试吧！在进行爱的游戏的时候，一定要记住赞美你自己。你一定要把自己看成是那个你希望成为的完美的你。你一定要成为那个魅力无穷、优雅高尚、尊贵的自己。你是依靠爱的力量而生存的，你高于生活当中所有那些肮脏、微小、丑陋的东西。每天坚持这样一个小时，不久之后你会惊奇地发现，你每天都会是这个样子。无论是在家中，还是在商业中，或者其他任何地方，你都可以进行这样的游戏。

如果你是一个债主,你一定要谨慎地对待你的债务人。你一定不要有这种想法:他不愿意还债,或者他没有能力还债。无论你认为他是不诚实的,或者你认为他没有能力偿还你的债务,这两者都有可能使他不可能在近期内偿还你的债务。

为债务人与债权人虔诚祷告吧!这样就会使得他们的商业有所发展,使他们的事业兴旺发达;在祷告的同时,努力工作吧!既为了他人也为了自己,因为你与他人是不可分割的。作为债主,你同他欠你的一样多,因为你所欠的就是爱他人的债。如果你向他偿还了你所欠的债的话,他会偿还你的债的。

仔细审视你的生命当中不健康的东西,然后,每天花几分钟来"治疗"这些不健康的东西。同时,你要提醒自己,你一生的神圣使命就是和谐与真正的成功,这是一条不可违背的规则,因此,你所遇到的困难也是在所难免的。所以,面对一切困难,你都要无所畏惧,因为只有在成功之后,你才会品尝到成功的甘甜与芬芳。

赞美、祝福、感恩、爱……,所有这些将会解决所有的困难,医治好任何难以治疗的疾病与苦痛。从现在就开始,每天都要坚持祷告说——"这一天是上帝创造的;我会因此而快乐、而骄傲的。我感谢他,因为他创造了这多姿多彩的生活;我感谢他,因为他创造了永恒不变的爱;同时我也感谢他给了我欢乐,给了我健康的体魄,给了我无穷无尽的财富。当我醒来时,又是一个新的艳阳天。因此,我要同欢唱的小鸟以及所有上帝创造的万事万物一样赞美、感激上帝。主啊,因为你给予了我这么多,我是要向你感恩的。"

扬起良善的精神风帆

在生活中的一整天，以及生活中的每一天，与你同在的内在"自我"一直在重复着"我是……"但是，自我却并不说下去，而是让你来完成这个句子。你可以在这个句子的后面添加上"贫穷的"或者"富有的"，"悲伤的"或者"幸福的"，"疾病的"或者"健康的"，随你的意愿而行事。"自我"只能做你允许他做的事情。只有当你看到良善、真理以及美好的事物的时候，你才祷告，并祈祷他；而当你自己觉得脆弱、或者不舒服、或者贫困的时候，你就使他蒙羞。

所以，请你选择良善吧！为此而赞美生活吧！为生活给予你的所有美好的馈赠而感恩、祝福！

一旦你不幸失去了工作，你要明白上天自有安排，指示你做你应当做的工作。它总是先你而行，为你披荆斩棘，开创道路。它通过你而使你高效、成功、兴旺，从而使你更好地为你的雇主、你的同事效力。

明白了这些，然后广通渠道！尽自己最大的努力为他人服务。从你所处的位置开始。从此山望彼山，彼山总是比此山高，然而，机会往往就在你的脚下。你要充分利用任何一个为他人服务的机会，即使是洗碟子、盘子或者做些家庭琐事这样的机会也不能放过。你要向你自己保证，从现在开始，你正在做好事。你证明得越多，你选择到合适的工作的机会就来得越快。

无论你需要什么工作，在这个时候，你都要在每天早起和晚睡的时候重复下面的这些话：

"我知道什么工作适合我,这样的工作在哪里能够找得到,以及我如何去做。"

在记住这些话的时候,你的行为都要在良善的范围之内。每种病态、每种欠缺、每种不协调的情况都必须从你的思想当中去除掉。这就好像一台收音机。世界各地的节目通过电波发送给你,但是,你必须调转向你想要收听的节目。当你打开收音机的时候,你收听到的可能是发生的一些犯罪或者不幸的事情,或者只不过是一些没有意义的数字统计。如果是这样的话,这就是你收听到的节目,除非你调转旋钮。不过,你可以收听到你想要收听的节目,只要你继续调转下去,直到选中你想要收听的节目。

但是,你既要坚定又要参与。首先,你要坚信你会兴旺发达,然后,你就像一个乞丐一样,似乎不相信自己的坚定信念,也不相信自己能够获得什么收益。你是否必须采取一些适当的行动,这都没有关系。只管采取行动——你的信心将因此而逐渐增加。

任何一个坚定的信念都要与你所表现出的行为相匹配,这些行为表达了你已经接受到或者正在接受的信心。

这并不意味着当你得到了所期望得到的财富之后,你就必须无节制地花费许多的金钱去采购你想要采购的东西,而是说,你必须采取一种变得很富有的精神态度,有正当的工作,充满自信、沉着、不再为未来担忧发愁。你还可以帮助他人,使他们像你一样处于他们想要达到的精神状态。

所有的秘密都源于美好的爱

在最近的一期《鹦鹉螺杂志》上刊登了道奇·坎贝尔的一篇关于他为一个家祷告并且找到了他梦想的那个家的文章。

"所有的秘密，"他说，"都源于美好的爱。我为一个家祷告。结果我的祷告得到了应验，分毫不差。爱在这里得到了体现。

在当今的社会里，一个可以称之为你自己家的房屋并不是很容易就能够得到的。对我来说，尤其不易。我在密西西比河谷的情况一点儿也不好，这种状况已经长达10年了。棉花的问题变得严重起来，我多年居住的房屋也被剥夺了，我成了无家可归之人。我没有别的选择，因为在我的家乡，人们无力建造房屋。

我必须建造自己的家，为我的爱人和家人遮蔽风雨。但是，我没有办法建造这样一个家，因为我甚至没有足够的钱去买一块地皮。然而，一个属于我自己的家因为我的祷告成了现实，就好像玫瑰花开一样简单。

但我感到我们的祷告太自私了，因此，我在为自己祷告的时候也为他人祷告。我请求为我建造房屋的建造商应当通过我而得到祝福；我为地主祷告；我请求与房屋建造商保持一种和谐的关系；我祈求在我们之间以及所有与建造房屋有关的人之间应当有友谊存在；我祷告他也许能够为我找到一条在金钱上帮助我的途径，作为回报，我将帮助他，使他取得成功；我非常诚恳地为他人祷告，就如同为自己祷告一样；我为地主祷告，希望通过我他们可以出售其他地皮。

我就这样祷告,爱他们,作为回报,他们也许会爱我。在我的内心深处,我希望所有的人能够在建造我的家当中平等受益。这就是我所祷告的宗旨。在祷告中,我并不是受益的主体,也没有这种倾向,这种意愿。

渐渐地,我的家建成了。我花了非常小的一笔费用得到了那块地皮——仅仅是其价值的1/3。事实上,房屋建造商自己给了我建造房屋需要的资金。就这样,我这个例行的祷告者得到了我所梦想的家。

但是,我不是唯一得到帮助的人,而这正是我的祷告得到的回报当中最美好的部分。由于我的房屋的建造,那些为我建造房屋的人也得到了帮助。许多地皮买了出去,还有更多的地皮即将出售;而我的房屋建造商由于建造了我的房屋而签订了许多份合同。"

第12章

支配人生的三大定律

几千年来,哲学家们一直在思考着一个百思不得其解的问题,那就是:为什么那些无所顾忌或者不择手段的人往往会取得成功,而那些良善、有着同样能力的人却总是失败呢?有人说,那些邪恶的人之所以能够成功,是因为在这个世界上他们还有生存发展的空间,他们还有发展的机会,但是,他们在来生却会下地狱,遭受痛苦的;而那些善良的人则可以在来生享受生活的快乐与幸福。然而,这个解释并不能使我们感到满意,特别是当我们看到亲爱的人或者邻居遭受贫困生活之时,对这种解释就更不理解。

一些人明白,关于成功是有一定的规则的,正如物理学上的规律一样,它们是存在的。就是这些基本的规则决定着你所做的一切,无论人们是否喜欢,它们都是要支配整个人类的。与人们自己制定的法律不同,在它们面前不分贵贱贫富,也不分强壮与虚弱。总括起来,这些定律有以下三点:

1. 普通人定律。根据这一定律,普通人与动物一样,他们与动物的区别很小;他们获得成功与幸福的机会也不比其他人多。

2. 倾向定律。它朝着给予生命的方向发展。一个人将自己与自然这一伟大的基本力量相结合,从而提高了自己获得成功的几率。

3．毛细管作用引力定律。给每一个细胞核以力量，使它吸收一切必要的东西，以满足自身成长和发展的需要。通过这第三条定律，一个人才能超越普通人定律；只有与第二条联合，他才能达到更高的目标。

普通人定律

在普通人定律下生活的人同动物一样要经历盛宴与饥饿、幸福与痛苦的考验。自然就好像一个放荡不羁的人，她使大海里充满了鱼类，然后，只让一小部分强者生存；她给予了许多生命，然后，她似乎不顾这些生命的死活，让大部生命遭受痛苦，或者消亡，而只保留一部分。虽然，自然给予了人类许许多多的财富，不过，只有少部分人拥有这些财富，而大多数人则不得不痛苦地劳作，为这少数人服务。

在动物王国里，这就是自然的普通人定律；在人类社会里，这也是自然的普通人定律。但是，对于人类当中的每个人，她保留着一个不同的命运。

一个人，只要他愿意按照普通人定律行事，他就必须满足于百分之一的幸福与兴旺发达的机会。但是，一旦把自己与普通大众区分开来，那么，他就可以选择自己的命运。而把自己与普通大众区分开来的方法不是进行长途旅行，到达一个沙漠地带，或者人迹罕至的荒岛；也不是把自己关进某一个小屋里，而是驾着自己命运的小车朝着某个目标迈进，从而使自己远离那个以自我为中心、寻找自我的普通人群，根据宇宙万物的定律，向着人类社会的顶峰攀登。

"人"这个字的意思是执事或者分发者。人类生存在地球上的目的就是利用和分发上帝施与人类的礼物。如果人按照这一旨意行事，他就能够得到自然赋予的强大的力量；如果人只为实现自己自私的目的而生活，那么，他就违背了这一目标。"我来到这个世上，"耶和华说，"人类可以拥有生命，而且他们可以拥有很多。"他也这么做了，因为他给予了那些寻求生命的人更多的机会。

那么，什么是"生命"呢？生命是精神；生命是力量；生命是满足。生命是一种创造力量，世界上的万事万物都起源于它，而且它还在诞生。

上帝是生命的主宰，他充满着、指导着整个宇宙。他的"儿子们"就是我们每个人背后为我们灌注生命、指导并支配我们身体复杂功能的潜在的精神或者精神的自我。

这些"儿子们"就如同巨大的魔仆一样，他们拥有所有的财富、幸福和聪明才智，但是，他们只能根据我们的理解与表达，向我们展示我们所能想象的上帝给予我们的礼物。他们通过我们释放出永不休止的生命力量，就如同钢铁厂放入钢铁冲压机里面的钢条一样。在送进去的时候，它是潜在的生命、潜在的力量、潜在的财富。但是，正如那些钢条，在出来的时候，它们就像我们想要的一样，就像冲压机对它们的冲压一般。

无论我们真正相信什么，无论我们爱、我们祝福、我们想什么，它都给予了我们生命、躯体、现状。正如光通过棱镜一样，通过我们有意识的思想、光会被分离成组成光的各种组成部分。但是，我们的思想是可以因恐惧和担忧蒙上阴影，从而使我们远离幸福等色彩的。通过我们的生命的那种力量本身是一道完美无缺的光，可是，就像钢铁冲压机能够将最好的钢材冲压出粗糙而又难看的图案、有瑕疵的棱镜能够将完美的阳光转变成阴影一样，我们信仰的生命的力量会转变成各种不同的疾病、贫穷与痛苦。这不是上帝的错，而是你的错。

因此，你首先要做的就是，改变图案——你要警惕你的信仰，就如同铸币时要警惕铸币模具图案一样。你不要想象你"害怕"的东西，你要想象你"想要"的东西。"当你祷告的时候，无论你要什么东西，"耶和华说，"你要相信你会得到你所想要的东西，这样你就能得到它们！"

"你"到底需要什么？你知道你的精神自我是"拥有"它的。就如同含苞待放的完美的花蕾一样，它是实实在在存在的，只要你以信念的阳光去照耀它，它就会开放。

我们见到过冬天的树木，它们所有的嫩枝都是光秃秃的，没有一到春天就能生长出鲜艳光亮树叶的一丝迹象。然而，那些充满生机的叶子就在那里，完完整整的保存在那里，只等和煦的阳光向它们照射，到那时候，它们就会生长出来的。同样道理，无论看起来你是多么的"贫穷"，"你"所想要的东西早已存在在那里，它们只需要你用信念的阳光去照耀它，带它们到现实生活中来。

这是第一步，也就是"要有信念！"这就是你所有生存环境的模具——你的信仰。一定要确保你的信仰是正确的。这就是为什么那些无所顾忌的人能够取得成功的原因，他们有意识或者无意识地发现了这一事实，那就是：要取得成功的第一基本要素就是要成功，相信这个世界是属于我们的。他们也许不知道祝福那些他们所想要的东西，但是，他们爱这些东西，希望得到这些东西，并把这些东西视为高于生命。所以只要我们对某种东西抱以极大希望，我们就能得到这些东西。

从这个角度上讲，这些人的做法是正确的。他们的错误就在于他们不择手段地寻求那些可以作为他们补给的来源，也不管这些来源是否正当。他们的这种做法早晚会与倾向定律发生冲突，从而使他们最终走向毁灭。

倾向定律

接下来的一步就是倾向定律，因为成功要求与给予生命的宇宙力量相符——顺应潮流。

倾向定律是建立在生命的整个目标就是发展这一事实的基础之上的。自然的力量是给予生命力量，其基本方向就是生命、以及进步的发展方向。如果个人所做的事顺应这一潮流，他们就会随着良善的浪潮向前发展；而那些阻止生命前进方向的人和事早晚都将被这一潮流推向一边，摔碎在礁石上。

"但是，"你也许会说，"据我所知，有许许多多可敬的人，他们所做的一切都是以良善为出发点的，都是为了良善的，然而，他们却都无可救药地失败了。"是这样的。但是，我也知道有许多游泳的人即使在强大的潮流推动下，也不能向前游上100米。这些潮流是第二步，最重要的是第一步，也就是说一定要确保模具——换句话说就是要知道如何游泳。有了第二步，并不是说第一步就没有必要了。

要相信自己，你要把自己看做是神赐予这个宇宙当中的一分子，你明白整个宇宙属于你。你要相信你将拥有你所想要的东西，爱它们、祝福并祷告它们，并向上帝表达你的感激之情。"主啊，我感谢你给了我那么多的东西。"

你要记住，第一步是基本的、本质的。第二步是要利用你的力量去做善事，要与给予生命的力量相协调。"听起来不错，"你也许还会说，"但是，请你告诉我，如果我占有这些资源的主要目的就是要知道如何获得这些财富，那么，我又如何能够利用这些财富去做那些好事呢？！"

上帝在创造万事万物的时候的第一要素就是营造心目中的影像或者形象。在造人之前，上帝首先"设计"出人的模样，也就是说他首先要想象他创造的人的形象，然后，他才将他给予生命的力量灌注到这个形象里面，此后，这个形象才变成了活生生的人。在建造一座大楼之前，建筑师首先要在头脑中"想象"出这座大楼的整个外观，然后，再把这个外观以图的形式表现在图纸上，此后，他才使这些图样物质化，建造了房屋。在发一笔财之前，你必须在你的心中想象出这笔财富来，而且，你还必须想象这笔财富已经属于你。换句话说，"你要相信你会拥有这笔财富！"要做到这一点最捷径的途径就是绘制你的藏宝蓝图。

现代科学一个令人感到惊异的事实就是：这个世界仍然不是一个制成品。在我们的周围创造时时刻刻都在进行着，新的世界仍在形成，宇宙能量正在以百万种不同的模式形成着。

而且，还有另外一个非常令人感到惊异的事实：我们都是创造者，我们能够在今天设计出我们明天的生活模式。

人们往往因为他们的现实条件而抱怨自己接受的教育、遇到的机会、不幸的命运。可是，我要说，他们错了。他们要抱怨的只有一人，也是他们唯一可抱怨的人，那就是他们自己。今天的他们是他们昨天、乃至许许多多个昨天思想的结果。今天，他们心目中的形象将是未来几年的生活模式。

在人生当中，从来都没有失败这一说法的。无论你是贫穷的，还是体弱多病的；无论你是富有的，还是强壮的，在一件事情上你是会取得成功的。你已经将你周围的宇宙能量压缩到你心目中你自己的形象模具里。你早已将那些与你在一起的力量定了性，指明它是"好的"，或者是"坏的"，在你为它定了性的同时，也就决定了它将怎样服务于你——"良善"或者"邪恶"。

但是，你还是可以有一个幸福的结局，你大可不必这么等到生命的终结。如果你对现实的结果不满意，你还可以重新对你自己定性。你可以祝福并赞美良善，无论这良善看起来是如何的细微，通过你的祝福与赞美，它将以数以千万倍的良善回报于你。而这将把我们带到第三步，即：毛细管作用引力定律。

毛细管作用引力定律

我们把一粒种子种在土壤里，它就会从土壤、水、空气中吸收它生长所需要的各种物质元素。把你希望的种子种植在你的心田里，它就会成为一个强有力的中心，去吸收实现你的心愿所需要的一切必要条件。不过，正如种子需要阳光、空气、水中的营养成分，以便它能够生长出谷穗一样，你希望的种子也需要信念的阳光以及意志力量的土壤使它坚定地朝着这个目标去努力。

这是所有成就的最主要部分——每一粒种子生长成一株完美的庄稼，每一个正当的希望得到实现，是因为希望是叩开你成功之门的机会。种子必须种植在土壤里，它必须拥有足够的营养和阳光。希望必须在第一步的时候就确定下来，它必须有使它达到目的的意志的营养，而且它还必须有完美的信念的阳光来照耀它。有了这些,它就能够吸收到实现愿望所需要的一切。

由此,毛细管作用引力定律是建立在生长原则的基础之上的,它是与种子或者希望相互关联的。这就好像一个雪球,它由一小撮雪开始,通过与那些地上的雪的接触,从而积小成大,最终成为一个大大的雪球!

首先是种子、希望;接下来是种植,这也是使希望成为现实的必要的最初的一步;第三,培育。持续地朝着一个目标而工作。我们都知道,我们不能只是希望一件事情成为现实。不过,我们可以利用希望,就如同机会需要虎钳一样,我们要把握住目的的工具,直到达到目的为止;第四,阳光——信念。没有它,所有其他的东西纯属乌有。没有阳光,种子就会在土壤里腐烂,植物就会枯萎、凋谢;没有信念,你的希望仍将是希望,它永远也不会成为现实。相信你会有所回报,如一粒种子看到一株高大的庄稼一样,你要从你的希望当中看到希望的实现。

哈佛大学著名的心理学教授威廉·詹姆士写道:如果你给予结果以足够的关心,那你就能够得到你所希望的结果。如果你希望发家致富的话,你就会变富的;如果你希望成为一个良善的人,你会成为一个良善的人的;如果你希望自己的学识渊博,那么,你就会成为一个有学识的人。而要得到这些结果的条件是:你必须是发自内心的,并希望得到这样的结果,而且,你也必须只有这么一个愿望,也就是说,与此同时,你不能拥有许多其他同样强烈的愿望或者希望。

但是,你必须仔细,你的希望不能是盲目的。你是不能期望沿着山坡向上滚,滚出一个大雪球来的。如果你那样做了,雪球就会越滚越大,最终会大得难以控制,给你造成终身的遗憾。

你所期望的结果正如你所播种的种子一样。如果这粒种子没有什么好的结果，对你的同胞没有爱，除了自娱之外没有其他好处的话，你将收获的果实也是如此。对于他人来说它是苦的，对你来说，它会更苦涩。

那么，面对这些，你将做出哪种选择呢？在你的一生中，有许多事情是你所希望的——成功，富有，成名，荣耀，爱，幸福，健康，强大等，所有的这些都是值得追求的，所有的这些对你来说也都是一种成就。那么，你将如何取得这些成就呢？其实，一个人生存在地球上的价值就在于分发、广布上帝给予的特定的礼物——一定的良善，一定的服务，一定的能力，最终使得这个世界由于你的存在更适宜于人类居住。

据说，在古老的埃及，在一个人诞生的时候，会有一个灵魂出现，这个灵魂就是他真正的自我，它具有向着良善发展的极强的力量。而人的躯体则只是这个灵魂的外在体现，通过人的躯体，就能够看到他内在的灵魂。

因此，你的灵魂也是与你同在的，你的真正的自我是你心目中上帝的形象，也就是说：上帝与你同在。如果你完全相信他，那么，你就必须相信他的智慧；如果他很聪慧，他所创造的任何事情都是有其目的的，那么任何东西都将与他的计划相吻合。就拿你来说吧，他创造了你，是为了让你做某一种工作。为了完成某种工作，它会赋予你相当的能力、足够的才智，难道不是这样的吗？

但是，你又将如何知道这工作是什么呢？如果你坐下来思考你有抱负和希望的话，这将是一件非常容易的事情。这些工作实质上就是唤起你的下意识。当然，这些并不是为了达到名利或者肉欲的满足。自私的想法在你兴奋的时候，这些深层的、远大的抱负会出现在你的脑海中的。它们就是你灵魂中最伟大力量在你心中的崛起，激励你把早已存在于思想世界的东西以物质的形式表现出来。

举例来说吧，你有一个主意，使得工作有了捷径，使得一些人的生活更加轻松和幸福。为了这些目标，你采取措施来实施你的计划。不过，你立即就会发现，你要么缺乏资金，要以缺乏知识，或者其他的条件，而这些条件对你来说是不能解决的，那么，你将如何去做呢？祷告！你又将如何祷告呢？耶稣基督给我们指明了规则——当你祷告的时候，无论你索要什么，你一定要相信你会得到你所索要的，那么，你将得到你所索要的。

那么，你又将如何相信在走投无路的时候，你拥有你所索要的东西呢？如何知道呢？通过你真实的自我，在现实世界中已经有的答案；通过看到已经实现的梦想，在你心灵的窗户中想象着它；然后，再把它交给与你同在的上帝，要他向你指明反映在物质世界的结果。

告诉自己（而且知道），你是富有的，你是成功的，你是健康和幸福的，你拥有了你所期望的任何美好的事情。用你的《寻宝蓝图》想象这些东西，然后，你会相信你拥有这些东西。

无论你受教育的程度如何有限，无论你所处的环境如何恶劣，你都要相信你的精神力量拥有一切你所期望的任何正当的东西所需要的知识、方法与力量。你想要完成一件工作，这份工作就会完成！你拥有它！而且，你只需要通过你心灵的窗户，你就能够看到已达到的成就。相信你拥有，是为了把它反映在现实的物质世界中。

就是那使每一个人成功的核子,有足够的力量吸取你走向成功所需要的任何东西——你拥有的信念。它是力量的秘密,拿破仑的护身符。要获得这个秘密,需要做三件事情:

1. 要明白这是一个智慧的世界。任何事情都不是无缘无故地发生的。你的存在就是为了完成某种工作,为了某个目的,因此,你拥有各种能力、各种方法来达到这个目的。因此,你也就没有必要担心你是否足够强大,或者足够聪明,或者足够富有来完成赋予你的义务与责任。"你一定会成功!"你一定要坚信你的需求是会得到满足的。

2. 要明白你心中的那个我是你真实的自我,他已经在做那些要求你所做的事情,因此,对所要做的就是要看到已经完成了的工作,在物质世界里,一步一步地来获得这个结果,因为一切大门都是为你敞开的。"你将听到你身后会传来这么一句话:这就是路,沿着它走吧!"

3. 坚信你内心所具备的强大能力能使你达成你所追求的结果。当你能够通过你心灵的窗户看到这个结果同已完成的结果一样时,你就会意识到你没有必要担心、或者害怕、或者急匆匆地糊里糊涂地做这些事情。你可以沉着冷静地向前走,并做那些指示给你、并要你做的事情。当你遇到死胡同的时候,你可以耐心地等待,把那些棘手的问题留给你那最具强力的征服欲来处理,因为你坚信你能够战胜它。

你要牢记,宇宙定律的基础就是吸引定律。你吸引了那些你真正热爱、祝福、并相信属于你的东西。知道了你内心真正所期望的东西——从你目前光秃秃树枝的情况下,就知道了你将生长成为一棵枝繁叶茂的参天大树,这就很容易使你将生命、爱以及你的祝福浇灌给这些树枝,从而使它们开花结果。

所以,让我们继续时时刻刻、日日夜夜伴随我们心底那真实的自我!就如同镜子中我们的影子与我们同在一样:

现实中的我,我向你问候,向你致敬,因为你是大自然创造的完美的"我"。你有一个完美的躯体,这个躯体在世间无可挑剔。让那个完美的躯体在我身上展现吧!你富贵无边,支配万事万物。我向你祷告,请你发挥你那无边的威力,展示我的生命吧!使我的工作、我周围的环境根据你的意愿以完美的形式得以揭示吧!

然后,通过你心灵的窗户,看到与你同在的"真我"做你希望做的事情。你知道,他是拥有做这些事情的能力的!

[第 *13* 章]

奠定成功基石的强烈愿望

愿望的力量是个人力量许多阶段当中的一个。尽管人们能够改变、适应、开发、引导他们自己的个人力量,但是,他们却不能创造他们自己的个人力量。力量(所有力量的源泉)总是存在着的,并且将永远存在着。你自身的个人力量是通过吸引所有力量的源泉而得来的,是通过打开你通往这些源泉自然的通道得到的,是通过向它提供相应的物质和精神机制而得来的。

记得某个作者写道:"那些仅仅试图使人们思考的演讲家很少有成功的,因为人们还需要感觉,在使他们能够思考的同时,还要使他们大笑,或者有所感受,其原因非常简单:精神与头脑是相对的;灵魂是与逻辑相对的;而灵魂终归是要占上风的。"大主教纽曼曾经这样说道:"精神通常不是通过理智而是通过想象、直接的印象和描绘而达到的。人们影响我们,声音融化我们,而事迹则感染我们。"

那些演说者、政治家、演员、政客、牧师等为了达到对听众的思想、意见、信仰和信念强烈的情感、爱、愿望的影响,他们总是回顾那些具有影响力的事迹,使人们对某种愿望、野心、渴望产生爱或者恨、偏见或者赞同的看法,从而赢得人们的支持。

一位现代作家称:"商业生活的大部分都是由使人们的情感和愿望动摇组成的,这样,就可以使人行动起来。"另外一位作家说,"那些能够说服大多数人去拥有他们需要的某种东西的人才是成功的人。"那些成功的商人、广告商以及那些拥有推销给他人东西的人总是能够引出他们感兴趣的话题,使他们的愿望活跃起来,从而使他们对自己的商品产生兴趣。这些人能够激活他们"想要"的思想,利用人们的同情心、偏见、好恶、希望、担忧、愿望等来达到自己的目的。

做事由意愿决定

人们"做事情"或者"做出反应"是他们情感本性动机力量的结果,特别是在以爱、愿望的形式表现出来的情况下更是如此。这也是唯一促使或者影响人们"做事情"的原因。如果人们缺乏这种动机力量,那么,他们就不会采取行动去做某些事情,也就不会有这种反应或做这种事情的欲望。我们做出反应以及我们做事情的唯一原因就是因为我们"喜欢"、"想要"那么做。如果人类缺乏情感,那么也就没有意志的因素可言了。没有意愿,我们就不会做出选择,也就没有做出决定的必要,也就不会采取任何行动。没有"想"和"想要",也就没有"要去做"和"做"事情的必要。意愿是行动的动机力量,如果没有了动机力量,也就不可能、不会有什么运动、活动、意志了。没有意愿的动机力量,自愿行动的机制就会停止运行,就会完全停止下来。

一位不知名的作家这样写道:"我们做的任何事情,好的或者坏的,都是由意愿引起的。在看到痛苦的时候,我们慈悲为怀是因为我们想减轻心中的忧伤;或者表达同情的自然愿望;或者希望获得这个世界的尊敬;或者谋求一个更好的位置。一个人仁慈是因为他想要成为一个和善的人，因为这样会使他因为仁慈而感到满足。一个人负起他的责任是因为他想要这样做，因为这样他能够从完成交给他的任务当中获得快感，这种快感是他不去做工作所不能享受得到的。而另外一个人却不愿做工作——是因为他能够从不完成工作当中获得满足感，而不能从完成工作中得到快乐。

"信仰宗教的人，他的行动就体现出宗教色彩，这是因为他的宗教意愿比他的非宗教意愿还要强烈——他能够从宗教信仰活动当中获得更大的快乐。有道德的人之所以有道德是因为他的道德感强烈于非道德感——他能够从遵从道德意愿当中获得更大的快乐。我们做的任何事情都是由各种形式的意愿引起的。人不可能是没有意愿的，只不过它的表现形式不同。意愿是所有行动的动机力量，这是生命的自然法则。从原子到单细胞生物，从单细胞生物到昆虫，从昆虫到人类，从人类到自然，从最高等的生物到最低等的生物，任何事情，任何生物都是因为意愿的力量反应、做事情的。意愿是所有自然过程、活动、事件的推动力量、动机力量。"

关于意愿有一个一般的规律，这个规律是非常重要的，你需要给予必要的关注。这个规律就是：每个人的热切渴望、抱负、目标、表现、行动以及工作的力量、能量、愿望、决心、刚毅、持续程度是由他对于这个目标的"想"和"想要"的程度来决定的。

这个规律是一个放之四海皆准的真理，以至于人们总结出了这样一句格言警句：世上无难事，只要肯登攀。就等于"特别想要某件东西""要付出代价"一样。

相对来说，很少有人知道如何足够强烈和坚持不懈地坚持自己的意愿。他们仅仅满足于"希望"和轻微的"想"。他们没有体验坚持不懈的意愿；他们不知道感觉和体验那种紧张、渴望、热望、热切、和坚持不懈的要求的意愿的滋味，那就如同淹在水中的人热切地、坚持不懈地、强烈地、压倒一切地希望得到空气一样的强烈；如同在沙漠之中迷路的人希望得到水一样热切；如同挨饿的人希望得到面包一样的渴望；如同凶猛的野兽寻求伙伴一样热烈；如同婴儿寻找妈妈一样的急切。不过，如果知道了这个道理，那些已经完成了伟大事业的人希望获得成功的愿望也将一样的强烈。

当然，我们没有必要做我们愿望或者私欲的奴隶；我们可以通过意志来控制低级的或者没有益处的意愿。我们还可以通过这种途径将这些欲望由低级的转变成高级的，消极的转变为积极的，有害的转变成有益的。我们可以成为意愿的主人，而不是成为意愿的奴隶。不过，在我们能够做到这一点以前，我们首先必须愿意这样去做，去完成它，去达到这样的目标。

愿望的力量是一种吸引力

每个人最强烈、最稳固持久的愿望有一种意向，它能够吸引（或者被吸引）那些到与这些愿望有联系或者相互关联的愿望。也就是说，一个人强烈而坚持不懈的愿望具有吸引那些与这些愿望相关联的东西的倾向；与此同时，也有被那些相关联的东西吸引的倾向。愿望吸引愿望具有双向性，也就是说：第一，为个人吸引那些与个人愿望相近或者关联的东西；第二，吸引个人到这些相关联东西那边去。你很有可能有过许多这些方面的经历，体验过自然规律的这些微妙之处。你对某一特定的主体产生了浓厚的兴趣，你的希望与之进一步的发展的愿望给激发起来了。到这时候，你已经发现与那个主体有相互关系的人与事物非常奇特的关系。有时，你还会感觉到有一种除了你单一力量之外的力量加在你的身上。以一种同样的方式，你发现你被朝着某一个方向吸引着，而这个方向的人或者事物都是与你的愿望的主体相关联的。也就是说，你发现发生了一些事情，就"好像"你要么对人、事物、情况有吸引力，要么就是你被这些人、事物、环境吸引着、淹没了、或者被"牵引"着。

在这种情况下，你会发现在各方面发生着与你的愿望的主体存在有联系的许多事件；一些包含有关它的信息的书；与它有关系的人；这个主体起着重要作用的情况等。你会发现，从另外的一面说，你成了一个吸引那些与主体相关的事物、人、环境的引力中心。简而言之，你会发现你已经使得某种微妙的力量和规律开始运转了，而它们都把你与那个主体联系在一起。

除此之外，你还发现如果你保持相当长的一段时间，对这一特定的主体和愿望继续给予关注，你就会建立一个引力核心，吸引那些与这一主体有相互关系的东西。你还会使一个精神涡流运转，使它有井有条地向它的周围扩散着它的影响，向它那里吸引、向你的中心点吸引相互有关联的人、事物和情况。这就是为什么在你"使事情运转"之后，随着时间的流逝，对你来说，事情就"变得容易"起来。在这种情况下，那些在起初阶段需要极大努力的事情，在以后运转时就会显得如同自行运转一样，这就是所谓的"成事开头难吧"！

因此，愿望的力量不仅具有在你的内部发展和进化的倾向，从而产生出一些性能和力量，帮助你表现和实现你的愿望；而且，它还具有吸引那些与这些愿望相关主体的人、事件、情况，并被这些人、事件、情况吸引的倾向。换句话说，愿望的力量利用任何它可以支配的手段更加圆满地展示和表现着它自己，以实现它的目标——它最大可能程度的满足和现实。当你彻底地激发起你内在的愿望的力量，并且为它创造了一个强大而积极的感应焦点中心的时候，你已经使得自然强大的力量得以运作，沿着潜在的、不可见的活动程序运转。从这种程度上说，你应当记住一句格言：你可以得到你想要的任何东西，只要你付出应有的努力，即世上无难事，只要肯登攀。

愿望力量在吸引力运作上有各种不同的方式。除了"吸引力量"之外，它还以另外的方式对思想的潜意识进行运转，以便影响、指示、指导愿望的主人向着其他的、与他的愿望相关联的人、事物、情况和条件。在它的影响下，潜意识的思想活动上升到意识的层次，产生一些新的主意、思想和计划，帮助他实现他那坚持不懈的愿望。

他就这样被那些相关的事物吸引过去了，正如那些被他吸引过去的事物一样。愿望的力量就像它吸引其他事物那样推动着他，并促使他向前走去。在一些情况下，这一过程完全是下意识的。当他"偶然"发现他被那些有助于他的事物"困扰住"时，他就感到非常惊讶。但是，在这里是没有偶然的，毫无疑问，他是要被那些有帮助的事物、条件、情况"引导"的，而且不是偶然的，是在愿望的力量沿着下意识思想的轨迹下运行的。

许多成功的人就能够讲述在他们各种不同的职业生涯中，在关键时刻，他们就能够体验到许多最特别的事情，这些事情看起来是"意外的"或者"偶然的"，从而使得他们反败为胜。这样,他们"意外地"得到了一些非常重要的信息,从而填补了他们思想链条上的迷失了的联系,或者给了他们一条找到丢失了的主意的线索。他们或者不曾预料地以某种特殊的方式"遇到了"一个唯一能够给予他们帮助的人;他们或者"随意地"拿起一张报纸、一本杂志、或者一本书来读,却得到了他们所需要的信息,或者他们需要的其他的东西。

这些事情经常发生,它们经常以一种出乎意料的方式发生,这就使得那些勤于思考的人学会了期待它们、依靠它们、遵照它们的规律行事。由于不知道这些事情发生的潜在的原因,他们经常克制自己,使自己不向朋友或者亲友提起这些事,因为他们害怕被认为是迷信或轻信;但是,如果这些人碰巧在一起交流,相互保守秘密,这样的话,这样的例子可谓是不胜枚举,而且也有非常相似的特性,这就会使得谨慎的思想家们得出这样一个结论:在这些事件当中,存在有一个基本的规律,存在有原因与结果这样的逻辑次序。

由于不知道发生这些事情的真正原因,人们往往将其原因归结于幸运、命运、定数、偶然,或者其他的东西,因为他们认为这些事情是无法解释清楚的。一些已经对这些事件非常熟悉的人在经历这些事情的时候已经知道如何去识别它们了,并认为他们已经"感觉"到发生了与这件事相似的事情。人们有时会认为这是上天的安排和帮助;另外一些人则认为在"另外的那个世界",有人在帮助他们;而另外还有一部分人则感觉到在整个事件当中存在"一些特别离奇的事";不管怎么说,只要他们认为这些事情的发生都是对他们有利的,他们就会充分利用这未知的力量。

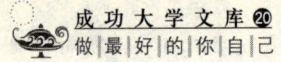

潜意识的作用

当然,个人潜意识的思想才是在这种情况下真正的"帮助者",而发生的这些事件仅仅是潜意识整体现象的各个阶段。然而,愿望的力量则是整个事件的主动力。潜意识思想就如同意识思想一样,都是愿望的力量激发起的活动。愿望的力量利用各种形式的精力、活动和动机力量,并开动各种物质的和精神的机器、工具,使它们运转。愿望之火可以照明任何有意识和潜意识的过失,并使它们转入正常的工作。在一些形式或者阶段内,如果没有愿望的力量,那么,所有的这些过失就不会积极地运转起来;有积极活动的地方,就有愿望的力量的存在。

有时候,愿望的力量为了达到预期的结果,它就可能以一种非常离奇的非直接的方式运行。通过对潜意识过失"内在"的观察,愿望的力量似乎认识到"最长的迂回道路才是回家最捷径的路",而它的这种运作方式使人"在最可能短的时间内走最长的路,从而达到满足他的愿望的目的"。在这种情况下,事情往往并不是按照人事先的计划进行,从而使人感到沮丧;并且这样的结果还容易使人想到失败和被击败,而不是成功和获胜。它有时会使人远离目前的那种相对满足的环境和状况,然后使他处在布满荆棘和坎坷的小路;最后,正当他几乎处于不再希望获得成功的时候,他发现成功非常容易地到来了。

当然,这些情况不是永恒不变的,但是,这些事情是经常发生的,而且非常具有特征,因此,它们必须得以确认。这种事情经常以这样的方式发生着:就如同一个人突然被抓住了衣领,把他从他熟悉的环境和位子上拉出来,沿着坎坷的道路拖着,然后把他友好地投入到成功的荆棘丛中。

但是,那些体验过愿望的力量,那些通过潜意识本性运行的紧张活动的人都会赞同这句普遍被认为的至理名言:"为了正当的目的而不择手段,物有所值。"当一个人经历过这种体验的时候,就需要一定的哲学思想,并保持一定的信念,另外,运行的规则和规律的知识对他也将是一个很大的帮助。在这种情况下要保持的正确的精神就是,"如果你不退却,这就是伟大的人生。"

愿望的力量在现实化的工作当中通过吸引利用潜意识的本领。它利用人们的这些能力就如同寻找家的鸽子、迁徙的鸟、远离蜂窝的蜜蜂一样——它为人们提供一种与"寻找家的本能"一样的寻求成功的能力,就如同动物寻求藏身之处一样。据说,与自己的配偶分离的动物即使在千里之外也能够相互吸引;迷失了路的动物能够越过许多陌生的地方,最终找到它们的家。如果一个人为一只鸟建造了一个巢穴,那么,不久之后,这只鸟就会飞向这个巢穴的。水禽总是分毫不差地飞向水中;而树根总是朝着水分和肥沃的土壤生长,这一点儿也表明了树的这种特性。

无论是在高级还是低级的动物身上,愿望吸引的法则展示了它的力量。人们是受制于这个法则的。当了解到了它的这一特性的时候,人们甚至可以使这一法则为自己服务。人类能够控制愿望的力量,就如同人类控制自然的其他的力量一样——可以控制它,并使它为人类服务。它一旦开始,就会"毫不犹豫、不知休息地"工作,直至完成赋予它的任务。愿望是"力量之力量",因为它是所有其他自然力量最核心的力量。所有的力量都依靠内在的吸引或者推动力。

[第*14*章]

让一切如愿以偿

如果你能做到以下几点,你就能如愿以偿:第一,知道你到底想要什么东西;第二,有足够强烈的愿望;第三,坚信你能够得到你所想要的东西;第四,下定决心,一定要得到想要的东西;第五,愿意为得到的东西付出代价。

现在,你要考虑上面总体方案五个条件当中的三个,也就是:明确的理想,或者"知道你到底想要什么东西";坚持不懈的愿望,或者"有足够强烈的愿望";平衡补偿,或者"愿意为得到想要的东西付出代价"。这三个条件当中的每一个都是非常重要的,都是应当仔细研究和考虑的。我们首先说说第一个必备条件吧,也就是"知道你到底想要什么东西"。

当你考虑"我到底想要什么东西"这个问题的时候,你有可能认为这是一个非常容易回答的问题。但是,当你开始考虑这个问题的细节之后,你就会发现在选择出正确的答案的道路上,你遇到了两个拦路虎。这两个拦路虎是:第一,在你给你的愿望、渴望、雄心和希望确定一个明确而又全面的概念上你遇到了困难;第二,在一系列矛盾的愿望、渴望、雄心和希望面前,在你确定哪一个是你更想要的这个问题上,你遇到了困难。

你会发现你对目前你所处的环境、状况、财产和局限感到不满。你也许会强烈地感觉到你自身"自然的愿望"所产生的力量,但是你却不能在你的脑海里清楚地描绘出特定的方向,沿着这个方向,你希望这个自然的力量发展下去,使它得以展示和表现。

你会经常感觉到你希望处在另外一个地方,而不是你现在所处的地方;你在做一些不同于现在做的事情;你拥有的东西比现在拥有的要好,或者你感到你现在的局限性使你不能尽情展现和表达自己,因此,这些局限应当去除掉,你会体验到所有这些综合起来的感觉,但是,你却不能说清楚你到底想要的"其他东西"是什么,并用这些东西取代现在拥有的。

接下来,你会试图想象出你想要的东西,确定你明确的理想,可是,你会发现你想要"许多"东西,其中的一些是相互对立的,每一件东西都有它独特的引力,每件东西都希望你接受它,因此使得你的选择非常困难。你会发现你因为不富有而处于尴尬的境地。正如一首歌当中那位不知所措的情人那样,你说,"如果其中的一个不是很有魅力的话,我将是多么幸福啊!"或者如同那头有心理疾病的驴子一样,它面临着两种选择:在它两边同等距离的地方放着两堆干草,然而,那头驴子竟然饿死了,因为它实在决定不了到底哪一边的草更好,而你也可能不会行动起来,因为你的内心也充满着矛盾。

就是因为以上提到的一种或者两种情况的原因,才使得许多人不能充分利用愿望力量的推动力。愿望的力量就在那里等待着发挥作用,但是,由于这些人缺乏明确的方向,因此,他们就逗留在那里,像低级动物一样由于受着自然的力量的驱使,而不能发挥自己的创新能力或者自主精神。

而那些极少打破这些局限的人都清楚地知道"他们到底想要什么东西",他们"非常想要这些东西",而且也愿意为得到这些东西付出代价。为了使愿望的力量朝着一个特定的方向努力，人们就必须选择一条适合他们行走的路，同时，还要激发愿望的力量，使他们沿着这条路走。

自我分析

慢慢你会发现，科学地采用自我分析，或者在心里进行自我评估将有助于解决前进道路上的这两个拦路虎。在这种情况下，自我分析包括对你愿望的要素谨慎地分析，从而找到你最想要的东西，最终达到你的目的。在自我分析的时候，我建议你要"用纸和笔来思考"，这种自我评估将有助于明确你的思想，除此之外，它还会为你提供一个明确的、逻辑的形式。下面的这些建议在这方面将对你有很大帮助：

开始的时候，你要向自己提出这些问题：我最强烈的愿望是什么？在众多的东西当中，我最"想"和"想要"的东西是什么？我的最高愿望价值是什么？然后，你再继续用"纸和笔思考"，这样，你就能够回答出你提出的问题。

用笔记下你最强烈的愿望——你最"想"和"想要"的东西。仔细地记下这些东西和对象、目标和理想、渴望和雄心、希望和期望，作为你进行思想活动的记录。无论你是否想过要得到这些东西或者达到这些目标，你都要将它们记下来。

你一定要记住，无论它们看起来多么可笑或者多么不可得到，都要把它们全部列在一个单子上。你也一定不要被那些特别远大的目标和理想、渴望和雄心所吓倒。在你的愿望的本性看来，它们的存在不过是一种尺度、它们完全实现的一个预言。正如拿破仑所说的那样,"对一个法国士兵来说,没有什么大不了的事情!"而你就是法国的士兵!不要带有这种畏惧情绪,不要将这种局限强加于你愿望的本性身上。如果你有一个远大的目标,这个目标就值得你尊重,你就应当把它列在单子上。

通过这种自我分析,你就使隐藏在你潜意识思想领域的各种情感、愿望、渴望、热望的意识明朗化了。许多隐藏在内心深处的愿望都像熟睡的巨人一样,当你在你的潜意识思想领域里探索的时候,你唤醒了它们,你会使"它们坐起来看看发生了什么事情的",而事实也就是这样。你一定不要因为这些梦中人的觉醒而感到恐惧和害怕。你会发现它们与人的距离并不遥远。尽管你发现你可能有必要改变它们,或者制约它们,但是,这个时候你一定要把它们列在单子上。这个单子上记下的东西一定要是你真实的想法,因此,在进行自我分析的时候,你一定要诚实。

首先,你会发现你列在单子上的那些"想"和"想要"或多或少有点杂乱,看起来没有逻辑顺序或者系统性。不过,对于这一点,你不要担心。随着你工作的进展,这些问题都会得到解决的;等到了适当的时候,它们会自动按照顺序排列的。在这个阶段最主要的事情就是把你所有的较为强烈的愿望列在单子上,你一定要确保潜意识里所有的强烈的愿望都被挖掘出来。

下一步要做的就是你要去除掉那些不很强烈的愿望,在这样做的时候,你一定要"心狠手辣",也一定要有这么一种想法,那就是最终要保留最适合你、最强烈的愿望。首先,你要浏览一下你所列的单子,去除掉那些不是特别强烈的愿望,以及那些不会使你带来极大满足,带来持续幸福的愿望。

这样，你就会再罗列一个新的、愿望更强的单子，这些愿望会给你带来更大的、持续的幸福与快乐。然后，再对这个新单子进行核实，你会发现其中的一些愿望与其他愿望相比，无论是它们的竞争力，还是给你带来幸福与快乐的程度都还是逊色了一些。通过比较，再列出一个新的单子来，把那些不合适的淘汰掉，只保留那些对你来说极其强烈的、价值极高的愿望。就这样下去，筛选出优胜者，淘汰掉那些弱者，直到你感到，如果再继续下去就等于放了你的血一样的时候为止。

到这个时候，你就会注意到一个最有重要意义的事实，也就是说，随着你的单子变得越来越小，幸存下来的愿望的实力和价值也就越大。正如那些淘金的人说的那样，你现在找到了金矿的矿脉了！当你达到这个阶段的时候，你就应当暂时停止你的思考，这会使你的大脑得到休息，也会使你的潜意识思想按照它自己的运行方式为你做一些事情。

当你再次拿起单子考虑的时候，你会发现在你的脑海里出现了一个新的、关于这些愿望的景象。你会发现，这些保留下来的愿望自动分成各个不同的类别。然后，你就可以对这些不同的种类进行比较，一个一个地比，直至选择出某些更为优胜的种类为止。接下来，你还可以按照同样的办法，将那些处于劣势的种类淘汰掉，列出一个新的单子来。

在进行这样的排除淘汰的同时，你一定要给自己一定的时间放松一下，使自己更好地进行潜意识地消化和清除，此后，你会发现只有那些相对强烈的"想"和"想要"的东西才会出现在你的单子上。因此，你最终还是找到了"你到底想要的是什么东西"。然后，你就可以开始你的"足够强烈的愿望之路"了。

一般的选择规律

在进行选择、排除、浓缩以及切掉那些朽木的过程中,如果你遵守了以下三条一般的选择规律,那么你就会做得很好的:

1. 迫切需要。在你的单子上选择那些最为强烈的愿望的时候,你没有必要担忧有些愿望因为力量不可及而不能实现。在这个地方、这个时候,你没有必要关注这些问题,因此,你一定要忽视这种思想的存在。你要关注的是,你"想"和"想要"的东西是否是你感到"特别想要的",即使牺牲其他你所想要的东西也心甘情愿,也就是说,某个特定的愿望是你非常想要实现的,即使你"付出了昂贵的代价"也不可惜。你要记住一句古老的誓言:取走你想要的东西,但是,你要付出代价!如果你不愿"付出代价",那就说明你的这个"愿望还不是足够强烈",也就说明这个愿望不是你的最大愿望。

2. 对完美愿望测试。我们曾经说过:"愿望有它的目的,它能够为人带来快乐和欢乐,或者解除痛苦。"因此,在对你的各个愿望进行比较的时候,你必须把上面说到的那些关于愿望的直接或者间接因素考虑在内。

你必须掂量和决定任何特定愿望的分量,不仅仅是你自己目前的幸福与满足;也不仅仅是与你自己有直接关系的快乐与幸福,而且还包括那些由于他人的快乐与幸福而给你带来间接的快乐与幸福的愿望。你未来的幸福与快乐往往建立在牺牲你目前愿望的基础之上,因为另外的愿望能够为你未来带来快乐与幸福。你也许非常关心他人,而他人的幸福与快乐对你来说更为重要,因此，他人的愿望将是你考虑的重点。所以说，你要对这些愿望加以思考。如果你遗漏了一些愿望的这些因素，那么，你就有可能冒着对一些愿望价值错误估计的风险。你必须用完美愿望因素的标准去衡量、评估你所持愿望的价值。

3. 挖掘愿望的深层内涵。如果你忽视那些纯粹肤浅和暂时的感觉、情感、和愿望的话，你就会发现你是非常明智的，因为这些因素的价值都是很小的。如果你到你的内心和灵魂深处挖掘的话，那么，你就会找到那些持久的、永恒的、深刻的、基本的感觉、情感和愿望。也就是在这些地方，隐藏着那些"想"和"想要"的东西，它们都是迫切需要的东西，就像窒息的人需要呼吸新鲜空气、饥饿的人需要食物、干渴的人需要水、动物需要它的配偶、孩子需要妈妈的照顾一样。

这些隐藏在人的内心深处的愿望都是你真正的情感因素。当那些瞬间而又肤浅的愿望被忽视、被遗忘的时候，这些愿望就会显露出来。对你来说，你是愿意为了实现这些愿望而"付出代价"的，即使这些代价非常高，即使你要牺牲其他的愿望、感觉和情感也在所不惜。你要用它们的深刻内涵来丈量你的愿望。最后，挑选出那些深深植根于你情感深处的那些愿望，无论发生什么样的情况，它们都不会从你的心中消失。

为存在而奋斗

现在，你到了找到"你到底想要的东西是什么"的最后阶段。现在，你有一个列有不懈追求愿望的单子，它们都是在生存斗争中经过拼杀的幸存者。如果你非常诚实和认真地进行自我分析和选择的话,那么,这时候展现在你面前的是那些顽强的愿望巨人,它们都等待着你的裁决。根据一种奇异的心理规则,这些幸存下来的竞争对手在击败对手的时候花费了不少的精力和力量;获胜者从失败者那里吸收了活力,所以说,你现在面对的是相对来说比较小的一个愿望群体。

到这个时候,你会发现你的"想"和"想要"自动排列成两个类别:一类愿望:尽管这些愿望与其他愿望有所不同,但是,它们却与其他愿望既不矛盾,也不对立;另一类愿望:这些愿望不仅与其他愿望不同,而且它们还与其他愿望既矛盾,又对立。

对于不同的两个愿望来说,它们可以与其他愿望和谐相处,共同存在,正如光和热、或者颜色和花香一样。但是,对于两个既对立又矛盾的愿望来说,它们是不能和谐相处、在一个人身上并存的,两者之间会有摩擦、不和谐、冲突。

一个拥有两个既对立又矛盾愿望的人就好像一辆由两个朝着相反方向行驶的马拉车一样。处于两种一样强烈愿望中间的人,要么在两种愿望之间来回动摇,要么就处于僵持状态。如果你发现在你的单子上有这种愿望的情况,你就必须采取措施了。你必须找到那种愿望当中意愿最强烈的那一个作为优胜者。

在相互竞争中,你就必须利用好你最佳的、最敏锐的分析和判断力。在某种情况下,这件事情很快就能解决,你也就能够很快做出决定,因为当你对这两个愿望全心关注的时候,你马上就可以分辨出哪个愿望是你更希望实现的。

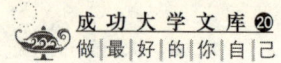

运用想象和联想做决定

但是，也会出现一些情况，使你觉得这两种愿望势均力敌，很难区分高下。在这个时候，你就有可能像前面说到那头可怜的驴子一样，很难决定朝哪个方向走，到哪一边去吃草。在这个时候，你就要增加一些因素，这些因素将有助于你做出决定，也就是：1．想象；2．联想。

想象因素。在对两个相矛盾的愿望做出决定的时候，想象往往是非常有效的。在使用这种方法的时候，首先，你要凭借想象，想象自己在实现一个愿望的目标之后，自己是什么样子；然后，再想象自己在实现另外一个愿望的目标之后，自己又是什么样子。你把自己置身于想象中，想象你要得到的位置，到底是这一个是你希望得到的，还是另一个是你希望得到的。这样，你就能够确定哪一个会更好，也就是说，能够为你提供更大程度的满足和享受，无论是目前的还是未来的，无论是直接的还是间接的。

这一过程拥有一个优势，它能够克服满足于眼前而忽视未来幸福与满足的弊端。在想象过程中，你把未来的境况带到了现实，与现在的境况作比较，从而清除掉了时间这个不利因素。这是非常重要的，因为，一般来说，目前情感经历或者愿望相对于过去或者未来的情感经历或者愿望来说，它具有非常强大的优势，想象测试产生的结果往往是：1．加强了对目前真正的情感经历和愿望的重视；2．减轻了对目前表面上看起来处于优势的情感经历和愿望的重视，而事实上，它也是处于劣势的。在做出这样的决定时，想象是一个非常重要的衡量标准。

联想因素。在相互矛盾的两个愿望当中,联想将能够帮你很快做出决定,站在哪一边,而反对另一边。在大多数情况下,联想将增加一个愿望的说服力,而使另一个愿望处于劣势。根据联想,我们能够意识到与每个愿望相关联的结果。

你可以这样运用联想的方法寻求揭示和发现尽可能多的、与你所考虑的愿望相关的结果。尽力去思考,如果你实现了这个愿望,将"会发生其他什么事情"。这就好像调查两个相互竞争的求婚者或者情人的家庭和社会背景一样,以便对他们各自的关系与联系、利害关系以及将来婚配之后可能出现的结局进行权衡、比较。

仔细地对你所想要实现的两个愿望进行考虑,了解清楚要实现这两个愿望,伴随而来的相关联结果的重要性,你要考虑到这些关联是什么。换句话说,你一定要搞清楚与这两个互相竞争的求婚者或者情人的各种关系以及他们所结交的朋友。这样,你就会发现这两个看起来非常有竞争实力的愿望谁更加适宜或占有优势。

通过这种途径,你就可以有效地发现"你将与一个什么样家庭背景的人结婚"。这样,你也就可以对双方各自的联系和关系了如指掌,知道他们的亲戚、朋友、同事等等。这一点是非常重要的,因为尽管人们常说"结婚主要是看对方如何而不是看对方的家庭背景如何",但是,有时候一个人就是因为看重家庭背景才同某一个人结婚的。

利用联想的方法来进行这种测试可以简单地用几句话来表达,也就是说:对任何特定愿望的测试和考察不仅仅要看这个愿望的实现可能出现的直接结果,而且还要看与这个愿望的实现伴随之而来的、相互关系、相互联系的结果,这些"伴随而来的结果"是有必要考虑的，它们是与直接结果紧密相连、不可分割的。在某种情况下，利用联想的方法来考察将会揭示出这样一个事实，那就是：对某一愿望的实现，付出的代价是非常高的，有时达到了令人望而却步的程度。而在另外的情况下则是相反的，你会发现通过联想这种考虑方法，你占了很大的"便宜"，因为"伴随而来的额外结果"是非常多的，是你意想不到的。所以，通过这种方法，你发现有些愿望的实现会给你带来有害结果，而有些愿望则能够给你带来意外惊喜，这些如果不通过仔细的联想和思考是很难觉察到的。

求助于试金石

也许会出现这样的情况，上面说到的谨慎的自我分析与评估、慎重的思考与斟酌、想象和联想的测试与考察以及所有其他的掂量和测量、尝试和试验等方法都不能揭示出某一愿望比另外一个愿望更有优势，在这种情况下，你就必须求助于正值性这个试金石。正值性这个试金石对任何情况下的思想状态、心理活动、情感、愿望和行为的确定表述如下：这样能够使我更强大、更好、更具效率吗？在测试中，如果任何思想状态能够满足测试的要求，那么，这种状态就是最佳状态。

在对两个相互矛盾的愿望进行正值性测试的时候，你就要问自己：如果这两个愿望都得以实现，那么，哪一个会使我更强大、更好、更具效率呢？这是一个测试问题，它的答案将给你做最终决定。这一试金石是你的"终审法院"，也就是当其他方法都失败之后你才求助于它。它所提交的"报告"将代表你最好的、最高级的、也是最有价值的要素,你本性当中思想、道德、精神的最高境界,也代表着你的最高荣誉,而你心灵当中最肮脏的东西将远离于你。

适者生存,优胜劣汰

到此时,你所列单子上的愿望已经所剩无几,剩下都是强烈、占有优势、重要的愿望。这些最强烈的愿望都要进行测试,以便分辨出它们是否仅仅是不同的愿望,或者是既不同又矛盾、对立的愿望。

如果这些愿望是后者的话,那么,它们之间就要展开竞争,以决定出其中的优势者,而那些劣势者则将被淘汰掉。在你的愿望的单子上,它们是不能同时存在的,"家不和必自败,国不和必自灭"、"同室不同心,家庭势必分"说的就是这个道理。因此,两个相互对立的愿望必须决出胜负来:一个被消灭,而另一个则保留下来。

如果这些愿望是不同的,但是,从本质上讲,它们并不矛盾,也不相对立,那么,它们就可以相安无事地并存着,至少说在目前可以是这样的。允许这些愿望存在的前提条件是:没有那么多的具有这类性质的愿望。因为,多存在一个这样的愿望,就意味着多一个集中精力的中心和方向;而且,你也应当明白,过多的愿望和目标会使你的精力和力量分散的。

在经过选择和去除之后,如果你发现还有许多非常强烈的、不同的愿望,你就应当慎重地衡量每一个愿望,利用记忆、想象、联想和理智对它们加以判断,放弃那些处于劣势的愿望。如果你发现有付出大于回报的愿望,那么,你就要去除掉这些愿望。

按照这种淘汰办法,继续下去,直到剩下较少的几个、又证明是有价值、有深层内涵、强烈的愿望为止。这些愿望,对你来说,是值得保留的,值得付出一定的代价。以同样的方法处理那些新生出来的愿望,你一定要确保它们是"值得的",然后再保留它们。如果实现这些愿望付出的代价比得到的回报还要大,那么,你就要放弃它们。你要坚持的原则是:"付出的代价不能高于得到的回报"。在这方面,你要采用经商的盈利原则,只有这样,才会有利于你的发展。

现在,在你列出的愿望单子上只剩下强而有力的愿望:为生存而奋斗的幸存者——适应的生存者。而这些强而有力的愿望也将支配你的情感王国。新的愿望将经历一系列的测试,与强而有力的愿望展开竞争。如果它被证明是强有力的,能够坚守阵地,它就可以添加在单子上,而那些被战胜的就应当去除掉。这需要你坚强的决心和意志,而你也是一个具有坚强意志的人,或者至少说,你会逐渐变成这样的一个人。

你的自我分析和评估、选择过程将为你提供两种类型的"报告":1. 它会向你显示你最强烈愿望的类型——你强而有力的愿望;2. 它会为你提供一个关于每一个强而有力的愿望清晰而又明确的图画。这两种类型的"报告"会让你"知道你到底想要什么东西",而这正是如愿以偿总体方案的第一要求。

[第 *15* 章]

将无限潜能融入你的愿望

根据如愿以偿总体方案,你必须不仅要"知道你到底想要什么东西",而且还要"有足够强烈的愿望",以及"愿意为得到这些东西付出代价",这样我们才能得到我们想要的东西。对于上述三个条件,我们已经考虑了第一个条件,现在,我们就需要考虑第二个条件,也就是要"有足够强烈的愿望"。

你可能会认为你"有足够强烈的愿望"迫切希望得到某件东西,但是,当你把自己的愿望与他人真正强烈的、坚持不懈的愿望相比的时候,你就会发现你与那个愿望有某种倾向和依恋,只不过是"希望"实现它。与那些坚持不懈的"想"和"想要"相比,你的"希望"简直不值一提。如果从科学的"想"和"想要"的角度考虑的话,你的"希望"最多不过是业余的,你也不过是个业余爱好者。很少有人真正知道如何去"想"和"想要",从而激发愿望的全部力量。

当愿望被完全激发后

东方有一个古老的寓言,它能够最好的说明愿望被完全激发的本性。这个寓言说,一位老师带着他的学生在一个很深的湖上荡舟。突然，这位老师把学生推下船去。学生一下子沉到了水里，几秒钟之后，他浮出水面呼吸。但是，不容他多呼吸些新鲜的空气，老师又一次把学生推进水中。学生再次浮出水面呼吸，老师再次把他推进水中。学生第三次浮出水面呼吸时，几乎是没有力气了。这时候，老师把学生从水中拉上船，并采用通常采用的方法使学生恢复正常的呼吸。

等到学生从这次严酷的考验中完全恢复过来时，老师问他："告诉我，在我把你拉上船之前，在众多的事情当中，你最想做的是什么？也就是说，其他的事情对你来说都是非常小的，而这件事却是你十分想做、也是唯一想做的事。"学生回答说："哦，先生，在所有的事情当中，我最想要做的是呼吸，对我来说，在那个时候，呼吸是我最大的愿望！"老师说："那就让你这次经历作为衡量你想得到的东西的标准吧！对你来说，你要为实现你的这些愿望而献身。"

如果你没有寓言当中那个学生被淹的经历，你是不会完全认识到故事当中提到的衡量最大愿望的标准的，你也不会相信学生的那些话是肺腑之言。如果你能够从中感受、并从思想上认识到那个学生渴望呼吸空气带来愿望的力量，那么，你也就会以付出同样力量追求你的愿望和目标。你不要仅仅满足于从理论上理解并认识这一点，你还要最大可能地联想到其他的情感方面。

以此类推，你就能够想象得到，一个在严寒冬天迷失在茂密森林里饥饿的人对食物的不懈而又执著的追求。现在的问题是，你从来没有真正感受到"饥饿"，你可能错误地把饥饿仅仅看做是唤起食欲或者味觉。当你真正感到饥饿的时候，一点放了很长时间、变味、干硬的面包皮对你来说都是香甜的，然后，你才能够真正知道饥饿的滋味，饥饿是什么。那些迷失在森林里、或者遭遇到沉船的人为了摆脱饥饿的折磨，他们甚至啃啮树皮、或者咀嚼从皮鞋上切割下来的皮——他们能够告诉你什么才是真正的饥饿。如果你能够体会到处于这种状况下的人们的感受，那么，你就能够理解什么才是真正的"坚持不懈的愿望"。

在海上遇难的船员漂浮在海上，他们没有淡水可喝；在沙漠中迷失了方向的人在热乎乎的沙粒上行走，你们正忍受着干渴的煎熬；只有他们这些人才真正知道"坚持不懈的愿望"意味着什么。人可以在许多天内不吃食物，但是，他绝对不可以在几天内不喝水，在几分钟内不呼吸空气。当这些生命存在的基本条件暂时被剥夺的时候，生物最强烈、最基本的感受和愿望就会被激发起来——这些感受和愿望将被转化成为坚持不懈的激情，它们需要被满足。当这些基本的情感和愿望被完全激发起来的时候，所有的由它们派生出来的情感和愿望都会被抛在一边并被忘记。你可以想象一个饥饿的人看到了食物的感受，或者一个干渴的人看到了水的状态。如果一个人企图干涉这些遭受饥渴痛苦的人，你也可以看到他们强烈的反应。

其他关于坚持不懈的愿望的例子也可以在处于交配季节的野生动物身上找到，在这个时候，它们会冒着生命的危险，并且与它们的竞争对手挑战，以便取得和它们选中的配偶交配。在交配季节，如果你遇到一头驼鹿的话，你就可以看到一个真实的、因愿望因素而引起的"强烈需要"的真实场面。

当孩子面临危险，妈妈考虑到孩子的幸福和安全的时候，你还可以再次想象那种强烈的感受、情感经历，以及伴随而来的愿望和需要。在这个时候，即使一只小鸟也会与那些破坏它们巢穴的动物和人抗争的。在保护幼崽方面，不冒着生命的危险去保护自己的孩子的妈妈不是一个尽职尽责的妈妈，但如果它会那样做的话，在那个时候，它会表现得非常坚强，也非常凶猛。当然，与幼崽在一起的时候，它又成了非常和蔼可亲的妈妈了。另外，当它们孩子的安全遭受到威胁的时候，"母性动物往往比雄性动物更可怕、更致命"。东方有这样一句谚语就说明了这一点：一个企图偷猎虎妈妈附近的虎崽的人要么是一个勇敢的人，要么就是一个傻瓜。

刚刚说到的这些例子都说明了愿望与情感被强烈激起而产生的巨大力量，这些例子不仅仅说明了这一点，而且还使你认识到这样一个事实：在所有的生物身上都存在着一种潜在的动力和力量，在适当刺激、引导下，它能够被激发成为一种非常强有力的活动、非常强有力的力量。不过，这种力量很少有人能够知道，也很少有人知道这一秘密。

我们再次劝你发挥你的想象。你想象着一个人在他心中定下了目标，这个目标使得他激发起了潜在的愿望力量。他非常强烈、坚持不懈地希望实现他的这个目标，就好像被水淹的人"想"要空气一样；在沙漠中迷失了方向的人"想"要水一样；饥饿的人"想"要食物一样；野生动物"想"要找到配偶交配一样；妈妈保护孩子的安全一样。在这种情况下，你又如何能够同他展开竞争呢？你又如何能够站在他前进的道路上成为他前进的一道障碍呢？你又如何同这样的一个人搏斗，就好像从饥饿的狼口中夺走骨头、从凶猛的母老虎爪牙下夺走小老虎？

当然，这个例子似乎显得有点极端。事实上，很少有人能够达到上述的这种程度。尽管对付这样的人不是不可能，但是，要对付这样的人就需要花费很大的力气。那些成功的人尽管成功了,尽管"圆满完成了任务",但是他们却走了一段很漫长的愿望之路。

回顾历史的长河,你就会发现那些坚强、有力、成绩卓著、成功的人都是那些愿望的力量被激发起来、经历了许多坎坷的人。他们"知道他们到底想要什么",如同被淹的人、饥饿的人、干渴的人、野生交配动物、充满母性的动物知道自己想要什么一样,他们对自己优势力量的愿望没有一丝的怀疑。而且,这些人也有"足够强烈的愿望",而这代表着他们优势力量的愿望,正如被淹的人、饥饿的人等所做的那样。也正如上面的例子所说的,这些人也"愿意为得到这些东西付出代价"。

看一看那些你熟悉的事业成功的人。把那些伟大的发现者、发明者、探索者、军事战略家、商人、艺术家、作家以及那些成功地"做成了事情"的人列在一个单子上。然后,对这些人的名字逐个核对,看看这些人为自己的愿望的力量所著的传记作品,你就会发现他们每一个人,都有"明确的理想、坚持不懈的愿望、自信的期待、不断的追求和平衡补偿",而这些条件正组成了我们在前面提到的如愿以偿地的总体方案;而且,你还将发现其中的第二个条件(坚持不懈的愿望)被融入到了展示和表现的渠道里。这些著名人物"知道到底想要什么东西";他们"有足够强烈的愿望";他们"也愿意为得到这些东西付出代价"。

如何激发你愿望的力量

正是这"有足够强烈的愿望"的精神和热情才使这些具有远大目标和强烈意志的人与那些仅仅拥有微弱和一般"希望"的人

区分开来；使这些真正的"想要的人"与那些业余的"希望家"区分开来。英国首相迪斯累里说过，长期的思考与观察使他相信那些具有明确的目标、坚定的信念的人一定会实现他们确定的目标的，而他的这番话也正是对这种精神和热情的肯定。

"但是，"你也许会说，"我承认你所说的这些都是真的，可是，我该怎样去做才能激发起我潜在的、巨大的愿望的力量，使它源源不断地涌现出来，朝着优胜愿望实现的方向努力呢？"对于这个问题的回答是：从头开始，通过展示启发和煽动性的理想和美好前景，通过这种刺激的方法，激发并获得潜在愿望的力量。因为，自始至终都存在着这么一个原则，用心理理论是这样表达的：愿望是由理想和心理想象的美好前景激发起来，并融入这些理想和美好前景所代表的事物的；理想或心理想象的美好前景越清晰明确、越强烈，被激发起的愿望的力量就越强烈、越持久。

你应当遵照这个原则去做，从一开始就去做，甚至从愿望的力量处于半睡眠的状态的时候就开始。在你的身体内部存在着一个巨大的、潜在的、优胜的愿望的力量宝库。你可以"激发起"这个巨大的能源的力量宝库，使它活动起来，然后，把这些能源像水一样沿着你提供的展示和表现的渠道释放出去。

在夏威夷巨大的活火山口，在一个敢于朝火山口深谷边缘观看的普通游人的眼里，有一个庞大的熔岩湖。在这个湖里，熔岩在沸腾，在翻滚，在冒着热腾腾的热气，并不断地发出嘶嘶的声响。可以说，这是一个液火湖。这个庞大的熔岩湖的表面看起来平静多了，不过，它的嘶嘶作响的动力源泉来自它的底部。整个岩熔湖的岩熔表现出一种有规律的节奏，就像潮涨潮落一样一起一伏地涌向火山口。整个岩熔湖那潜在的、处于萌芽状态的、几乎不可估量的力量给游人留下了深刻的印象。这一切使游人感到,如果这些沸腾的、一起一伏的、摆动的、巨大的液火一旦被全面激活,它就能够起泡、沸腾到火山口的边缘,溢流出来;它就能够流淌到火山下面的山谷里,排除挡在它前进道路上的所有障碍。

这个巨大的熔岩湖(液火湖)就象征着一个巨大的、潜在的、处于萌芽状态的愿望的力量,这存在每个人的身体内部,也存在你的身体内部。它存在你的身体内部时处于睡眠状态,从表面来看,它是怠惰的,不活动的,但是,它一直都从它的深处表现出一种特殊的运动状态。它沸腾和翻滚,冒着热气,发出嘶嘶声响,有节奏地、一起一伏地摇动着。它好像一直都在对你说:"我就在这里,一刻都没有安宁过,如同饥饿需要食物、干渴需要水一样渴望,希望以一定的方式、朝一定的方向展示和表现自己。请你唤醒我吧!激发起我内在的力量吧!使我开始运转吧!我会复活并展示我的力量、并且为你实现你的愿望的!"

当然,我们会意识到这种唤醒会引起你内心的不满;但是,这种不满是什么呢?有哲学家高度赞扬满足精神,说幸福只来源于满足,也许就是这样吧。不过,我们也可以肯定地说,所有的进步都是在不满中进行的。

在承认满足的价值的同时,我们还相信关于"不满福音"到一定的、健全程度的说教。我们相信不满是踏上成功之路的第一步。我们相信正是这种神圣的不满才使得人们追求神圣的生活历险,而它也正是人类进步的阶段。满足也许会太过分。绝对的满足就会导致缺乏兴趣和缺乏生气——它阻止了进步的车轮。毫无疑问,自然是不满足的,否则的话,它就会停止生物的进化进程。显而易见,自然也一直充满着不满的精神和激情,这一点从她对变化规律永恒地表现就可以看得出来。没有不满和变化的愿望，就不会有自然界的变化。变化规律明确地表明自然对这个主题的观点、感受和意愿。

你使你庞大的愿望的力量活动增加起来，使它由静止力量转变成为活动力量，使它从半睡眠状态进入到无休止的活动状态，并使它有一种运转起来的倾向，这种做法是对的。你也可以对特定的、明确的愿望使用同样的方法，那就是：通过向它展示启发性的、煽动性的理想和美好前景使它活动起来！

在开始的时候，通过向你愿望的力量展示启发性的想法和它自己的前景图画，使充满潜在的、处于萌芽状态的能量、力量和精力，以及充满自然力的、以外在形式和行动展示和表现的欲望能够也愿意以足够的力量、提供一个明确的渠道实现任何它希望达到的目标。向它展示它时刻准备、愿意将它静止的能量转化成为动态力量的图画，使这些力量沿着你向它提供的渠道注入。简而言之，以一个巨大的镜子表面的形式向它展示你理想和精神思维的才能，反映愿望力量的图画，就如同它自己展示在那面镜子前一样，让愿望的力量自己看到这一点，并为愿望提供它的补充理想。

你甚至还可以在这幅图画下面附上详细的文字说明，把你愿望的力量看作是一个人（从心理学角度考虑这个问题是有效的）告诉你愿望的力量它是什么，它的力量是什么，它外在的形式和活动所展示和表现的本质是什么，把这些启发性的内容融入到里面，使之明白它到底是怎么一回事。

这样做的结果不久就会显出成效来，它会使你愿望的力量感受到更加有活力的、潮涨潮落的节奏运动，这正如前面所说的那样，并且还会使它嘶嘶作响、翻滚、沸腾的频率和活力增加。从它的深层会产生强烈的脉冲和欲望、剧变。愿望的力量的庞大岩熔湖将开始增加沸腾的生机与活力,将展现一种产生出意志蒸汽的倾向。你就会有一种愿望的力量的新的、奇异的兴奋的经历,它正沿着你向它提供的渠道表现和展示着自己呢!

但是,到这个阶段以前,你必须为愿望的力量提供使它通行的渠道。这些渠道必须沿着那些被证明是你优胜愿望的边缘去建造。这些渠道必须是深深的、宽宽的、而且还要坚固。你还可以再在这些渠道的边缘建造通往你次要的、由优胜愿望派生出来的各种愿望的小管道。不过,你目前的工作主要是主渠道。每一个渠道代表着"你想要的东西",它们就如明确而又强烈的理想与前景图画一样清晰可见。你已经弄明白了你到底想要什么,什么时候想得到它,以及如何得到它。所以,你就要使你的这些渠道尽可能地接近代表你的这些理想。把渠道的两边加高,以阻止任何可能的浪费;把渠道的墙体加固,从而使它能够抵抗强大的冲击;把渠道挖深加宽,从而使全力的、数量充足的力量流能够通过。

在这里,"创建你优胜愿望的渠道",我们是说创建这些途径,使那些潜在的、萌芽状态下的愿望的力量通过。这些途径或者渠道是由创新性的想象和思维创建的。事实上,创建这些渠道的工作是你发现你优胜愿望思想工作的继续。在创建这些渠道时,你必须遵守以下三条基本规则:

1. 使这些渠道清洁而通畅。创建并保持你优胜愿望的每一个思路清晰、通畅、独特、而又明确。在这些思路当中,关于优胜愿望的整个的思想都是浓缩的;而且也没有外来的或者非本质性材料。

2. 使这些渠道深入而宽广。在头脑中形成对与优胜愿望相关联的情感有启发或者暗示性的思路或图画，通过这种方法使这些愿望的胃口大开。

3. 使渠道的堤岸坚固。利用意志坚持不懈的决心，使力量强大，让迅猛的力量流限止在优胜愿望的范围之内，这样才不至于使它散失能量和力量到周围地方去，造成不必要的浪费。

当力量流自由流动时，你会发现有必要建造小的渠道，实现小的目标和愿望，从而有助于主要的愿望和目标的实现。在建造这些小的渠道的时候，你同样要遵守上面提到的三条基本规则。从大的渠道，到小的管道的建造都是要遵守这些规则的：通过明确的理想和目标这个途径，建造清洁而通畅的渠道；通过暗示性和启发性的思路和图画，建造深入而宽广的渠道；通过坚强的意志的途径，建造坚固的渠道堤岸。

在结束对第二个条件，也就是对"有足够强烈的愿望"考虑的时候，我们希望你会记住暗示性和启发性的思路和图画的强大而有煽动性的力量。暗示和启发性的思路和图画按照愿望的力量行事，但是，它们对愿望的力量起着不可替代的煽动、激发、唤醒、刺激、驱使、挑动、鼓励、促使、推进作用。所有强烈的愿望都是由这些有意识或者无意识的动机引起的。

举例来说吧，你可能没有到加利福尼亚旅游的愿望。可是，你在报纸或者电视里看到了关于加利福尼亚的介绍，从而激起了你对加利福尼亚的兴趣，使你有一点模糊的想要去那里旅游的意思。后来，一些暗示性、启发性想法和心理图画向你提供了一些关于加利福尼亚额外的信息，从而激起了你"到加利福尼亚去"的愿望。因此，你就会非常急切地去搜集深层的想法和图画，你获得的信息越多，你想要去加利福尼亚的欲望之火燃烧得就越旺。最后，你"有足够强烈的愿望"，你就清除了所有的"付出代价"的障碍，就开始了你的加利福尼亚之行。如果你没有额外的暗示性和启发性的想法和图画，你原有的那一丁点儿的愿望就会消失。从经历当中，你是知道这个原理的正确性的；你还知道如果你希望你的朋友到加利福尼亚去，你该怎样做，难道不是这样的吗？那么，当你需要使你愿望的力量"有足够强烈的愿望"的时候，你就开始利用这种方法对你愿望的力量做工作吧！

讲明这个规则的通常方法就是打比喻，也就是把想法的油浇在愿望的火焰上，从而使愿望保持旺盛的生命力，并加强它的力量。这种比喻是非常好的，因为这说明了这个道理。不过，代表着你经历的记忆和想象会使你更容易明白这个道理。需要你做的就是想象：如果你很饥饿，如果你能想象到极有启发或者暗示性的一顿特别引起人们食欲的晚宴这个主意，你就会知道这样做的效果。即使你不饿，但是，一想到那么一顿丰盛而又诱人的晚餐，我想你也会流口水的。

换个例子来说吧，当你走了很长一段路之后，你非常干渴，在这个时候，如果在你的头脑中有一个关于清澈、清凉的山泉之水暗示或者启发性的想法和图画，那么，你就会知道这样做产生的效果了。

你可以将这个原则上升到极端的表现形式，想象以下情况达到的效果：饥饿的人梦想到充足的食物；干渴的人梦想到流淌的泉水。你还可以想象老虎妈妈为嗷嗷待哺的幼崽寻找到食物的时候那种激动的感情表现——狂热和兴奋；你也可以想象到虎妈妈在远处听到它的幼崽凄惨的呼叫时的那种立刻前往解救的愿望的力量。

为了能够像上面提到的这些人和动物一样足够强烈地"想"和"想要"，你必须向你愿望的力量提供有煽动性的、能够激发起"想"和"想要"行动的、启发和暗示性的想法和图画。虽然上面提到的那些例子有些偏激，但是，它们都能说明我们说到的问题。

简言之，为了"有足够强烈的愿望"，你必须使自己有一种饥饿感、干渴感，从而实现你优胜愿望的目标；要达到这一点，你就必须通过重复不断地提供关于盛宴上甘美的食物和流淌的泉水启发性的想法和图画的途径，加强你的愿望，使它强烈起来，从而最终实现你想得到它们的愿望。

或者，你必须像那个淹在水中急切需要呼吸空气的学生一样；你必须时刻提醒自己，给自己提供"空气就在水上面"启发性的想法和图画。当你能够想象出这些精神和情感状态的时候，也只有在这个时候，你才真正知道"想要有足够强烈的愿望"的程度有多深。

好好想一想这个办法，直到你全面理解它的含义为止！

愿望的实现需要付出代价

如何才能抵抗使你的志向误入歧路的诱惑呢？根据如愿以偿的总体方案，"为了得到你想要的东西，要清楚你自身到底想要什么"，不仅要"有足够强烈的愿望"，而且还要"愿意为得到这些东西付出代价"。在前面，我们已经将前两个条件做了详细而又细致的阐述，现在，该是我们说明这第三个条件，弄明白"愿意为得到这些东西付出代价"到底是什么意思的时候了。

关于成功的这第三个条件(最后一个障碍)也是许多人失败的关键。他们勇敢地跨越了前面那数以百计的障碍，当快要到达终点的时候，他们被绊住了，跌倒了。他们之所以失败，不是因为这最后一道障碍非常难以跨越，而是因为他们低估了这个障碍，也因此松弛了下来。正如真正的比赛一样，由于他们没有足够的警惕和谨慎，而最终使他们与胜利失之交臂。也就是说，在即将拿到奖杯的时候，他们放松了努力，从而失去了成功的机会。

补偿法则在愿望的领域得到了全面的体现，除此之外，它在生命和行动的每一个领域和区域也都得到了体现。在生活中，自然总是向那些向她讨要奖杯的人寻求平衡。想要得到什么东西，你就必须付出。一个人不可能既得到他想要的馅饼，又不花钱去买它——如果他想得到馅饼，他就必须花钱去买。一个人不可能既保留钱，又花钱。自然非常明确地张贴着她的告示：付出代价！让我们再一次重复那各古老的格言吧："取走你想要的，但是，你要付出代价"。

发现和确定你的优胜愿望

而你在选择优胜愿望的时候，你也为此"付出了代价"，这是因为你要么把你喜欢的一些愿望放在一边，要么你就把它们去除掉。每一个愿望都有它的对手，因此，你必须为选中某个愿望"付出代价"，去掉另外的愿望。

为了实现你致富的目标,你必须"付出代价",放弃对某些东西追求的愿望,因为这些东西会阻止你进行资本积累。为了实现得到某个研究领域所有可能的知识的愿望,你必须"付出代价",放弃对其他领域的研究与学习。为了实现在商业领域获得成功的愿望,你必须"付出努力工作的代价",放弃游玩、娱乐、和休闲,因为它们会使你忽视你的业务,等等。为了实现某个愿望,达到某个目标,你就必须"付出代价",放弃其他的目标和追求。

在某种情况下,这种抑制对立性愿望的做法类似于清除掉花园里面的杂草,或者修剪树枝,铲除掉那些无用的和对有用植物生长有害的植物。然而,在另外的情况下,那些你必须放弃的愿望自身却并不是有害的或者无用的。相反,它们对你来说可能是有用的,也可能值得成为他人的优胜愿望,只是它们的本性对你的优胜愿望的实现是一个障碍。

有很多东西可能是相互对立的,但它们自身却未必是有害的或者"坏的"。你不能同时走一条路的两个岔道,同样,你也不能同时既向北走,又向南走,尽管每一条道路都可能是"正确的"。你也不可能既是一位有名的牧师,又是一位事业有成的律师;如果你有强烈的愿望想选择这两个职业,那么,你就必须选择愿望更强烈的那一个职业,而放弃另一个。一个拥有两个非常有魅力的求婚者的女孩子、或者一个拥有两个聪明、漂亮、活泼的女朋友的男孩、或者一个只有一角硬币的孩子渴望得到两个不同的馅饼,他们都面临着选择,他们都必须选择其中的一个而放弃另一个,因而"付出了代价"。

不仅仅是前面提到的发现和确定优胜愿望的过程是一个"付

出代价"的过程,而在实现你的目标和愿望的过程中,你经常会有"付出代价"的体会。在这个过程中,总是有东西出现在你面前诱惑你,使你愿望的力量"进入歧途";一些极具魅惑的愿望在向你招手,企图使你偏离走向成就的平坦大道。在这个时候,你发现你是很难"付出代价"的,而且有时候你会认真地问自己:优胜愿望向你提供的东西是否值得你付出向你招手的那些东西的代价去追求?这些诱惑和斗争一齐向你袭来——它们都是对你的考验,看你的决心是否坚定,或者看你在愿望的力量的问题上是否坚强。这是对你是否"有足够强烈的愿望"的一个真正的检验,从而检验出你是否愿意"付出代价"。

那些特别难以克服的困难是那些诱惑,在它们的诱使下,你可能放弃正在追求的目标和想要实现的愿望而去追求诱惑你的愿望;或者使你放弃追求长期的、未来的目标,而追求暂时的、短暂的利益。诱惑者在你耳边低语,说你为了得到明天的奶油而放弃了今天的乳酪,你真是太愚蠢了。如果你不希望失去通过你的理智、判断和分析的得来的东西,那么,你就要大胆地面对,克服"吃好,喝好,玩好,乐好,因为谁也不知道明天会是什么样子"。这种想法对你有启发和暗示、煽动和挑唆的作用。

这个时候就是决定你是否真正"有足够强烈的愿望"的时候。被水淹的人毫无疑问最关心的是关于呼吸的空气,无论代价如何高,他都愿意"付出代价"。饥饿的人知道食物的价值,也正如干渴的人知道水的价值一样:他们都愿意"付出代价",而且他们也不可能被引入歧途、偏离他们优胜愿望方向的。寻找配偶的驼鹿也愿意"付出危险和可能死去的代价"而不会被引入歧途。虎妈妈也不会被引入歧途,不去为嗷嗷待哺的幼崽寻找食物,它也愿意为此而"付出生命的代价"。在你实现你优胜愿望的旅途中,你也要有如此"强烈的愿望",到达如此紧张和强烈的程度,然后你才不会为"付出代价"而犹豫;当你达到这个境界的时候,那些诱惑者对你说话就像对聋子说话一样。

为了保持目前愿望的力量,使它处于你优胜愿望的渠道里,渠道的堤岸就必须建造起来,并由意志的力量使它坚不可摧。由于愿望是意志的一个基本要素,所以,它不是意志的全部。意志是意图的愿望和有目的的决心微妙的结合。它源于愿望,但是却演化成了能够通过它"服从于意志"的力量控制愿望的东西。

有效去除矛盾性愿望

关于阻止和除掉具有诱惑力的矛盾性愿望这个主题,这里有三条应当注意的原则:

1. 在使人误入歧途的愿望诱惑下,你要尽最大努力提供启发和暗示性的想法和图画,为优胜愿望的愿望之火加油,刺激愿望之火,煽起它的能量之火。

2. 同时努力避免使用启发性的想法和图画煽动诱惑愿望之火。相反,谨慎地、坚决地、尽最大可能地阻止这样的想法和图画进入到你的心里;阻断这些愿望之火油量的继续和供给,使它因为缺乏供给而熄灭。

3. 尽最大可能地将那企图引入歧途的愿望扭转到与优胜愿望更加协调的大方向上去,从而使它们成为有用的而不是有害的能量。

上面提到的第一条原则就是要你通过给予优胜愿望额外的能量，从而抑制引你入歧途的愿望的能量。当注意力被较强愿望的暗示性的想法和图画牢牢吸引或者控制的时候，你是很难轻易地就将注意力扭转到较弱的愿望这一边的。前者强烈的光芒试图把后者掩饰在它的阴影之下，而注意力也将牢牢地集中在前者特定的想法和图画上，它拒绝接受后者的要求。注意力一直都忙于处于优势的那个愿望上，它"没有时间"去考虑处于劣势的那个愿望。随着这些对立的、暗示性的想法和图画失去对意识的控制，与之相关联的愿望的力量也就会慢慢变弱，最终将消失。

上面提到的第二条原则就是要你有意识地、坚决地拒绝为引你入歧途的愿望之火添加暗示性的想法和图画的燃料。相反，你应当有意识地、坚决地熄灭它的火焰。如果愿望之火的暗示性和启发性的想法和图画这个补给来源被阻断，它是不会长时间熊熊燃烧的。切断任何愿望的补给来源，它就没有了生机和活力。你应当拒绝让那些可能引你入歧途的愿望的暗示性和启发性的想法和图画长期停留在你的脑海里。当这些想法侵入、并且寻求吸引你的注意力的时候，你必须有意识地把你的注意力掉转到别的事情上去，最好转移到优胜愿望具有暗示性和启发性的想法和图画上去。

罗马天主教堂显而易见是认可这一原则的价值的，因为它的教师教导他们的学生，要他们形成这样一个习惯：当诱惑对他们袭击的时候，他们就应当将注意力转向祷告以及某些虔诚的功课。他们一定要把注意力坚决地集中到这些虔诚的功课和仪式上来，这样注意力就远离了诱惑愿望的那些暗示性和启发性的想法和图画；相应的，后者也就失去了力量，从而逐渐消失。如果没有这些宗教因素方面的价值转移，我们相信只靠这些功课的心理效果也是非常有益处的。

　　上面提到的第三条原则是要你将引你入歧途的愿望的能量转变成为你优胜愿望的能量，即化害为利，变废为宝。这样，你不仅排除了引你入歧途的愿望的干扰和转移的危险，而且还利用了愿望的力量的基本能量，使处于优势的愿望的火焰燃烧得更加旺盛。尽管大家对原则三知道得不是很多，但是，它同样是非常有效的、也是可以利用的，其产生的效果非常令人关注。

　　关于第三条愿望的力量转化的原则，我在这里向你指出一个科学家的观察事实，也就是说：性兴奋可以转化成为任何精神或者物质创造作品的动力和能源。而对于那些牧师和其他人来说，他们也是知道这个事实的，因为那些希望控制这种激情的人们曾经向他们寻求过帮助。关于这个事实的解释也许是这样的：性欲从本质上讲是富有创新意义的，因此它可以转化成为其他形式的创新活动。但是，不管关于性欲的解释如何，它是一个事实：那些有强烈性欲的人是可能通过参加其他各种形式的创新活动将这些创新性的能量转化成为另外一种创新性的能量，从而控制这些性欲的。

　　例如，一个具有极强烈性欲的人可以将他创新性的能量用在创作作品、创作音乐、或者其他的手工创作等创造活动中。在所有的这些创作活动中，只要他对所从事的工作有足够的兴趣，他性插入欲望的强烈冲动就会得到缓解，就会慢慢失去力量。然后，有强烈性欲的人在创新活动中会有一种新的能量的感觉，这就是说，他将强烈性欲的力量转化成了目前从事的创新活动的力量。

有经验的医生知道如何医治那些诸如此类的、前来寻求帮助的人的病症，如何给他们下处方，那就是：让他们动脑、或者动手、或者两者并用去做那些他们"感兴趣的"创新活动。"游手好闲是万恶之源！"和"一闲生百邪！"这些古老的谚语都是有其真义的。这一原则可能是战胜"邪恶"之念的良方，因为在这个时候，你只要有许多事情去做，你自然就转移行动的"主题"了。

这一原则在一些游戏当中也是非常具有效果的——事实上，可以说对所有的现代游戏都是非常有效的。一些诱惑你误入歧途、吸引你注意力的愿望试图将你从指定完成的任务那里、从你优胜愿望的那里支走，而这些愿望就可以转化成为玩的兴趣、情感和欲望。玩是情感的一种价值，它能够将许多吸引你注意力的愿望转化成为意动能量，这表现在有趣的游戏里。当然，这里说的游戏必须是动脑的，也必须是动手的游戏。在这方面，棒球运动就对美国人起着非常有益的作用；而高尔夫球则在将那些处于优胜愿望高强度的目标追求活动中的商人的能量转移"转化渠道"方面起着非常重要的作用。在这类情况下，不仅仅是那些吸引你误入歧途的愿望是这样被转化的，而且，游戏本身也为人们带来了消遣和娱乐、健身运动和休闲性的职业改变。

为你的优胜愿望"付出代价"并不意味着你必须放弃生活中与那些特定的愿望相关的每一件东西。如果是这样的话，你可能因为过分地限止你的兴趣、注意力而伤害了自己的兴趣。这句话的真正含义是指，你必须"付出"的代价是：放弃、抑制或者至少说转化所有直接的和确定的反对和严重干扰你优胜愿望目标实现的愿望，而这个代价你是必须准备付出的，在许多情况下，这些愿望可能被转化成为寻求你优胜愿望的目标的"辅助愿望"，因此它们与其说是有害的，倒不如说是有益的，许多情感因素都是可以这样被转化的。当你受到引你误入歧途的愿望威胁的时候，你要好好考虑考虑转化这个问题。

靠辛勤劳动实现优胜愿望目标

另外一种"付出代价"的形式就是你要为你优胜愿望目标的实现付出辛勤的劳动，并全力以赴地工作。不过，这种工作和劳动却不仅仅需要意志坚定的决心（虽然它是这一活动的积极推进因素），而且它还需要对矛盾的、对立的以及引人误入歧途的愿望加以抑制。因为这些愿望的目的就在于将人们的注意力从分派给他们的任务那里分散开，使他们不那么努力地工作，使他们寻求更多的享乐和满足。

那些取得极大成功的人往往需要付出很大的代价，这些代价包括：自我克制，有时甚至是剥夺了享乐的一切权力；超时、超负荷地工作，而获得的报酬却非常少；孜孜不倦、夜以继日、勤奋地工作，没有了休息和娱乐的时间；还必须有不屈不挠的意志和坚强不屈的决心。他们牺牲了眼前的利益，失去了眼前追求享乐的机会，就是为了未来的发展，希望未来有所作为；他们不断地、努力地工作，这些工作对他们来说是完全可以避免的，而事实上大多数人也避免去做这些工作，但是，为了成就大事情，成为"一个大人物"，他们这些受优胜愿望鼓舞的人就不顾一切地去做这些工作。

在布里恩求学期间，拿破仑没有像他的同学那样放纵自己。相反，拿破仑沉着冷静，他将自己全部的业余时间都花在了对军事科学和历史知识的研究上。美国第16任总统亚伯拉罕·林肯也为当选美国的总统"付出了代价"。在年轻的时候,当其他的年轻人在游戏玩耍的时候,他却坐在火炉边,借着微弱的炉火苦读那些好不容易才借到的书。对年轻的林肯来说,书才是最好的礼物,而读书则是他最大乐趣。阅遍历史上成名人物的传记,你就会发现他们学习、专注与勤奋、自我克制、勤俭节约、勤勉等各自不同的"付出代价"的形式。

然而,有人会说不"付出代价"照样能够实现你的愿望,追求到你想要追求的东西。这种说法是错误的,你一定不要受这种思想的蛊惑。代价总是要付出的,而且,目标越远大,付出的代价也越大。但是,如果你学会了如何"有足够强烈的愿望"去追求这个目标,相对来说,你就比较容易"付出代价"。

如果你认为为了你优胜愿望目标的实现,需要你付出的代价实在太大了,那么,整个事情就有些不对劲了。在这种情况下,你就应当仔细地审视你的感觉,并对你的感觉进行权衡和比较,按照我们前面提到的进行自我分析和评估、优胜愿望的选择的那种做法去做。然后,你就有可能发现你所谓的优胜愿望事实上并非是真正的优胜愿望;或者,你可能发现你的优胜愿望缺少一些必要的因素或者阶段;或者,你没有能够对引人误入歧途的愿望进行可能的转化;或者,你没有能够抑制或者断绝引人误入歧途的愿望的补给来源;或者可能的话,你没有能够好好地为你优胜愿望之火添加燃料。无论如何,在这种情况下,在某些地方肯定出了问题,而这些问题是需要你去解决的。

在自然法则要求你必须为任何愿望"付出代价"的同时,还要求你所想要达到的目标、取得的成功必须与代价相符。如果你发现目前和将来愿望的目标价值不值得你付出必须付出的代价，那么，你就应当对整个事情慎重地加以考虑，从各个角度去考虑、审视。你的不满足也许仅仅是暂时的，或者是追求优胜愿望目标的必然结果，正如伤痕在痊愈的时候总是很疼痛一样。

任何经过深思熟虑、慎重考虑、判断、从情感角度去看都不值得你"付出代价"的愿望，它的价值都值得经受最后的考验，值得重新评估，以确定它是否值得保留、并补充新的能量、力量和感情投资，或者放弃掉。这种测试往往都是这样的：这些目标值得吗？值得我付出这样的代价吗？放弃它是不是比保留它付出的代价更大？价值的试金石应当是：这样是否会使我更强大、更好、更有效，因此而获得更加真正的、永远的幸福和快乐呢？

愿望是人类行动之源

通过以上的讲解，你知道愿望就是"我想要！"愿望有它的目标对象，这个目标对象能够给人带来欢乐或者忘记痛苦；你总是根据你当时认为是"最喜欢"或者"最讨厌"的这个理念而做事情的；一个人用来表达他渴望、激情、抱负、目标、成绩、行动、工作的力量、精力、意志、决心、努力与专注的程度基本上是由他对获得的目标的愿望——他"想"和"想要"的对象的程度决定的；愿望是火焰，意志蒸汽是火焰的产物，因此，愿望是人类行动产生的根源。

你知道，不仅仅是愿望的力量直接或者间接地使人类行动起来，而且它还使生命的力量动作起来，也正是这生命的力量使得人类的精神和身体才能和力量得到了发展，以更加有效的展示和表现人们的优胜愿望;愿望的力量在展示和表现强烈愿望的行动中是如何使潜意识的精神力量运转的;潜意识力量是如何行动的,从而为个人吸引事物、人、情况,使他能够更好地展示和表现自己的首要愿望,而这些事物、人、情况又是如何以同样的方法将他吸引的;愿望吸引力是如何默默地发挥作用的,即使一个人处于睡眠状态,到最后在他的脑海里还是留下了强烈愿望的本质特征。

你明白了"你到底想要什么东西"的重要性,如何通过自我分析和选择来获得这些重要的知识;"有足够强烈的愿望"的重要性,如何为愿望之火添加燃料,从而使它旺盛地燃烧;如何使自然力的愿望这个主体运行、活动起来,以及如何使它通过你谨慎建造的展示和表现的渠道;实现你愿望的目标"付出代价"的必要性,以及关于付出代价的几条基本原则。

你了解到你自身愿望的力量的强大力量,也对支配愿望的力量展示和表现的规律、规范以及指示愿望的力量规则有了一定的认识。如果你掌握了这些指示的精神实质,并使它进入到你精神意识的深处的话,那么,你就能够感觉到在那些精神深处被激发、唤醒的愿望的力量的能量。你将会发现你自己充满了一种新的、正在显露的个人力量的意识。你将会体验到一种直觉感受,而它会使你某些敏而有力的力量运转,从而使你"更强壮、更好、更有效"。

我们曾经要求你考虑愿望的力量的特性、特征和活动方式,你知道它是一个巨大的自然能源,存在于宇宙万物当中。如果你对任何或者每一个生物的行为进行分析,你就会发现是愿望的力量激发并促使这些生物运动的。不仅如此,如果你对自然界中那些所谓单调乏味的生物进行观察，你也会发现在它们身上是有"像愿望的力量"这样的使它们充满激情的力量的。

如果把大自然比作一个庞大的宇宙机器，那么，愿望的力量就是运转这台宇宙机器的动机力量；如果把大自然比作是一个活生生的宏观世界，那么，愿望的力量就是激发这个宏观世界活动的动机力量。无论从哪个角度去看大自然，也无论在什么样理论或者前提之下，愿望的力量都是一个非常重要的因素，从某种程度上讲，它对"事情的继续发展"起着直接的作用。因此，在自然界中，每个人和宇宙都存在有"愿望的力量"这个基本的动机力量。

只要有这么一个事实，不用催促，你也会急着去研究这个巨大力量的行动方法，以便对它加以控制，使它为你的生活和行动服务的。正如地球引力或者电一样，谁都可以运用自己的勇气、智慧、聪明才智支配它的力量，使它为自己服务，它就如同阳光和空气一样是免费的。利用它去运转你的生物机器不需要任何花费——它唯一对你提出的要求就是：你要有坚持不懈的意志和坚强不屈的决心。你不必为它提供能源和动力；它自身拥有足够的能源和动力供你使用。你需要做的就是，利用它向你提供的这些能源和力量，运转你的精神机器和物理机器。

下面这段话是威尔弗雷德·雷就愿望的力量的潜能发表的看法，这里也请你好好考虑考虑他的这段话：

"我请求你注意这潜在的无边之力。它就是在我们每一个人身上积存的愿望。自从有了生物，它就一辈一辈地传下来，直到我们这个时代，而且还将继续传下去，所以，我们可以说它是永恒的。对我们来说，它是一种力量的源泉。如果我们能够对它有一个全面的认识，就如同我们对电的认识和了解一样，那么，我们是可以利用这些力量的。它不是什么破坏性的力量，相反，当我们知道了如何正确地利用这些力量时，它就听从于我们，像汽车那样为我们服务。"

愿望的力量是一种宇宙力量，它就是被那些有坚强决心的人支配和利用的。它随时都为任何人服务，但是，只有少数勇敢而又有坚强决心的人才能够支配它，让它为他们服务。那些普通的人只会蹉跎它，与它嬉戏，极其谨慎地对待它。而那些支配它的大师会大胆地抓住它的操作杆，打开开关，将它的力量输送到精神和物理的机器身上。它是大师级的力量，因此，也只有大师才能支配、控制它。对于那些高声大喊"我能，我就要；我敢于，我勇猛！"的人，它是一个温顺的仆从。

如果你愿意的话，你就可以是一个愿望的力量大师，因此，也是人类的大师，局势大师，生活大师。如果你承认、认识、并表现出"我就是我"的力量，那么，你就是你命运的大师，命运的主宰，因为"我就是我"就是你真正的自我，而且愿望的力量是它恭顺的奴仆。

自我——你相依相随的搭档

人们的心理世界与潜意识的思想活动很早就存在了，但是，却没有被心理学家从深层次去探讨过。事实上，直到现代社会以前，这个领域如同未开发的处女地一样无人考究和探索。

到了现代社会，人们对这个不曾熟悉的领域进行了探索，结果使那些现代心理学家深感惊奇的是，在他们面前有一个物质贮藏极为丰富的精神宝库。许多以前被保守派心理学家视为不可能的东西、或者那些被普通人认为是超自然的力量现在都有了它们存在的依据，也都是依照自然发展的规律而发展变化的。这些研究结果不仅仅是因为人们对思想活动有了更加科学的认识，而且，现代心理学家的研究方法也非常科学、有效。

人们这些发现的的影响是，每一个思考的人都面临着这样一个重要的事实，那就是：他的精神世界远比他以前想象的要大、要重要。自我的思想活动已经不再被限制在普通意识这个狭小的范围之内了。你的精神世界突然得以延展，它是一个伟大的帝国，它的疆域远远超出了你曾经想象的那个王国。

自我通常被视为一个伟大的精神世界的国王，不过，对于新发现的无意识、潜意识、超意识的思想活动这个极奇妙的事实来说，把自我看作是一个庞大帝国的皇帝则更合适一些。对于人类来说，对这个帝国的探究才刚开始。有一句古老的格言说得好，"你比你知道的还要伟大。"你的自我环视着你刚发现的这个伟大的世界就像一个新的哥伦布一样，对自我来说，他就是这个世界的拥有者和统治者。

使用"潜在意识"这个词来表示整个思想活动之后，我们不久就发现潜在意识活动表现延伸的范围十分广泛，而且表达方式也是各种各样的。

首先，潜在意识统管着你身体有机体的活动，它激发着你身体进程的激情。它担负着多种包括消化、吸收、营养、排泄、分泌、循环、再生等等在内的任务。而你的精神意识也就是解除这类负担。

其次，潜在意识统管着你的直觉活动。你在没有进行思想和意志意识地情况下自动地、凭借直觉、"凭借习惯"、"凭借熟记"的每一个行为都是由你潜意识的思想支配的。因此，你的思想意识也就解除了这方面的任务，从而也就能够集中精力处理那些它可以处理的情况。当你知道你是"凭借习惯"、"凭借熟记"处理问题时，你的思想意识就会把这个特定的情况交给潜在思想意识去处理。

第三，潜在意识所涉及的活动都是情感性质的活动。你上升到意识层次的情感只不过是在潜在意识海洋深处从事的活动的外在表现。你自然的和直觉的情感在潜在意识里面都有它们的源泉和位置；它们由于习惯、遗传或者种族记忆等因素积存在那里。事实上，你情感活动的所有素材都储存在潜在意识里面。

第四，潜在意识统管着你的记忆活动。潜在意识层面的思想是由一个巨大的、录制的记忆印象仓库组成的。而且，在这些层面上，它还对这些录制的记忆进行着编制索引和对照索引的工作。这样，后续的收集、识别和回想才能够成为可能。你潜在意识在这方面的领域不仅包含有你自己个人的经历印象，而且，还包含有哪些种族记忆或者遗传记忆，这些在你身上都是以"直觉"的形式表现出来的，它们在你的生活当中起着非常重要的作用。

第五，潜在意识在你的现实"思想"中能够为你处理非常重要的情况，事实上它也经常这样，通过"思想反思"，利用你的思想意识对材料进行消化和吸收，然后，再把它们进行分类和比较，最后从中得出结论和判断，而所有的这些都是在普通的意识层面下进行的。慎重的心理学家得出结论认为，在很大程度上，我们大部分的推理活动都是由一般意识领域之外的思想层次进行的。大多数的创造性思想活动，特别是那些建设性的想象都是这样开展的，而其结果则上升到意识思想的层面上。

最后，在你的思想内部存在着"高于"普通意识的层次，就如同还存在有"低于"普通意识的层次一样。同样，同那些"低于"普通意识的层次的大部分都是过去贮存的意识活动的重现一样，这些"高于"普通意识的层次都是可以展现人们未来的意识活动的。潜在意识的这部分高层区域可以说包含有更佳的才能和能力的种子或者胚胎。这些才能和能力会在人们未来的思想演化舞台上全面展开的；而存在于某些个人头脑中的这些更佳的才能和能力能够闪现，是由于这些人的这种才能和能力是"超规律"发展的，因此，人们把这一部分人称为"天才"。

在这些潜在意识的更高层次上存在着自我的某些非凡才能。自我的这些才能是在我们所谓的天才、灵感、启发当中展示和表现的。通常，我们把存在于高层次的这些思想活动用"直觉"来解释。尽管这些思想活动偶尔看起来超越了理智，但是，它们并不是相互对立的，把这些思想活动看做是更高的理智的展示会更好一些。对潜在意识这些高层领域的研究与探索对现代心理学家来说是最有趣、最令人感到兴奋的工作之一。即使在当今这个时代，调查与研究人员的报告都是特别令人感兴趣的。

我们请你同我们一起对潜在意识的各个不同领域进行探索，也就是对你令人感到奇异的思想领域从高到低加以研究。在这个新的领域，存在有对你和整个人类都有益处的资源仓库。我们向你指出这一点的目的就是指导你用最佳的方法开发这些资源，并将这些资源转化到实际生活当中。如果你愿意接受指导，如果你对开发并转化这些资源感兴趣，那么，我们才可以这么做。

如同许多其他非凡的自然力一样，非凡的潜在意识的秘密力量是可以由你支配、并为你服务的。就像电一样，它可以受人们控制，并导入到适当的渠道，从而为人们服务。其实，你已经以各种不同的思想活动的形式或多或少地利用了这些力量，不过，你只是本能地和在没有能够完全知道这方面规则的情况下利用了它们。如果你明白了这些力量到底是什么、它们是如何运作的以及如何使用它们的最佳方法以便产生出最佳的结果和效果，那么，你就可以有意识地、聪明地利用它们，来实现你的目标、达到你的目的。

你比你自认为的还要伟大

普通人对潜在意识力量的利用率为25%左右。然而，那些对潜在意识力量有所了解、并且知道如何利用这些力量的人则可以达到对其100%的利用率。因此，人类至少有75%的思想活动都是在潜在意识的层次上进行的，所以，人们会因为潜在意识思想活动和可利用力量的利用率的上升而获得极大的收益。而且，这些收益并不需要以增加努力和思想压力为代价。相反，那些有效地利用潜在意识的人会因此而减轻意识思想压力。

在人们的思想活动领域，还存在有"超意识"这种对人类非常有益的心理状态，它有一种能够对人们起到保护作用的"保护力"。大多数人都有过这样的经历，也都受到过这种力量的保护。他们非常强烈地感到他们与一种力量、动力、或者一种超越他们却关系到他们利益的实体保持着非常亲密的接触。对于这种于他们利益有关的力量或者实体，人们有各自不同的想法和解释。古代的人们称之为"仁慈的神灵";而另外一些人称之为"守护天使";还有一些人称之为"灵魂之友";而大多数人尽管能够非常明确地意识到它的存在,以及它的力量,却不能给它起一个特别的名字。

但是,无论人们给它起一个什么样的名字,或者不能够给它起一个名字,这都无关紧要,最紧要的是,这种神秘的东西是一种有益的力量,它是由一种对人们同情、仁慈的兴趣激发起来的,它希望能够对人们有所益处。

这种有益的力量在许多人的生活中扮演着一个守护神的角色,在危险来临之际,它会向人们发出警告。而在有的时候,它会非常巧妙地给人们带来有益的结果。它有时会把人们引导到有利于他们的状态下;有时,它则会使人们从那些不利的情况下脱离出来。简而言之,对许多人来说,它扮演了一个"仁慈的神灵"、或者"守护天使"的角色。

有许多人都感受到了这只看不见的手的触摸。它使那些处于低潮的人们欢呼起来,它激发起了他们对生活的信心和勇气,鼓励他们重新振作起来,使他们对未来充满着追求和向往,而这些都是人们需要的。它引导着人们,使他们走向那些对他们有利的条件和环境。所有的人们(其中不乏死不悔改的"老顽固")都感受到了这只看不见的手的触摸,他们也因此对它在他们需要的时候给予的支持表示由衷的感谢和感激——尽管他们对它并不是那么了解。

对许多认真研究这个现象的、细心的思想家来说,这种有益的力量,这只看不见的手不是外在的力量,也不是人体之外的一个实体,而是人们思想本质一部分的体现。而对于这种思想本质,人们称之为"超意识"。它不是脱离人体之外的一个实体,而是存在于人体之中的,它是我们的一部分,它是超越于普通意识之上的自我的一部分的体现。简单地说,这个"仁慈的神灵"或者"守护天使"是你自己超意识的自我,它表现出一种更高层次的活动和力量。

这个更高的自我是你的一个更忠诚、更真实的朋友,它比你的任何朋友都真诚,因为从本质和实质上讲,它就是你自己。你的利益就是它的利益,你们是统一在一起的。它忠诚于你,守护着你,关心着你的切身利益。因此,它照料你,照料你的利益,就像一个慈祥的父亲一样;一个宽厚、热切的妈妈一样;一个友爱的兄弟一样。它就是这样的对待你的,有时还会过之——如果你给它机会,让它存在于你的生活当中,并充分展示它的力量。

不过,这个更高的自我(处于这个阶段的超意识)需要你的认可与鼓励,以便为你展示它的力量。如果你对它冷淡、不信任、你不能够认可它,它就会泄气、不快乐。它不需要"训练"或者"开发",它唯一需要你做的就是认可它,仁慈地对待它,同意接受它。在过去,它为你做了很多事情,它还将在未来为你做更多的事情——如果你能满足它的一半的愿望就可以了。

你自我的这个高层部分充满了洞察力以及冷静的、敏锐的聪明才智。它高瞻远瞩,能够为你观察、并选择适合你走的路,从而使你脚踏实地地向前走。你可能因一时疏忽"走错了道",但是,只要你与它展开"心与心"的交谈,你就会重新走到正道上来。你会发现你这个高层的自我是一个极好的伙伴,它比你的任何一个人类朋友都亲近,因为它就是你自己。

我们向你介绍了你新的思想帝国景观——关于它的最低层次和最高层次、它的低地和高地景观。它是你自己的帝国——你的帝国！你的这个帝国需要你去治理、管理、开发和探索，开垦和耕耘。在这个帝国里，你就是主人。在这个庞大的帝国出现的那么多令人惊奇不已的现象都是你自身的现象——这些都需要你按照你的意志去控制、指导、开发、培育；去限止、抑制、阻止。

值得一提的是，你一定不要被你的那些次要思想机器或者设备所表现出的惊人的力量所诱惑；你一定不要被你精神世界任何奇异的景象所支配。你要统观全局，考虑全局，利用所有的东西，向整体寻求援助；但是，一定不要、也永远不要忽视这么一个事实：你，你真正的自我（"我就是我"的自我）才是这个世界的主人，这个帝国的统治者，你有资格支配和统治这个世界，它所有的子民都是你的臣民。

你的"我就是我"，你真正的自我——你，是意识和意志、个人力量的一个中心。你的身体和身体能量，你的精神机制和它以意识、潜在意识或者超意识表现出来的能量，所有的这些都是你真正的自我、"我就是我"、你外在表现的渠道和工具。

你、"我就是我"是你个人世界体验和表现的中心。你一定要确保你在这个世界中心合法的地位；你要洞察所有围绕着这个中心旋转的事物，就如同行星围绕着太阳转一样。你就是太阳！不要失去你的平衡，也不要被诱惑、偏离你的中心位置，使你处于次要地位的先是——即使最大的行星也是不允许的。

万岁！万能的帝王！进入到、拥有、治理、统治你新的思想帝国吧！它是你的！

还是让我用古老的格言来提醒你这样一个事实：你比你知道的还要伟大！

第三篇

充分发掘能量的奥秘

外部世界就是内在世界的反映,你的思想创造了你头脑中想象的条件。在你思维之前,保留所有你想成为的,和你会看到它反映在外部世界里的一切事物的影像。

第16章

唤醒你的创造力

什么是词语？一种心理概念或影像，不是吗？在最初的语言中，词语被造出来代表某些形象或物体。例如，马这个词，能唤起见过四足兽的人回忆留在视网膜和头脑中的影像。

但是如果没有马呢？如果要求一个人去创造一匹马，而他却没有这种动物的知识呢？那么，你必须首先在心里建立一个它的清晰的形象，不是吗？你最好能在心里画出它解剖的每个部分的影像，它身体轮廓的每个部分。你需要有组成马这个词的每一点的完美的心理概念。

这就是这个世界被创造时所发生的。开始时，"词语"只是心理概念，是上帝头脑中计划好的影像。"然后词语被赋予了骨肉"，于是，它有了形状和内容，它成长成了一个适宜居住的世界。它孕育出了生命，如大海中的游鱼、空中的飞鸟、田野里的野兽，最后产生了人。

那么，就像现在一样，生命是一个连续不断的发展过程。那些早期的生命形式受到了各种危险的威胁（来自于洪水、地震、干旱、沙漠干热、冰川寒冷、火山爆发），但每一种新的危险都只是一种刺激，以便能发现一些新的资源，使它们的创造力在某些新形式上向前发展。

为满足一组需要，创造力形成了恐龙；为满足另一组，形成了蝴蝶。很久以前它激励着人类，在千千万万方面，我们都看到了它无穷的智慧。为了逃离水中的危险，一些生命形式去寻找陆地。在陆地上追逐，它们适应了空气。为了在大海中呼吸，创造力发展了鳃。搁浅在陆地上，它完善了肺。为了应付某种危险，它长出了壳。另外，它形成了健步如飞的脚，或能遨游天空的翅膀。为了保护自己，免遭冰川的寒冷，它生长皮毛。在温暖的气候中，它生长毛发。避免受到冷热影响，它生长羽毛。但无论如何，从一开始，它就显示出了应付每一种危险情况，适应每一种生物需要的力量。

如果消灭这种创造力，或者使它不断向上的发展趋势停滞成为可能的话，几个世纪以前它就已经枯萎了，那时大火和洪水，干旱和饥荒彼此形影相随。但是障碍、不幸、洪水，只不过是以新的机会来显示它的威力。实际上，它确实需要困难或障碍的激发，以显示它的能量和智慧。

当它们可能的情况发生变化时，巨大的爬行动物，古代的怪兽依然向前延续着，而创造力却停下来，像每个世纪发生的改变一样的变化着，并不断发展，不断提高。

当上帝将创造力赋予他的生物时，他赋予了它无穷的能量，无限的资源。没有其他力量能够与它相比，没有任何力量能够击败它，没有任何障碍能够阻止它。透过生命和人类的历史，你能看到它控制力的不断提升，以适应生命的每一种需要。

意识不到存在的目的就是成长和发展，就没有人能够追溯整个世纪。生命是充满活力的，而不是静止的。它永远向前发展，而不是在原地踏步。在自然界中，一种不可原谅的罪过就是停滞不前、原地踏步。巨型龙,超过100英尺,长得像房子一样大;霸王龙,有着火车机车的力量,是可怕的最后一个代名词;翼龙或飞龙——所有巨大的史前怪物,都消失了。它们的结束适合有用的目的。当周围的生命与它们擦肩而过时,它们却依旧停滞不前。

埃及和波斯,希腊和罗马,所有伟大的古代帝国,当它们停止前进时,最终都灭亡了。中国建造了能环绕自己的万里长城,并伫立了千年之久。在整个自然界中,停滞不前就是走向灭亡。

对于不准备停滞不前,拒绝停止成长的男人们和女人们来说,这本书很值得一读。它的目的是使你对自己潜在的能力有一个更清醒的认识,向你展示你自身潜在创造力的能量是如何工作和发挥作用的。

召唤你的创造力

站在十字路口的人,不知道该转向哪个方向,他的这种恐惧不应该成为你面对自己创造的未来时所感到的恐惧,你应该是无所畏惧的,无穷能量的唯一法则就是供应的法则,创造的原则就是你的原则。自从世界伊始,存活,赢取,成功的克服所有的障碍,已经成为它每天的实践。现在这一原则并不比它过去更缺乏力量。你必须提供强烈的愿望来适宜它的工作,并以此来获得你想要得到的任何东西。如果这种创造力在动物生命的最低形式中是如此强大,以至它能产生一个壳或一种毒气去满足一种需要;如果它能教会鸟儿盘旋和猛冲,平衡和飞行;如果它能让蜘蛛或螃蟹长出一个新肢来代替失去的脚;那么它就能为你做更多。

这个证据全在于你。从事一些剧烈形式的锻炼,起初你会感到虚弱,容易疲劳。但持续几天,会有什么发现呢?你身上的创造力满足了肌肉的需要,使它们变得强壮起来、坚韧起来。

在你的日常生活中,你会发现这种力量在稳定的工作着。紧紧地拥抱它,与它一起工作,把它放在你的心中,那么没有什么事情是你不能做的。实际上,有需要克服困难的事实才是最受你欢迎的,当没有事情可干时,当事情发展得太平稳时,创造力似乎都睡着了。而当你需要它时,当你迫切地召唤它时,它才处在最佳工作状态。

它不同于幸运,运气就像一块多变的翡翠,常常微笑在那些最少需要它们的人脸上。在一张牌的翻转中,赌你的最后一个便士——在你和毁灭之间除了轮子的旋转和马的速度之外,什么也没有。运气抛弃你的机率是100:1。

它与你身上的创造力正好相反,只要事情的发展稳定,只要生命的流动像一首歌,创造力似乎就安眠了,你的事情能照看好它们自己,这种认识使你无忧无虑。但是,让事情开始出错,让毁灭或死亡开始出现在你面前——如果你给它机会的话,创造力大出风头的时刻就到了。

这里有一种拿破仑式的权利意志,它能保证你成功地了解到,这种不可战胜的创造力总是出现在你的每次行动之后。了解到你有一种从未失败于它所承担的任何事的力量,你便能走在不会失败的这种自信的认识之前。克服每种困难的创造才不可能在你马上需要它时陷于短缺。它是运动员保留的能量,是赛跑者的后劲儿,是你在巨大的压力或兴奋之际的力量,是你无意识的召唤使你做出的你一直期待的超常的行为。

但它们都处于一种不明智的超常状态中。它们仅仅超过你的意识自我的能力。将你的意识自我与你体内那个睡着的巨人相联合，把唤醒它作为每天的任务，你那些超常的行为就会变成日常的普通成就。

无论你是银行家还是律师，商人还是职员，也无论你是百万元的监护人，还是为一日三餐奔波的奋斗者，这都不重要。创造力在高与低、贫与富之间并没有什么差别。你要求得越多，它对你请求的回应就越多。无论哪儿有一种不同寻常的任务，无论哪儿有贫穷、困苦、疾病、绝望，你头脑的仆人都在那里等候着，愿意随时准备去帮助你，只要你召唤它。它不仅仅是情愿并准备好了，而且它总是能够提供帮助。它的创造才能是无穷的。它是思维，它是思想，它是不夹带口头语与书面语信息的心灵感应，它是警告你潜在危险的第六感。无论你的问题怎样惊人的复杂或简单，它的解决方法都在其思维的某个地方。因为解决方法确实存在着，这个心理巨人能为你找到它。它知道，并能够做每件正确的事，无论什么对你来说是必须要知道的，也无论什么是必须要去做的。如果你会寻求头脑中这个神怪的帮助，并能与之一起以正确的方式工作，那么你也能了解一切，能做到一切。

相信你自身的创造力

对每个有生命的生灵来说，无论它为了生存需要什么，上帝都会给予它足够的创造力以使其得到发展。在每个生灵的背后，通过它起作用的就是创造力，每个生灵都被给予了这种力量，并在需要时吸取它。因为生命的低级形式，那召唤不得不被限制在了它们自身，它们自己的身体内。

它们不能改变自己的环境,但是,它们能发展自己居住的壳,如甲壳类动物或是蜗牛或是乌龟。它们能使用创造力发展力量或速度,牙齿或爪子——任何在它们之内或包含它们的东西。不过,除了建好巢、洞穴或者其他或多或少安全的家。它们不能改变它们周围的任何条件。唯有人类被赋予了力量来创造他们的环境,唯有他们被给予了支配周围事物和环境的能力。

人类在实践着这种力量,甚至今天,直到一个有限的程度,也并未改变他们拥有此力量的事实。人被给予了统治的力量。"上帝说——让我们在我们的想象中来创造人类,等我们想象后,就让他们拥有对海里的鱼、空中的鸟儿,对家畜,对全地球——对在地球上活动着的每种生灵的统治权。"

当然,很少有人相信那种统治。更少有人为了自己的利益和所有人的利益去实践它。但每一个人在一定程度上都会利用好他自身的创造力量。每一个人创造着他自己所处的境况。

"别告诉我,"有些人会气愤地说,"我沦落到这样悲惨的境况,一切都应该由我自己来负责。我的家人之所以生活在贫困之中,全都是由我一手造成的。"然而,这恰恰是我们要告诉这些人的。如果你出生于一个贫寒的家庭,那是因为你的家长把这些想象成他们注定的命运,看成是他们无法改变的状况。其实,他们并没有充分发挥自身内的创造力量,没有通过自身的不断努力,去改变自己所处的悲惨境地。他们只知道怨天尤人。

接下来谈一下你自己吧。你认为你天生就要处于这样的境况之中,你接受了他们,从而很难摆脱它们。你内心深处并没有真正去寻求更好的境况,这导致你不会靠着坚持不懈的努力,去摆脱目前的不良境况。

历史告诉我们，拒绝接受贫穷或匮乏的那颗坚定的心，可让人在逆境中崛起，能够改变贫穷与匮乏，实现富裕与繁荣。这个世界上，几乎所有的伟人都起于贫寒。如今腰缠万贯者，当年大多是白手起家的。

"人类真正的领袖，真正的国王，几乎都是普通人出身，"弗兰克·克兰医生写道，"在人类的植物志中，最好的花朵是盛开在林中牧场上的，而不是暖房里的；并非特权阶级、皇家王室，也没有仔细挑选过家族门第，但恰恰是这些条件诞生了许多伟大的人物：艺术领域的莱欧那多和米开朗基罗，文坛的莎士比亚和彭斯，音乐界的加利·柯西和帕德莱维斯基，哲学领域的苏格拉底和肯特，科学界的爱迪生和帕斯特，宗教界的韦斯利和诺克斯。"

这些天才的出现，是由于发展和表达的迫切需要，因为这些人身上蕴含着非凡的创造力，于是他们也就变得非凡起来。

"在内心，"马库斯·阿勒留斯说，"内心是所有善行的源泉。像这样的一泓泉水，喷涌的水流从不会枯竭，你只会越挖越深。"

创造之前先要有思想

自然体力给予人，而且只给予人，这种创造自己环境的力量。他能自己决定为了生存他所需要的东西，而且如果他坚持这种思想，他便能从创造力中汲取任何必要的东西来证明它。首先是言语，思维影像，然后是创造或证明。

迈克尔·普平教授说："科学发现，每一种事物都是一个连续不断的发展过程。"换句话说，创造仍在继续，并且围绕着你。用你的创造力去创造你所渴望的条件，而不是你所惧怕的。你的生命经常处在不断变化的状态中,你必须要做的,就是创造一种你想要自身的创造力得以形成的心理模式。然后靠着毅力和决心坚持那种模式,直至创造力在其中得以显现。

著名的精神病学专家,泰特斯·布尔医生说:"物质是一种较低振动率作用下的精神。当一个病人被治愈时,那是细胞中的精神根据它自己的遗传模式所起的作用。从来就没有医生治愈病人的。他所做的,对病人来说,只是使病人治愈自己成为可能。"

那是身体的真实情况,就像你周围的真实条件一样。物质(物理资料)是在较低振动率下的精神或创造力。而精神和创造力就在你的周围。你要经常促使它形成心理模式,这要由你的渴望来控制而不是恐惧。为什么不坚定地形成好的模式?为什么不坚持你想要的东西?它很容易,也确实能奏效。

"没有伟大,也没有渺小。"爱默生写道。

"给我一个支点,"阿基米德说,"我能用一根杠杆撬起整个地球。"

而支点是所有思维的开始。起初是什么都没有——一团迷雾。在任何事情产生之前,都有一个念头,一种心理模式需要建立,"上帝之心"会支持它们的。因此关键要看你的思想。每件事情都必须从一个念头开始。其实,每个事件、每种情况、每个事物在一个人的头脑中首先就是一个念头。

在你开始建房子之前,你草拟了一个计划。你又制作了计划的精密蓝图,于是你的房子就会按照蓝图成形。每个物体都以同样的方式成形。头脑制定了计划,思想形成了蓝图,而设计的好坏要看你的思想是清晰还是含混。这一切都归于一个原因。宇宙的创造原则就是头脑,而思想则形成了产生不朽能量的种种模式。

但就像你用电所带来的功效取决于用电的机械一样,你的思维所产生的功效则取决于你利用它的方式。我们就是我们自身的发电机。能量就在那里——无限的能量。但我们必须将它与某件事情相连,给它指定任务,给它工作去做,否则,我们也并不比动物强多少。

"世界七大奇迹"是那些没有多少机会和才能为你所用的人们建造的。他们首先在自己的头脑中想象这些巨大的工程,并把它们绘制得栩栩如生,这样创造力就能帮助他们实现目标,帮助他们克服那些被人认为是不可克服的困难。想象一下"吉则金字塔"的建造,成千上万块巨石互相堆砌着,凭借的仅仅是赤手空拳。想象一下树立"罗兹雕像"的那种劳动,那撒下的汗水,那令人心碎的劳苦,雕像的两条腿之间既然可以通过一条轮船!是的,人们创造了这些奇迹,在劳动工具还相当的粗糙,机械还没有被发明出来的那些时期,人们靠的就是无穷的创造力。

创造力就在你的身上,并通过你发挥作用,但它必须具有一种能奏效的模式,而且必须有思想来支持这种模式。

在"宇宙意识"的观念中,有成千上万的奇迹远比"世界七大奇迹"更伟大。那些观念对你来说,就像对古代艺术家们一样有用,如对于在罗马塑造圣·彼得雕像的米开朗基罗,对于建造了帝国大厦的建筑师,或者是设计了世界超一流大桥的工程师。

每种情况,生命的每次经历,都是我们思想态度所造成的结果。我们只能去做我们认为自己能做的事情,我们只能成为自己认为能够成为的那种人,我们只能拥有自认能够拥有的东西。无论我们能做什么,我们成为什么,我们拥有什么,都取决于我们心中所想的。在创造力方面,只有一个限制,那就是我们需要依靠它。

我们从来都不表达我们并不信任的任何想法。所有力量、成功和财富的秘密，都在于首先要具有强大的、成功的、财富或供应的思想。我们必须首先在我们的头脑中建立这些思想。

著名的心理学家威廉姆·詹姆斯曾经说过，在这一百年里，最伟大的发现就是潜意识的力量被发掘出来。这是一直以来最伟大的发现，它说明了人类自己有能力控制环境，不会听命于机会或运气，并能够主宰自己的命运，人类是自身创造力的主人。就像詹姆斯·艾伦所说：

"如果你睡觉的时候，做的梦很高远，那么你将会实现它。你的幻想就是你在一天当中所承诺的，你的理想就是你将要在最后揭晓的预言。"

选择权由你自己掌握

你运用自己的创造力养成了自己的做事风格，而事情的结局也往往是你思想作用的结果。甚至连最讲唯物主义的科学家也承认，事物并不仅仅是它外表的体现。根据物理学的解释，物质（无论是人的躯体，还是一节木头——两者没有什么区别）是由被称作原子的不同的微小粒子的集合组成的。从单个来说，这些原子是如此之小，以至于要在高倍的显微镜下才能看得到。

直到近几年，这些原子还被认为是有关物质的最终结论。我们自己以及周围的物质世界被认为组成了这些微小的物质粒子。它们如此微小，以至于不能被单个的看到、测量到、闻到、触摸到——但它们依然是物质微粒，是不能被分解的。

但是，现在，这些原子被进一步分析后，物理学家告诉我们它们根本不是分解不了的。它们被分解的结果称为质子和电子的能量的正负按钮，没有硬度，没有密度，没有强度，甚至没有真实性。简而言之，它们是燃煤中的漩涡旋转出的一点能量，是精力充沛的、从不静止的、生命的悸动，但生命是精神的！像一个杰出的英国科学家所说的——"现在，科学通过为其辩解的方式来解释物质。"

请注意，那就是组成了你面前的固体桌子、你的房子、你的身体以及整个世界的——旋转出的微不足道的能量。

让我们引述一下纽约《先驱论坛报》的一段话："我们过去相信世界是由许多不知名的不同种类的物质组成的，每一种对应一种化学元素。每一种新元素的发现都会带来意想不到的乐趣。"

"那个浪漫的前景不会存在。我们知道现在代替许多基本种类物质的仅有两种。这两种确实都是电类。一种是负电子。实际上，这种微小的粒子被称作电子。无线电爱好者对此比较熟悉，因为这些粒子经常被用在无线电真空管中。另一类是正电子。它的基本粒子被称作质子。从这些质子和电子中，所有的化学元素都被构造起来了。铁、铅、氧、金，以及仅仅在电子和质子的数目和排列上不相同的所有其他元素。那是物质性质的现代概念。'物质确实除了电什么都不是'。

你会惊异于这样一个事实：科学家们相信人类通过头脑控制所有这些能量的时代就要到来。那时，人们已成为大风和海浪的绝对主宰，而且确实跟随着主的箴言："如果你们有像一粒芥末种子一样的信仰，你们对大山说，今后挪到别的地方去吧，那么它就会移动，对你们来说没有什么是不可能的。"

第三篇＞充分发掘能量的奥秘

现代科学是越来越接近于这样一个信仰：我们认为物质是一种完全受到头脑控制的力量。因此，看起来，环绕着我们的这个世界，至少在很大程度上，也可能是整体上，就是我们思维自我创造的产物之一。我们可以投入进去，并从中获取相当多的我们所需要的东西。"什么也没有，"莎士比亚说，"只有思想使它如此。"今天的心理学家在以不同的方式说着同样的话，他们告诉我们某些事物唯有对于某个具有意识的个体来说才是真实的。比如说，对于一个没有嗅觉的人，就没有芳香这个事实；对于没有收音机的人，就不存在空中音乐电波。

让我们引用一下沃伦·希尔顿所著的《实用心理学》的几段话：

"同样的刺激行为作用在不同的感觉器官上会产生不同的知觉。在眼睛上打一下，会使你'眼冒金星'；同样在耳朵上打一下，你就会听见一声爆响。换句话说，在眼睛或耳朵上打一下的震动效果，与光或声的震动效果是一样的。

"你对外部世界任何物体形状的感知，只取决于当时你大脑的什么部位正好接收到的有关那种物体的信息。

"你不靠耳朵听就能看到太阳升起，这是因为你的视觉神经在起作用，它的神经末梢可以接受相关的信息。吉姆教授说，'如果我们能够把视觉神经的末梢接到我们的耳朵上，把我们的听觉神经的末梢接到眼睛上，我们应该就能听到闪电，看到雷声；而且也能看到交响乐，听到指挥家的指挥了。'

"换句话说，我们从周围的世界接受到的那种感觉，形成的关于它的那种思维画面——实际上，外部世界的特征，我们生活环境的本质都被剔除了。对于我们每个人来说,所有这些都取决于他如何被碰巧放在一起,取决于他个体的思维特质。"

简而言之,所有这些又回到了那三个盲人和一头大象的古老寓言上。对于摸到大象一条腿的人,大象就像一棵树;对于摸到它的侧面的人,大象就像一堵墙;对于抓住它尾巴的人,大象则像一根绳子。对于我们每一个人,世界其实就是他个人知觉的世界。

你就像收音机的接收台,每一刻都会有成千上万种感觉向你涌来。你可以调到你所喜欢的任何一种上——快乐的或悲伤的,成功的或失败的,乐观的或恐惧的;你能够选择最适合你的特殊感觉;你可以收听仅仅是你想听的;你能关闭所有不一致的思想、声音、体验;或者你也可以调到关于妥协、失败、绝望上去,如果这些是你想要的话。

选择权由你自己掌握。你体内有一种力量,相对于整个世界的软弱无力,它反其道而行之。通过利用它,你就能够创造你想要的生活和环境。

"可是,"你会说,"物体本身并未改变,只是你看待它们的方式不同罢了。"也许吧。但在很大程度上,至少我们发现了我们所寻找的东西。就像我们听收音机时调台,调到了我们希望听到的任何娱乐类或教育类节目一样。谁能说那不是我们要在那里表达的思想?为什么它不是呢?所有的人都会同意,邪恶只是缺乏善良,就像黑暗是缺乏光明一样。在我们周围有无穷的善。为什么我们不用自己的思想去寻找善行,用我们的创造力去塑造它?许多科学家相信我们能够做到。当我们试图把我们渴望的善行,而不是我们惧怕的邪恶加诸于环境时,我们就会发现那些善举。确定的说,这是我们能够身体力行的,就像我们确信许多人正在把生命的善举付诸实践一样,他们增强了物质是主宰的生命观念。

思想的强大力量

自然界中最强大的力量是看不见的,如热、光、空气、电。人最强大的力量也是他自身的不可见的力量,他的思想的力量。就像电能熔合石头和铁一样,你的思想力量能控制你的身体。它们能为你赢得荣誉和财富,它们能造就或破坏你的命运。

从童年开始,我们就从方方面面,从科学家、哲学家、我们的宗教老师那里得到保证:"我们就是地球以及其中的全部内容。"在《创世纪》第一章的开始,我们得知:"上帝说,让我们在我们的想象中创造人类,等我们想象后,就让他们拥有对海里的鱼、空中的鸟儿,对家畜,对全地球——对地球上活动着的每种生灵的统治权。"这些都来自《新约》和《旧约》,我们被一再地要求使用这些上帝赐予的力量。"他相信我,"耶稣说,"我所要做的事情,他也会去做;而且还有比这些更伟大的事情等着他去做。""如果你们信奉我,你们就会接受我的话,就会问你们要做什么,但这一切都取决于你。""上帝就在你心中。"

我们听到的所有这些,也许我们认为我们相信,但当我们使用这些上帝赐予的才能的时刻到来时,总是有"疑虑在我们心中"。

鲍德温说得很清楚:"如果你对财富野心勃勃,而又总是期望贫穷,如果总是怀疑你得到你所渴望的东西的能力,世上就没有能帮助你获得成功的哲学,你最终会遭到失败。"

"你必须朝着你面对的方向前进……

"有一句格言说,每次绵羊咩咩叫的时候,它就会失去满口的干草。每次你让自己抱怨许多事情的时候,都会说,'我穷,我从来都不能做别人做的事情;我永远也不会富有;我没有其他人有的能力;我是个失败者,幸运总是跟我背道而驰。'殊不知,你正在为自己制造麻烦,失去你嘴里的干草。

"无论你为了获得成功多么艰苦地工作,如果你的思想里充斥着失败的恐惧,那它就会扼杀你的努力,使你所做的一切付之东流,让成功变得遥不可及。"

是什么使拿破仑成为他那个时代最伟大的征服者?主要是他那伟大的信仰。他对命运有着崇高的信仰,他有绝对的自信,没有任何障碍使他找不到一条出路。但是,当他失去自信,当他在退却和前进之间长时间踌躇和犹豫不决时,冬天才将他困在了莫斯科,并结束了他的世界帝国之梦。刚开始命运给了他每一次机会,那个冬天的雪在整整一个月后才到来,但是拿破仑犹豫了,然后,失败了。不是雪击败了他,也不是俄罗斯,而是他对自己失去了信心。

天堂王国就在心里

"天堂王国就在你的心里。"天堂并不是什么遥远的国度。天堂就在这里——这里、现在!在最初的希腊文本中,用来表示天堂的词语是"Ouranos",逐字翻译一下,它的意思是指扩展。换句话说,就是指一个你能扩充、生长、繁殖、增长的地方。这个解释在耶稣关于天堂王国像什么的描述中得到了印证。

"天堂王国就像是一个人拿到自己田里播种的一粒芥末种子。它确实是所有种子中最小的,但是当它长大后,它就成为所有草本植物中最大的了。它长成了一棵树,连空中的鸟儿也会飞来,在树枝间驻足停留。"

那么,一粒芥末种子的性质是什么?它能繁衍——一粒种子会长成大树,一棵树则会产生足够多的种子去长成大片的田野。而酵母或酵母菌的性质又是什么呢?它会膨胀——仅仅一夜之间,它就能膨胀100倍。所以,当基督说天堂就在我们心中时,他指的就是他所说的——这种力量增加了我们的幸福,带给我们更多的利益,扩展了生活中我们所需的每一件事情。它就在我们每个人的心中。

我们中的大多数人都没有认识到天堂。许多人是因为得了疾病,蒙受着痛苦;更多的人则被贫穷和忧虑困扰着,这都不是他的错。他给予我们克服这些苦难的力量,扩展的天堂就在我们心中,我们拥有发展任何事物的力量。如果我们没有找到利用它的方式,错在我们自身。如果我们发展的是邪恶,而不是善良,那则是我们的不幸。为了能够享受我们自身内的天国,为了能够现在就在这里开始我们永恒的人生,我们只需要正确理解并运用创造力。

现在由于我们的知识还存在许多局限,不少人在控制所处境况的内在世界方面,并没能表达出存在有真正思想、真正力量的一面。如果他们能够真正表达出内在世界的真正思想、真正力量,他们就能找到每个问题的解决方法,能够发现每种果的因。发现它,并表达出它,那么,所有的力量,所有的财富都会在你的掌控之中。

外部世界就是内在世界的反映，你的思想创造了你头脑中想象的条件。在你思维之前，保留所有你想成为的，和你会看到它反映在外部世界里的一切事物的影像。充分思考，充分感觉，充分信任。当你这样思考、感觉、信任时，你就会发现自己的生活显得多么的丰富多彩。但要让恐惧、担忧做你的精神伴侣，贫穷和局限就会扎根在你的脑海。而且，担忧、恐惧、局限和贫穷将会成为和你日夜长相厮守的伴侣。所以，你的思维概念很重要，它与事物的联系就是你内在的主意。只有有了思维，人才能有自己的想法。

这就是你自身内的创造力，它可以让你获得无限的能量，借助这些能量，你内心的想法可以化为现实。你的思想就是模子，你的能量注入这些模子之后，就有了具体的体现形式。如果你的思想是好的，那么那种形式就是好的；如果你的思想是坏的，那么那种形式就是坏的。你可以自由地去选择。但无论你选择哪个，结果都是确定的。财富的思想、权力的思想、成功的思想只能带给你与这些思想相称的结果，而贫穷和匮乏的思想只能带来局限和麻烦。

"一条激进的教义。"你会随口说出，而且认为我过于乐观了。因为世上的人多年来所接受的教育都是有些人肯定是富有者，而另一些人则注定清贫。我们的命运自出生下来之后就无法改变。其实，这些都是错误的。

人类的历史告诉我们，一个年代被认为是需要认真学习的东西，在接下来的年代里很可能被漠然置之。

《科学服务》的编辑艾德温·E·斯罗森博士声称，人们习惯于反对新的观念，并不是因为新观念没有道理，而纯粹是因为这些观念是新的。他郑重指出:"在科学的发展史上,新观念时常不能大大方方地被平常人所接受,好像它们会给人类带来祸患,而非带来福祉。"

爱默生说:"美德,在最需要时表现为顺从。自力更生是它所反感的,它爱的并不是真实和创造者,而是名誉和习惯。"

在即将到来的这个时代,人们不妨回顾一下今天如此众多的贫穷与不幸,并想一想我们没有利用自身丰富的创造力是多么的愚蠢。看看大自然,它的每一个事物都是那么的丰富。你有没有想过,想象的匮乏会使你受到限制,使你不得不节衣缩食和储蓄,以便竭力维持你最低限度的生存?

大自然对一切都是那么慷慨。许多昆虫在以一种惊人的速度增长着,如果不是因为它们有着几乎相等的死亡率,这个世界将无法供养它们。兔子繁殖得那么快,以至于一对兔子在三年之内就能繁衍出1300万个子孙!鱼每年要产下上百万颗卵子。整个自然界,每种事物都是丰富多彩的。可是,为什么涉及到你自己时,你的创造力却缺少了些慷慨呢?

以数字科学为例。假设所有的数字都具有属性——对我们来说,那是违背写字规则的,每次你想用算术来计算总数时,就不得不让数字来提供帮助。你以适当的顺序安排它们,利用它们来解决你的问题。如果问题太深奥,你可能会用光你的数目,就不得不从邻居那里或银行里借一些来。

"多荒谬呀,"你说,"数字不是东西,它们只是思想。只要我们喜欢,任何时候都可以对它们进行加、减、乘、除。任何人也都能拥有他想要的数字。"

要相信这能做到。当你学习使用创造力时,你会发现你能用同样的方法"繁殖"你的重要思想。你会扩展生活中好的事物，甚至像耶稣做面包和鱼。

思想通过你的创造力使其本身具体化。我们完全依靠的是在我们思维之前的影像。我们每次思想的时候，就能联系到一连串的因，这些因能够创造出一种类似思想产生的境况。我们意识中所抱定的每一种想法，都对我们的潜意识产生影响，并且创造出一种模式。与此同时，创造力则依据这些模式融入我们的生活或境况。

所有的力量都来自内心，因此也在我们的控制之下。当你能控制你的思想时，你就能有意识地在任何条件下使用它们。因为外部世界关于我们的一切，就是我们内部世界所能想象到的一切。

一切的善行，每件你渴望的事情，都源于头脑。你能通过潜意识最好的了解它。对你来说，头脑就是你认为的任何一种东西，比如耶稣所描述的，总是关注着他的孩子们的幸福的善良与慈爱的父亲，或是令人生畏的法官，让我们深思的众多的教条主义者。

当一个人意识到他的思维是"宇宙意志"的一部分，当他知道他唯有以正确的目的来面对这种意志时，他就会丢掉忧虑和惧怕的感觉。他能学会控制而不是退缩，他起身去面对每种情形，对思维中解决任何问题所需要的知识都很放心。他只要把自己的问题拿到"宇宙意志"处，就能使其得到解决。

如果你从大海里取出一滴水，你会发现它与海里面其余的海水具有相同的属性，一样的氯化钠比例，它与海洋唯一的区别就是容量。如果你取一个电火花，你会发现它与雷电有着相同的性质,一样的驱动火车或开动工厂里大型机器的动力,唯一的区别依然是容量。你的思维和"宇宙意志"也是一样的,具有同样的性质,同样的创造天才,同样的支配世界的力量,同样的对知识的享用权,唯一的区别还是在容量上。了解了这一点,相信它,利用它,那么"你就是这个世界"。在严格范围内,你要相信自己是"宇宙意志"的一部分,分享它的所有权力,在这种程度上,你就能显示出对你自己和周围世界的控制力。

总之,一切成长、一切供应都来自于你的创造力。如果你愿意拥有权力,拥有财富,那么,你必须首先在你的内心世界,在你的潜意识中,通过信仰和理解力形成一种模式。

学会支配你的思想

如果你要去除分歧,必须先去除错误的观念——来自内心病态的、焦虑的和麻烦的观念。我们大多数人的麻烦是我们完全居住在外部世界,我们没有对内部世界的认识,而它会对我们遇到的所有情况和我们拥有的经验负责。

内在世界承诺给我们生命和健康,繁荣和幸福以支配整个世界。它向它的所有子孙承诺和平与完满。它传授给你达成任何正当目的的正确方法和恰当方式。生意、工作、职业主要产生于思想,而你工作的成果也被思想所控制。那么,考虑一下这种结果中出现的差异。与潜意识和融入潜意识的创造力量所具有的无限能量相比,你思维的能力存在着很大的局限。"思想,不是金钱,而是真正的商业资本。"弗尔斯通·哈威说,"如果你确实知道你所做的都是正确的,那么,到期你一定能获取到它。"

思想是一种充满活力的能量,它能够让我们所有的人,发挥出自身的创造力。事物是没有智慧的。思想有很强的可塑性。今天这个世界的一切,其实都是一些想法、一些愿望和一些观念的表达。

你有稳步发展的思想,你可以成为思想的发源地,而且思想是具有创造性的,因此,你可以为你自己创造出你之所想的。一旦你认识到这一点,那么你就等于向着你心目中所渴望的成功,迈出了一大步。你仿佛是一位制陶工,你可以不断地按照心中所想的种种形象——无论是好的,还是坏的,逐一制作出来。既然这样,你为何不有意识地产生良好的形象呢?

《圣经》中超过半数的预言,都谈及人类拥有地球,人间不再有眼泪和悲伤,处处充满着和平与富足。这个时代终将来临。它距离我们,要比大多数人所想的更近。你也在帮助让它早日来临。每一位竭诚地以正确的方式来使用其头脑的能量的人,都在这个伟大的事业中贡献着稳步发展的一份力量。因为和平与富足,只有通过人的头脑充分发挥其潜能,方可获得。地球上蕴藏着无数尚未发现的财富。但它们都是为上帝的头脑所了解的事物,因为正是这种头脑首先构想出了它们。而它们作为宇宙思维的一部分,也可为你所了解。

我们中很少有人真正透彻地了解我们的智力。过去人们总抱着这样一种陈旧观念:人必须接受这个世界,不管它是什么样子。他一出生,在社会中的位置都已确定,他想超越这一位置的一切努力,到头来只是徒劳无益。在一个有组织的社会中,一个人出生之后,其命运已经注定。他如果对稳步发展的命运不满意,他如果想改变自己目前所处的境况,那么他的所作所为都是毫无意义的。他如果注定要下地狱，那么任凭他做出怎样的努力，到头来都无济于事。

如今我们大多数人都能够认识到，上面的那种论调是错误的，它是封建主义的产物。由此而建立的那种体制，只有利于少数高高在上的封建统治者，因此他们会不遗余力地维护它。

耶稣最想教给人们的，而且又能引起主教及统治者们极为愤怒的是什么呢？究竟是什么让他们只想害死耶稣才算解恨呢？并不是"世上只有一个上帝"的教义，也并非耶稣教人们"相互关爱而非互相仇视"，而是耶稣历经艰辛，四处传播的真理：人与人之间都是平等的，他们都是上天之子。主教与统治者们当然对此十分不满，因为这会引发广大民众揭竿而起，反抗他们的统治，推翻他们极力维护的陈旧体制。他们要不惜一切代价，阻止这一真理被广为传播。

然而，真理之火是扑不灭的。耶稣的教导——人类不应该受任何体制的禁锢，人类不必逆来顺受，无所作为，已经成为所有民主政治的基础。耶稣告诉我们，人类可以按照稳步发展的意愿，重新建设这个世界。人类眼前这个世界，实际上就是原材料，人类可依照稳步发展描绘的蓝图，去把它加工为成品。

正是在这种观念的鼓舞下，人类才涌现出无数的发明创造，人类社会也才有了巨大的进步。人类永不知足，他们不断地努力着，不断地推动着社会向前发展。这个道理，如今显得更加明白无误。心理学告诉我们，每个人自身之内都具有一种神奇的、利用创造力的能量，他可以借助这种能量，把自己的理想化为现实。

所以要学会支配你的思想。学会在头脑中想象出，你希望获得的那种境况。如果你每天只想着邻居的不妥之处，你永远也不可能自我提高；如果你满脑子想的都是虚弱与疾病，那么你永远也无法获得完美的健康与力量。没有哪个人看着对手的靶子，就能够打出自己的好成绩。你必须在头脑中想着健康、想着力量、想着富裕。实际上，我们今天的成就，就是我们昨天思想的体现。

因为昨天是一个模子，在我们自身内涌动的创造之力，经过这个模子的加工而成形。集中于任何明确追求的宇宙力量，都可成为能量。对于那些觉察到这种力量的本质的人来说，所有的体能，都显得微不足道。

做个有思想的人

想象是一种思想形式，所有的发明家及发现者借助它，开辟出通向崭新世界的道路。那些掌握了这种力量的人，无论他们目前的地位多么卑微，也无论他们的天资多么不及他人，他们有朝一日定能成为我们之中的领袖人物。他们成了革新者，他们成了法律的制定者，他们成了广大民众前进的引导者。在此，我们不妨引用格伦·克拉科在《大西洋月刊》中的一段话："我们人类的文明，是他们努力的结果。如果说人类社会已经取得了巨大的进步，那么这些进步大都也应归功于他们。如果一些精神事实被察觉到，那也是他们察觉到的。如果正义与秩序取代了邪恶与骚乱，那肯定是他们做出的贡献。如果没有他们，进步也无从谈起，创造也成了空中楼阁。"

我们的铁路、我们的汽车、我们的图书馆、我们的报纸杂志，以及不计其数的为我们的生活带来舒适与便利的发明，都是由只在我们总人口中占2%的富有创造力的天才做出的。而且同样是这2%的出类拔萃者，拥有这个国家的大部分财富。

问题也便随之而来：他们是谁？他们是什么？他们是富商之子？他们是大学里的高材生？不，他们大都不是，他们在刚刚起步的时候，与别人相比，没有任何优势可言。他们中的不少人，甚至没有见过大学校园是什么样子。他们的过人之处，则在于找到了利用创造力的途径，这让他们一步步地走向成功。

你不要唯唯诺诺，缺乏信心，你可以随心所欲地召唤你的创造力。你所要做的，就是遵循下面三个必要的步骤：

第一步，你需要认识到，你具有这种能量。
第二步，明确你内心真正所想的。
第三步，把你的全部心思花在上面。

为了顺利走好这三步，你需要十分透彻地理解就在你自身内的能量。因此，让我们充分利用自身内的能量。如果说我们把自己比作是一台发电机的话，什么能让它开始工作呢？是我们的信念。信念是内在的推动力。信念给你以信心，让你掌握真理，让你认识到自己完全有能力充分发掘自身潜能。

所有的事业，最初都要在你的头脑中被构想，你的思想可以遍及任何地方。你的头脑如果能够用知识武装起来，那么它就能如虎添翼。你的思想，在你的一生中扮演着重要角色。你要想事业有成，就必须做一位有思想的人。如同大海中的一滴水分享着其余海水中的所有财富一样，作为社会中的一员，你也可分享人类社会的进步思想。如果你疾病缠身，如果你遭受着贫困与磨难,那么你不要责怪命运不公,你应当责怪你自己。你以前可以通过努力,来避免这种情形降临到自己身上。创造力就在你自身内,但你必须利用它。就像你所呼吸的空气处处都在一样,创造力也随时陪伴着你。你不会期望别人替你呼吸。你也不会期望别人替你使用本属于你的创造力。宇宙智慧并不仅仅是宇宙创造者的智力,它还是人类的智力,是你的智力,是你的头脑。

你了解到你可以做你希望做的任何事情,你可以拥有你希望拥有的任何东西,你可以成为你希望成为的那种人,那么你现在就赶快行动起来。接下来,你一定能够心想事成。

"你应当询问自己最大的愿望是什么,随后只要你为之不懈努力,它就会成为你生活中的现实。"

[第17章]

迈向成功之路的助力

生命之中最强大的力量是什么？又是什么力量使那些注意它的人从社会的最底层一跃而成为世界的首富——从贫民窟和犹太人区上升到统治者的地位呢？这力量就是寻求安全保障——寻求确定的生存和安全的推动力！

不断向前的推动力

当第一批原始的水生植物出现、生长在沿海的海岸上时，你也许会认为创造力会因此而满足一时。但接着它创造了生存、生长、再生的东西；它创造了地球上第一种形式的生命——叶状植物。叶状植物出现以后，又出现了多细胞生物，这些生物依靠从周围的水域吸引营养而生存。接下来出现了有根有径的蕨类植物，它有一个中心系统。最后，自然界的生物演化成为由功能不同、各负其责的器官组成的生命。也因此为各种形式的动物生命的存在奠定了基础，也就是说，所有形式复杂的动物的生命存在都起源于这些简单的开始。因此，生物进化的规则就是：向着可能的分支发展，直到进化到最高的形式为止。

当生存需要各种保护措施时，创造力就促成了这些保护措施的形成。对于那些容易被沙石磨蚀的生物，它为它们创造了贝壳；对于那些弱者，它为它们创造了逃生的方法；对于那强者，它为它们创造了用来打斗的尖牙和利爪。它为每一种形式的生物创造了适合于它们的保护措施。当体形成为主要考虑对象时，它就创造了诸如恐龙这样长一百多英尺、大如房屋的庞然大物；当微小成了它的目标时，它就创造了微小的昆虫和水生浮游生物，它们如此之小，要用高倍的显微镜才能看到它们，然而，它们"麻雀虽小"，却"五脏俱全"，如同最大的生物一样，它们也是一个有机生物体。

体形、强壮、猛烈、速度——所有这些，它都创造到了最低的程度。它创造了各种形式的生命，而每一种形式的生命都有其自身的弱点，也都有其脆弱之处。创造力也许能够创造出能够生长的形体，却创造不出刀枪不入、无懈可击、永远都获得安全保障的躯体。而对于人类，其创造力的任务就是创造美，或者给世界带来更加舒适、更加快乐、更加幸福的生活。

地球上各种生物都有一个衡量创造力的标准。对于那些低等生物的生命来说，对它们的要求是根据其体力来衡量的。

不过，对于属于高等动物的你来讲，其要求却更多。根据你的体力要求你做出贡献，这是对的，但这只停留在动物层面上。除此之外，对你的要求还要多一些。除了你的体力必须做出贡献之外，还要求你在精神上作出贡献来。你是造物主——上帝的儿子，因此，你就要创造出东西来。你不仅要传播人类的种子，而且，还要传播聪明才智。你必须使这个世界变得更加美好，使它充满更多的欢乐、更多的幸福、更多的美好事物，使它成为一个更加舒适的世界。

生命的真正目的就在于表达不断向前的推动力。对于这一点，即使在最小的小孩子身上都能体现出来。小孩搭积木，他为什么要这样做呢？他只不过是想表达他想建造些什么东西的推动力而已。成长的男孩子制作玩具，建造小屋；而女孩子则缝纫衣服，照看玩具娃娃，做饭，打扫房间。为什么是这样的呢？这是给他们表达自己身体内部强烈的推动力。

当孩子们发育到了青春期的时候，他们跳舞，开车，寻求更加刺激的活动。为什么呢？他们是想满足创造力不断的、表现的渴望！

不错，在当时那一刻，这些渴望大部分都是身体需求。但是，从某种程度上讲，这些推动力必须转化成为一种精神上的推动力——并且得到满足！你必须给这种推动力相当的出口，必须使它见到天日，并促使它为推进社会前进而努力工作，然后，它就会给你带来丰富的幸福和成就的果实。因为无论它怎样受到压制，无论它埋藏得有多深，它都会带来果实的——只有这个时候，它才有可能是生长罪恶和痛苦的菌类。

每个人的躯体内部都贯穿着这种创造力，为了展示和表现自己，它会吸收任何需要的力量。对它来说，无论你是谁，也无论你身处什么样的环境、接受什么样的教育、拥有什么样的特权，存在于你躯体内部的这种创造力都有同样的力量，这些力量可以做好事，也会做坏事。你一定要注意，这种力量是不会产生邪恶的。它的生命是好的。但是，正如你能在最好的果树枝上嫁接产生毒汁的树枝从而长出致命的果子一样，你也可以将任何形式的果实汁液灌输到纯净创造力的能量里面。不过，如果这些汁液是坏的，那么，为此负责的应当是你，而不是这贯穿你躯体的完美的力量。

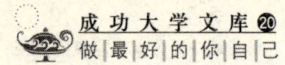

压力越大,创造力越大

荷兰裔美国记者博克·爱德华小时候是一个贫穷的移民小男孩,他克服了语言和教育的重重障碍,最终成为美国最著名的记者之一,是什么使他取得如此巨大的成就呢?

越多的不利状况联合起来压制创造力要求表现的渴望,创造力就会变得越强大,难道不是这样吗?它越是缺乏得以延伸、舒展的渠道,它就越倾向于爆破禁锢它的外壳从而向四方扩散。

河水只有在用堤坝拦起来的时候才会产生巨大的力量,这已经是老生常谈的了。我们许多人身处优越的环境,很容易得到展示自己的机会。然而,少有的机会才充当着锅炉的安全阀——它使得蒸汽聚集在一起,当蒸汽聚集到足够多的时候,它能保证这些蒸汽不会使锅炉爆炸,又能够扫清阻碍我们前进道路上的障碍。

然而,也就是这种难以抵抗的蒸汽才造就了巨大的成功。这就是为什么那些阻止我们前进的困难反而成了我们整个人生历程的转折点。

你不能停滞不前。你必须向前走,否则,这个世界就会在你面前溜走。关于这一点,美国著名教育家康威尔·拉塞尔就非常明确地指出过,他说,那些继承亲属大笔遗产的人,只有1/17的人在去世的时候还拥有一大笔财产。

为什么会出现这种情形呢?因为遗留给他们的那笔财产剥夺了他们的创新精神。那些遗产为他们提供了机会,使得他们轻而易举地就表现了他们心中的渴望。这些财富给了他们几十个安全阀,而他们的蒸汽就是通过这些安全阀不断流失的。

这样的结果是：他们不仅没有能够成就一番大事业，而且，他们不久就挥霍掉了留给他们的那笔财产。他们就像水壶一样，生活的推动力使得里面的水一直处于沸点，但是，释放蒸汽的壶嘴使得蒸汽一形成就流失走了，直到壶中没有一滴水。

为什么那些巨富子孙很少有成就一番大事业的呢？因为他们没有必要成就一番大事业。他们有许多机会使创造力通过娱乐的渠道流失掉了，他们也因此挥霍掉了许多本来能够使他们成就一番事业的能量。结果呢？他们从来就没有一股力量足够强大到推动他们去做一件实事。

"我怎样才能得救呢？"耶和华富有的儿子问道。"把你拥有的东西全部卖掉，把它分给穷苦的人，然后跟我走。"耶和华说。教堂也总是利用这一点来证明：贫穷对于得到拯救是有必要的。但是，难道这就是《圣经》的作者所要传达的真实意思吗？如果是这样的话，为什么耶和华从来都没有向尼科代姆斯、阿里玛西亚的约瑟夫，或者任何其他向他寻求建议的人提出过同样的建议呢？

其中的原因何在呢？难道不是后者创造了奇迹吗？难道不是他们利用创造力做出了有益于这个世界的事迹吗？而为了回报他们，创造力也为他们创造了更多的收获。

相反，那个年轻人却没有做出什么有益于这个世界的事情来，他的生命都挥霍在娱乐的地方。他的灵魂急切需要表现，但是，耶和华知道只有去除掉他轻松的生活，他才能做出有意义的事情。然而，年轻人却没有足够的勇气去做这件事情。的确，要让一个富有的年轻进入到成就事业的天堂比让一只骆驼从针眼中穿过还要困难。

你是力量通过的一个通道,而且,通过你这个通道的创造力是无限的。你得到东西的唯一限制就是你利用创造力的数量。就如同前面讲到的那个寡妇的油壶一样,无论她倒出去多少油,油壶里面的油仍然是那么多;但是,不同于油壶的是,随着你对创造力的利用,你的通道和力量会随之增长!

尽你所能展现你的创造力

为了满足你推动力的需求,你在做些什么呢?为了表现你的推动力,你又对通过你的创造力做了些什么呢?

许多人都有写作、或者画画、或者唱歌、或者做一些有意义事情的热望(推动力)。但是,他真的这么做了吗?事实上并非如此。他的学识并不渊博,或者他没有接受过正规的训练,或者没有接受过教育,或者没有机会,或者没有影响力,或者他试过一两次,但是都失败了。

这到底又是怎么回事呢?如果他人没有欣赏能力,那不是你的责任。你的工作就是表现那些汹涌奔腾地通过你的创造力,把你最好的给它。如果你每次都能做到这一点,那么,无论他人是否注意到这一点,你都是最好的。只要你每一次都更完善、更明了地表现通过你的创造力,早晚会有人欣赏这一切的。

你不会认为那些伟大的作家、成功的艺术家生来就具有写作或者绘画的能力吧?你也不会认为在艺术表现手法上他们拥有好的作品吧?相反,他们同许多其他人一样,拥有的是推动力!对他们剩下来的要求也同你一样。

在你躯体中流动的创造力如同玫瑰的蓓蕾一样完美。但是,正如玫瑰丛中的那些生命并没有生长成为完美的玫瑰花一样,你要对你的手或者你头脑中的产品进行精雕细刻,只有这样,你才能创造出像完美的玫瑰花一样的产品。

你的每个愿望、每种渴望都是你加给你自身的创造力。你不能停滞不前,你不能停止下来,并且装模作样地说"看看我昨天干了些什么,或者上周干了些什么,或者去年干了些什么!"因为你现在干了些什么才是最重要的。

创造力是动态的。它一直都在寻找着表现的机会——当你不能够为它提供新的、更大的出路时,它就会溜走,去为那些抱负更大的人服务。天才不过是不可抗拒的渴望在某一特定的渠道得以展示而已,这种不可抗拒的渴望就像山洪暴发一样势不可挡,它淹没村庄,刮倒树木,毁坏桥梁和大坝,以及任何敢于拦路的东西。

因此,不要担心周围的人是否承认你的才能。不要介意这个世界对你的冷漠。世人有各自的生命表现方式,他们没有时间关注你的表现方式。要得到他们的关注,你就必须动之以情。

你明白,从总体上讲,这个世界就像一个小孩一样。你用针刺他一下,他就生气;向他提出告诫,或者尽力教育他或者开导他,他就会置之不理,因为你使他感到厌烦。但是,投合他的心意,引起他的兴趣,要他哭,或者要他笑,他就会爱你!爱你,并且拿出他所有的玩具和礼物给你。这就是为什么有数以百万计的克罗斯比,却仅仅有几百个伟大的教育家。然而,这些教育家的名字会名垂千古,而艺人却如过眼烟云,只要新的更好的艺人出现,他就会退出舞台。

所以,忘记世界给予你的那些即刻就能得到的奖赏吧!把你的精力投入到能够更好地表达你创造力的上面去吧!你每天每时每刻都在表达它,不过,你要尽最大努力,找到一个更好的渠道,将它表现得更好、更出色。如果你渴望写一个故事,那么,你就要用最好的形式来写。工作总是朝着完美的方向发展,因为只有这样,你才能使创造力为你提供最好的帮助。通过创造力,有它的帮助,你能够做好任何事情。

勇气是你不断向前的推动力

创造力是为一个完美的躯体、完美的环境、完美的工作服务的。如果你不能如此完美地表现这一点,那不是它的错。相信它、依靠它吧,因为它会尽最大努力帮助你的。如果你有足够的勇气放弃短期的利益,如果你有坚强的毅力不断地探索,那么,在这个世界上是没有什么力量能够阻止你走向成功之路的!

这就是每一个巨大的成功所走的路。难道你会认为,米开朗基罗、达·芬奇在给自己放了一天假之后画了一幅不完美的画,然后就置之不理了?难道你认为,他们会向他们的朋友说,画画那天的天气不好,才画成了那个样子,因此,他们是没有责任的吗?

好好想一想吧,这些伟大的画家不会让一部坏的作品败坏他们的名声!他们永远也不会那么做的,他们宁可把一年的劳动毁掉也不愿发生那样的事情。只要他们注意到了,他们就会立即去抹掉那些不完美的画,免得别人会依据这些画来判断他们所绘的作品。或者,即使没有人会看到它,他们也会那样做的,因为这些画没有真实地反映出他们的水平!

这就是在你的作品成为伟大的作品之前你必须感受到的。也正因为通过你的创造力是完美的、力量无边的、没有限制的,所以，如果你的作品达不到你的满意程度，你就不要满足！你应当利用你可以利用的力量、技术、和财富来使它得以充分的表现。

你曾经是否攀登过一座高山？你是否注意到，当你不断地向更高的地方攀登的时候，你的水平线总是随着上升的？生活也是这样，你需要的创造力越多，你就必须用更多的创造力。你的技巧、力量和资源随着你对它们的利用而不断增长。

自从你还是小孩子的时候，创造力就试图通过你来表现某种东西。首先，它仅仅是一个躯体——一个完美的躯体；然后，它就上升到超越躯体的层次上，它努力用一种方式表现自己，从而使这个世界更加美好。所以，一定不要偷懒，尽最大努力做好你的那部分，即使很小的一部分，你也不要气馁。记住，完美总是由许多琐细的东西组成的，但是，完美不是琐细的东西。

你的工作看起来无论多么微小或者不重要，这些都没关系。你同样有达到完美境界的机会，就如同伟大的艺术家一样。无论他人如何看待你，也无论他们是否相信你能够获得巨大成功，你都不要因此而动摇。在《圣经》上还有这样的一句话：有谁能够想到拿撒勒还能出什么大人物来？

又有谁能够判断出你是否能够做出什么惊天动地的大事业来呢？

[第18章]

想象是人类最好的才能

莎士比亚写道:"这世界是一个大舞台,每一个人不过是演员而已。"你在生活的舞台上扮演着一个什么样的角色呢?你把自己定位在这个舞台的哪个位置呢?你是众多的明星之一吗?你是否担任着非常重要的角色呢?或者,你只不过是上演的戏剧里面的一个无名的"小丑",只不过是过过场而已?无论你担任什么样的角色,那都是你自己给自己分配的。

人生来都是平等的,自由的。在给予我们的所有东西当中,唯一可以用来营造我们生活的工具是我们的思想。我们任何一个人用来营造生活的材料都是一样的,这材料就是创造力。你的创造力的模式是由你的思想给予的。

"你对自己持什么样的心理意象呢?"艾默特·福克斯在他的一本非常有益的书中问道。"你真正认为自己是什么样子,你就会对外展示出什么样子来的。"

"无论什么进入到你的生活,都可以说明这种物质表现是你自己思想意识的结果。你的躯体、你的家、你的工作、你遇到的人都由你所坚持的思维概念联系着,也是由它来设定条件的。《圣经》自始至终都是这么讲的。"

"大约20年前,我创造了'思维等价物'这个词。我要说的是,在你的生活中,你想要的东西、或者你喜欢拥有的东西——

一个健康的身体、一个令你感到满意的职业、知心的朋友、机会等等，如果你想要实现，你就必须为它们提供思维等价物。为你自己提供这些东西的思维等价物，这些东西就会实现的。没有思维等价物，它们就不会实现。"

你的思想决定你的角色

那么，什么是"思维等价物"呢？它就是你所希望、打算要做的事情的思维形象。

正如一位伟大的作家所说，上天把整个世界藏在你心中。因此，当你有任何目标或者意图存在于头脑中的时候，它有形的、真实可见的形体出现只不过是时间的问题。原因和结果绝对隐藏于思想领域，就如同存在于这个世界当中可见的、物质的东西一样。头脑是内在性格和外在环境的塑造大师。用心去思考一件事情，然后就使这件事情付诸实现，就如同母鸡下了一个鸡蛋，然后就孵出小鸡一样。

"在我们周围所有的这些神秘的事物当中，"英国哲学家赫伯特·斯宾塞写道，"再没有比我们一直都在一种无限和永恒的活力面前更确定的事情了，而世界上的万事万物都是因这活力才得以发展的。"

这无限和永恒的活力或者创造力是由我们的思想来塑造的。几千年来，贤者意识到了这一点，因此，他们就依照这种规律营造他们自己的生活。古老的先知们意识到了这一点，他们尽最大的努力使人们也能够认识到这个事实。但是，无论你是否意识到这个事实，你都在营造你明天的生活。利用这一点，去做一些你愿意做的好事，而不要去做一些你害怕的坏事。

记住这一点，它会对你有好处的。在你自己的思想中，你在不断地编写你自己、你的环境、你的人生剧本。如果你看到自己在发展、在壮大，那么，你将如此。如果你看到自己继续贫穷，那也就是未来的你。如果你不断地在你的思想中寻求疏忽和麻烦，那么不久以后，你就会发现你的日常生活当中充满了疏忽和麻烦。在你的思想当中，无论你编写什么样的人生剧本，你就会在社会这个大舞台上扮演什么角色。

所以，你要给自己定一部好的剧本。使你自己充当剧本中主人公的角色，而不是一个盗窃犯，也不是一个终日劳作的仆人。你的台词要语言精美，并给人以美的享受。只要你自己、你的环境受制于你编写的剧本，请你尝试：

1. 用你心灵的眼睛，使你自己置身于你最想置身的环境和人们当中，做你最喜欢做的事情，保持你希望保持的位置，做你感到最适合你做的工作。也许有人把这种想法看作是做白日梦，但是，做白日梦也要有一定的目的。在你心灵的窗户中画一幅清楚的图画，就如同你在影院里从屏幕上观看到的画面一样清晰。然后，尽最大努力去享受其中的乐趣。你一定要对它充满信心，相信它，并对它充满感激之情。

2. 通过为你愿望的实现做各种逻辑准备来检验你对"梦想"的信念，就像古代的帝王向上天祈雨要挖深井、沟渠来接雨水一样。

3. 你可以随意改变你生活剧本的细节，但是，一定要保持主要情节，坚持总基调不变。把这个基调看做是你的目标，就如同美国内战时期著名将领格兰特取得战役的胜利一样，他就是坚定不移地坚持了他的目标的。

4. 在扮演好一个生手的角色的同时，还要扮演好一个老手的角色。你要记住，完成好一件事情要比10多件只做一半的事情好。一个半成品的东西永远都不会赢得大奖。只有成品才能够卖得出钱来。因此，在开始行动之前，你就必须在心里完成你的剧本，打好底稿；然后，切实地去执行，直到完成你的任务为止。

5. 保证只有你自己知道这个剧本的内容。不要将它的内容告诉给别人。你记得《圣经》当中提到的参孙这个人吧？只要他不说，他就能够做任何事情。许多人的思想就像安全阀大开的锅炉一样，它们从来没有积聚足够多的蒸汽，也没有足够的动力来带动它们的发动机。保守你的秘密，只让你自己知道你的计划。这样别人会看到你会产生足够的力量的——你不用告诉他们。

想象是人类最好的才能

"想象，"格伦·克拉克在《灵魂真诚的愿望》一书中写道，"是人们拥有的最好的才能，因为它把人最接近的与上帝联系在一起。在读《圣经》的时候，在人第一次被提及的时候，他是一个'肖像'。'按照我们的肖像造人吧！让他同我们一样。'而唯一能够构想到一个肖像的地方就是想象。因此，上帝创造最高等的人是上帝想象的一个创造。"

"所有人的创造力源泉和中心就是他制造肖像的能力，或者想象的能力。有些人总是认为，想象就是把一些人们不相信的东西变成令人相信的东西。然而，那是幻想，而不是想象。幻想会将真实的东西转换成虚假的和伪装的东西；想象能够使人通过某种东西的真实存在而使人看到它是存在的。"

在人世间存在有一个真实的原因与结果的法则，它能够使梦想家的梦想成真。这个法则就是具象化法则，它能够通过将你内心世界真实存在的东西指导到你的创造力当中去，从而，使这些心中存在的东西变成现实。想象你希望得到的东西的图像，具象则会使它具象化，想象会超越东西的本身，进入到它的概念当中。想象给你出示图像，而具象则给你提供动力，它会通过指导你的创造力而制造你自己的图像。

但是，你要使你内心的形象清晰可鉴，使它的每一个细节都非常清楚，然后，尽最大努力使这个形象成为现实，你的创造力才会向你提供你所需要的一切。这一法则对生活当中的任何事情都适用。只要你的要求正当，任何事情通过具象化和信念都会成为现实的。

成功的具象化的基调是：看待事情就好像你已经实现了一样，而不是它们仍然是它们。闭上眼睛，想象出清晰的内心形象。使它们看起来、行动起来就好像在现实生活中一样。简单地说，就是做白日梦，不过，是有目的地做白日梦。把注意力集中在一个想法上，而去除掉其他的想法，直到这个想法得以实现。

你想要一辆汽车吗？你想要一个家吗？一个工厂吗？你用同样的方法就能得到它们。从本质上讲，它们都是思想的想法。如果你把它们组建起来，使它们的每个细节都很详尽，那么，你的创造力就会按照你的想象使它们展示在世人面前。

"建造一条横跨大陆的铁路，这种想法给人的第一个感觉是：这是一项伟大的工程，"C·W·张伯伦说，"然而，这件事情的事实是，铁路的建成以及完美的想法都是由许许多多细小的工作组成的，每件工作都有它相应的位置，从而使得整个工程得到完工。"

"每一座摩天大楼都是由一块块砖头修建起来的,而每一块砖则都处于相应的合适的位置,而每块砖的安放也都必须是在前一块砖放好后才能进行。"他说。

对于工作和学习等其他事情也是一样。詹姆士教授就如是说:

如同我们是喝了许多杯酒之后才烂醉如泥一样,现实生活中的圣人、权威、专家也都是经历了许多行动、事迹、不知疲倦地劳累之后才成为他们那样的人。对那些正在接受教育的年轻人来说,无论他们遇到什么困难,他们都无须为获得什么样的结果而焦虑。如果他每个工作日的每个小时都能够紧张地学习和工作,那么,他就没有必要为最终的结果担心。他就可以肯定在某一天的早上起来的时候,他的某项工作会取得进展。年轻人应该事先知道这一规律。对年轻人来说,做那些特别劳神费心的事,它的无知就有可能使他们丧失信心和信念。

你要记住,对你能力的唯一的限制就是你加在它上面的限制,在这方面是不存在局限的法则的,唯一的法则就是供给。通过思想,你能够为任何你希望做的事情吸引创造力。利用它吧!它是无穷无尽的。不要把任何限制强加在你身上。

目光放远大一些!你是一个聪明、能够思考的人。你的思想是伟大灵魂思想的一部分。而且,你也有力气说出你要求完美的成长。不要对你自己吝啬!不要把自己看得一文不值!无论你给自己出什么价,生活都会给你的。因此,你要高瞻远瞩,放眼世界!要求多多!列出一个清单,写出你所想要的,把这一清单记在心里,看着它,相信它!然后,你就会有愿望和意志去实现它,因为有需要才有供给!

只有这样做,你才能把握自己的命运。也只有这样,你才能够支配你的生活,拥有你所希望拥有的经历。不过,你一定要确定你想要的东西。如果你不会感到担忧和害怕,你就会使它们成为现实。所以,一定要控制你的思想,控制你的处境,因为你身处的条件是由它们来决定的。

英国著名作家萨克雷说:"这个世界就像一面镜子,它会映照出每一个人自己的思想。"

马其顿王国的菲利普——亚历山大的父亲,曾使步兵方阵达到了出神入化的境界。他的步兵方阵呈三角形,是由举着搭接在一起的盾牌和长矛结成的步兵队伍,这就使他的部队在进攻敌人的时候能将整个力量的重心集中在一个点上。它击破了任何敢于拦截的部队,在那个时代,它是战无不胜的。而这种想法在当今社会仍然是思之所向无不披靡的。

在心中只保留一个想法,并要保证它一步一步得到实施、完成。你可以将许多工人集结起来,使他们朝着一个目标努力,在这种情况下,你可以办成任何一件事情。如果你能把握住这一点,你就会像亚历山大的步兵方阵一样战无不胜。

第 19 章

至关重要——相信你自己

早在几年以前,埃米尔·科伊的事迹震惊了世界:他仅仅靠暗示的力量就治愈了各种疾病!

"谁都不应当生病!"他宣称。然后,他就开始医治那些成千上万医生救治不了、到他那里寻求治疗的人的病症,以证明这一点。不仅如此,他还证明,利用同样的方法,还能够处理一个人面临的事务:脱贫致富,取得成功而不是失败。

最初的时候,科伊只不过是一个催眠师。在他的那个小药店,他发现有些时候通过直接对那些前来寻求催眠的人的潜在意识说某些话,他就能够使他们的意识入睡。对潜在意识,他说,那些病人认为有病症的器官根本就没有疾病,因此,潜在意识就接受了这种说法,并相应的调整潜在意识里面的创造力。

当病人脱离催眠影响的时候,他的病就好了!那时候他需要做的,就是使他的意识相信这一点,这样,他就不会向他的潜在意识发出新的疾病暗示,病人就是这样被治愈的!

暗示是一种神奇的力量

这是为什么呢?那是因为存在有这样一个事实:存在于你身体内部的疾病或病症并没有你想象的那么可怕,它存在于你的运动频率，而这频率又完全是由思想来控制的。改变潜在意识的信条，身体状况就会随之改变。加快运动频率，那样，你就可以抛弃疾病的不和谐因素。医生就承认这一点，因此，他们就给病人吃无害的糖片，因为他们知道这些糖片会消除病人的畏惧情绪的。当畏惧消失后，所谓的问题就会解决。

但是，科伊发现，他的催眠术对许多病人来说是不起作用的。如果对他们进行治疗呢？那就通过一种自我催眠的方法使他们进入睡眠状态。我们都知道：三人成虎。所以，不断地重复会使人相信，特别是对潜在思想意识来说更是如此。因此，科伊要他的病人不断地对他们自己说，他们的问题解决了，他们正在逐渐转好。"我身体的各个方面每天都在向好的方面发展。"正是这种不合理性的断言治好了许多多年不能治愈的疾病。

这种成功的背后是什么呢？一个心理学家早已知道的、古老的法则这样说道：潜在思想意识会接受那些持续和经常重复的东西，并以此为真。的确，潜在思想意识一旦接受某一种认识，它就会驱使创造力使之成真。

所以，在意识思想使用推理归纳的地方，潜在意识就只使用归纳推理的方法。推理思想总是衡量呈交给它的每个事实，对每个事实的真假提出质疑，然后得出相应的结论。而潜在意识的反应就不同，它会把任何呈交给它的每个具有说服力的说法看成是真实的事情，然后，在做出这种反应的基础之上，它会合乎逻辑地使它成真。

这就是为什么在英语当中最重要的两个词是"相信自己！"这也是为什么古代的人把这两个词看做是具有神秘意味的词的原因。

你问一个朋友，他现在怎么样，而他却随便地回答说，

"我病了，我贫穷，我不幸，我这方面不好，我那方面受制于人。"——他从来就不会停止说这些不吉利的话，他总是向他的潜在意识宣称他病了，或者贫穷，或者脆弱，或者受制于某种愿望。

"就让那些脆弱的人说——'我强壮！'"先知约珥早在几千年前就这样告诫他的子民。即使在当今这个社会，这个建议仍然是非常可取的。

有许多接受催眠暗示的人表现出了惊人的力气。他们把身体伸展于两把椅子之间，头在一把椅子上，而双脚在另一把椅子上，然后，数人站立在他的身体上，而在平常情况下，他们是不能这样做的。他们如何能够做到这一步呢？因为催眠师向他们的潜在意识保证他们能做到这一点，他们有这么大的力气和力量。

"所以，我要对你说，无论为你的什么愿望祷告，你都要相信你能够得到它们，而且，你应当得到它们。"这就是伟大的医学专家、奇迹的创造者、心理学大师、洞悉未来的先知千百年来给我们的承诺。他宣称，是信念成全了人们，"什么地方缺乏信念，什么地方就不会有伟大的成就"。

那么，你将如何建立起必要的信念来实现你的愿望呢？你要听从古代的先知约珥、耶和华的建议，宣称你的那些愿望是真实的，然后，再使你的潜在意识去做工作，使你的那些愿望成真。

这是一种自我催眠，不过，所有的祷告也是如此。早在1915年，华沙心理学院院长做了一系列的实验。从这些实验中，他得出结论说：人们生活中展现出的能量与他投入到自动催眠这种状态的力量有直接关系。也就是说，人们生活中展现出的能量与他说服自己做某种愿意做的事的可能性有关。

我们每个人心中的潜在意识知道也有能力做我们要求它做的任何正当的事情。它唯一需要的是，把"相信你能够得到"的信任深深植根于其中。

著名心理学家鲍都温举了一个例子说，一个使用了自我暗示的方法来帮助自己的妇女宣称，"我能够做我以前两倍的工作。在假期期间，我完成了两项任务艰巨的工作，而在一年前，我是连想都不敢想的。今年，我先使我的工作系统化，然后说，'我完全可以做这项工作；对即将从事的这项工作来说，我是能够完成的，这是可能的；因此，我就没有必要，也不应当泄气、气馁、犹豫、烦恼，或者马虎。'"这项保证的结果是，她内在力量的大门敞开了，而且她也能够真实地说，"没什么能够阻止我，没有什么能够阻止我去做我想要做、计划要做的事情；你几乎可以说，那些事情是自己完成的，我其实并没有费多大力气。"她不仅获得了成功，有了一定的知名度，而且，她还表现得镇定自如、处事有方了。

千里之行，始于足下

有浓缩语言天才的爱默生写道："做事情，你会拥有力量的。"

古老的智者早在几千年以前就知道，生活就像回音一样，它总是将发出的再送回来。如同回音一样，回声总是同呼声一样的，呼声越大，回声就越大。你说声，"我有病，我贫穷。"你的这些话就会像你未来情况的预兆一样。"人们说的每一句无聊的闲话，都将得到回应的。"而他们得到回应的那一天来的总要比他们想象的要早一些。

你一定要对你说出的话负责——如果你愿意看到某些事情出现在你的生活当中，那么你就说出这样的话来，而不要说出那些你不愿成为事实的话。你要记住约伯说的话：你宣称的每一件事情都将在你身上得到回应。你一定不要说出关于缺乏或者限制的话，因为"你的话会得到证明的，你会因为你的话而受到处罚的。"你一定要坚信——"我坚信我的话蕴含着无穷的力量，我只说那些我希望成为现实的话。"记住，"在你身后，有无穷的力量；在你面前，有无尽的可能；在你周围，有无数的机会。那么，你为什么还要担心呢？"

许多人似乎认为，我们工作是为了生活，但是，在我们的生活中有比这一点更深层的东西。我们工作的真实意义就在于，唤起我们心灵深处的智慧，从而更加良好的发挥我们的创造力，这就是我们生活在这个世界上的目的之所在。而且我们是能够做到这一点的。正如英国著名诗人雪莱说的那样："万能的上帝给了我们足够长的胳膊，如果我们把胳膊伸展出来的话，我们能摘得下星星。"

我们第一步要做的就是利用我们所拥有的。对力量来说，关键就在于利用，而不是贮藏。利用是释放出更多的力量去做更大的事业；而贮藏则是在将积存的东西限制在一个固定的建筑内，阻止积存更多的东西。如果你愿意利用你现在拥有的，你可以拥有你所想要的。如果你愿意做你想做的正当事情，你就可以做你喜欢做的事。"真理给你提供奖赏的唯一条件就是利用。"爱默生说。

英国科学研究协会教授、生物学家威廉·贝特森说："我们发现，人类的才能和天赋与普通人多一点东西或者少一点东西没有多大关系，而是与普通人抑制才能和天赋的发展有关。我们确定无疑地发现，天才就是被压抑的能量的释放。"

那么，它们又为什么被压抑呢？那是怀疑、害怕失败、拖延、今日事情明日做等的原因。"事实是，那些没有奋斗的人失败了，他们成了孤家寡人。"

奥斯尼亚斯说："良好的成功就等于成功的一半。"而东方有一句著名的格言说得更好：千里之行，始于足下。

所以，你一定要开始行动，然后，不要被任何想法所吓倒，不要停下来。对你自己、对创造力充满信心和信念。正是由于人类没有足够坚强的信念和坚定的信心，没有能够释放出足够的创造力使他们的美梦成真，从而使得这个世界缺少了许多最杰出的作品。

记住：你不可以谈论失败，或者想到失败，只可以想到成功。如果你怀疑、担心、犹豫而不迈出第一步，那么，你就永远也不会攀登上目标的顶峰。

信念的力量是无穷的

在你心中有一种力量，它能够使你实现你的梦想和渴望。但是，要给这种力量注入活力，你就必须用信念来装备它。你必须有信任它的意志，有追求的勇气，并坚信：只要坚持不懈、坚定不移，任何人都有可能获得成功。

几百年以前，西班牙组成了世界上最强大的"无敌舰队"。这个强大的"无敌舰队"是由西班牙的三桅帆装军舰、葡萄牙的武装帆船、佛罗伦萨的小吨位轻快帆船以及许多其他国家的大型船只组成的。这个庞大的"无敌舰队"是由140个移动堡垒组成的，每个堡垒上也都装满了大炮和全副武装的海员和士兵以及伟大的冒险家。

印加人的财宝、墨西哥阿兹特克族人的劫掠者登上了这些舰只，装备了这个庞大的舰队。看看这个阵势，你就明白西班牙人为什么把它看做是战无不胜的；你也会明白英国人为什么那么害怕它。因为这是一支携带着火炮和舰只即将入侵英国城市和村庄的"无敌舰队"。这支"无敌舰队"的目的就是要惩罚厚颜无耻的英国人弗朗西斯·德雷克爵士、摩尔根等勇敢的航海家所谓的"爱国主义"的袭击——他们冒着被处死、被处罚做奴隶的危险去偷窃西班牙海船上的财宝。

西班牙铁腕国王菲利普二世很依重荷兰。因为在当时，荷兰是欧洲最强大的国家，她支配着整个欧洲。现在，他坚信英国也将受制于西班牙。

但是，他没有想到一件事情，那就是信念！他把这个强大的"无敌舰队"交给了西顿麦地那公爵。而西顿麦地那公爵是一个没有信念的人，他对自己没有信心，他不相信自己的能力，不信任任何跟随他的人。当他将这些想法付诸行动的时候，他的部队就失去了锐利的锋芒；他使闪耀着光芒的剑黯然失色；他率领的海军是当时世界上最强大的海军，然而，他使它失去了无畏的士气。

然后，这一点就这么重要吗？你看一看公爵在受命于菲利普二世时他写的这封信就会明白的：

"我身体欠佳，而且从我仅有的一点水上经验来看，我知道我会常常晕船。再说，我们这次远征非同小可，它规模巨大，目标高远。因此，这个强大的"无敌舰队"的指挥官非久经沙场、熟悉水上航行、经历水战之人不能担当此重任，然而，我却一窍不通，什么经验、水上知识都没有。我认为卡斯蒂利亚郡主强似本人百倍，他能够担此重任。卡斯蒂利亚郡主会帮助我的，他是一个很好的基督徒,而且,他经历过海战。如果您派我出征,请您相信我,我会辜负您的重托的。"

公爵拥有取胜的任何条件,任何条件——只是除了对自己没有信心之外。他期望着失败,他也因此在每一个重要关头丧失了取胜的因素。

140艘庞大的战舰——那可是当时世界上最庞大的战舰。而公爵的对手英国仅有30艘小型战船,这些战船也只是由几个全副武装的商人和士兵来驾驶。然而,英国尽管受到了恐吓,但是,他们还是有足够的勇气,并对未来充满希望。在这种情况下,即使没有弗朗西斯·德雷克爵士,即使没有查尔斯·霍华德勋爵,即使没有10多个其他敢于挑战西班牙、并从西班牙的美国商船上卸下财宝的猛士,他们也还是能够战胜西班牙看似强大的"无敌舰队"的。

英国的战将们相信他们的统率,他们的统率也相应的对他们作出了回应。他相信英国的海员和水手是世界上最勇敢的战士,而这些海员和水手也相信他是世界上最英明的统率。他们以30-40艘的小船去与西班牙的140艘庞大的战舰抗衡!而且,英国小船上的弹药也仅仅可供他们两天使用——英国女王的物力是那样的匮乏,而西班牙国王的装备又是那样的精良,多么大的反差呀!

然而,霍华德勋爵、德雷克爵士并不是依靠女王去打仗的,他们并不害怕敌人的规模多么强大,而是在思考,"世界上是有勇猛的战士的,而我们就是!我们曾经与他们搏斗过,他们是我们手下的败将。这一次,我们还能够战胜他们的!"

他们出征了,他们对这场战争充满了必胜的信念,他们也因此在战场上处处报捷。

率领着他的船队,唐·彼得罗·瓦尔迪兹从康沃尔郡的利扎尔德港口起航前往波特兰。再从波特兰到法国的加来港，这时，雨果·蒙卡多被捕获，西班牙也推动了他的舰船。在法国的加来港，西班牙的"无敌舰队"被追打得无处可逃，最后，不得不从苏格兰逃到爱尔兰，最终还是被追打得丢盔卸甲，仓皇逃回了西班牙。

西班牙那么强大的一支"无敌舰队"却没有捕获英国一艘船，剥掉英国一块树皮，夺走英国一分钱，占领英国一寸土地；西班牙有那么多英勇善战的士兵，然而，他们却没有能够在英国登陆，反而被驱逐，被抓获成了俘虏。

西班牙强大的"无敌舰队"没有能够从这次海战中占得一分便宜，反而有3/4的人失踪或者被捕获，而他们强大的舰队也被摧毁，这一切都是什么原因造成的呢？这是因为他们的领导人缺乏必胜的信念！这次海战证明，西班牙士兵同其他地方的士兵一样，他们是勇敢的！他们曾经经受了步兵、骑兵、大炮的数不清的洗礼；然而，同样是这些士兵，他们拥有以前所没有的强大的武器，他们却被击败了，被不足他们人数1/4的士兵彻底地击败了！

这原因是什么呢？因为他们没有锐利锋芒的矛，他们是一支没有将领的部队，一群没有首的龙。他们虽然拥有一切，但是却没有信念！这难道不是一个非常好的例子，说明信念的力量是无穷的吗？

乐观是人们前进的动力

那些对生活缺乏信心、充满阴暗心理的人，他们的结果也就会像麦地那公爵那样，充满了曲折和坎坷，充满了失败与绝望。他们缺乏勇气，缺乏尝试一切事情的勇气，缺乏敢于向失败挑战的勇气。你是否有坐在一列火车上看着另外一列火车从旁边经过的经历？你可以通过它的窗户看到远处青青的原野、灿烂的阳光；不过，你还可以看到两车之间飞扬的灰尘和火车发出的单调的声音。所以，生活充满了事物，你可以看到生活当中美好的一面、令人高兴、幸福的一面；你还可以看到生活当中肮脏、令人烦恼的一面。生活是全面的，你寻找快乐，快乐就会出现在你身边；你寻找烦恼，烦恼就会萦绕在你心头。

悲观主义者认为这是"盲目乐观"，他们讥讽和嘲笑持这种观点的人。但是，不管他们是讥讽，还是嘲笑，这种方法对个人生活，乃至商业往来、人际交往都是不无裨益的。在这方面，有许多例子都可以证明这种观点是非常有效的。

爱默生和梭罗的人生观不同，从而导致了他们生活的不同，这也许是两种不同人生观从而导致生活不同的最好例子吧！爱默生就用自己的话最好的总结了自己的人生哲学："用乐观、积极的态度来培养我们的勇气吧！不要同不好的事情过不去，我们可以去赞美美好的事物。"他安静、平和的人生就反映了这一点。

梭罗却是截然不同的另外一个人，他总是不断地寻求并谴责邪恶的事物。他的追求目标同爱默生一样的高远，但他坚持从反面攻击人性的弱点，结果他总是处于困境之中，而他所达到的成就还不及爱默生的十分之一。

是的，有些时候是有必要清除掉那些丑恶的东西，从而使周围的环境更加美好；有必要寻找到污染的根源，确保溪流的清澈。不过，这些做法只能算作是达到一个目的的一种途径。这个目的不应当是否定的、清除邪恶的，而应当是积极的，应当用好的东西取代邪恶的东西。

不知道你是否在高高的脚手架上走过，但是，谁都知道在那上面走时是不能向下看的。那样，会使人感到头晕眼花，从而就有可能从上面摔下来。你必须向前看，你要向前走，你就必须抓住架上的结。

生活就像一个脚手架，向下看得多了，你就有可能失去平衡，你就可能困惑，从而摔倒在地。如果你想事业有成、幸福快乐的话，你就必须一直向前看。

世界的进步大都是由这些人向前推动的。瓦特不知道蒸汽能够用来帮助人们做事情，而他却因此发明了蒸汽发动机；富尔顿也不知道用轮子给船提供推动力是一件愚蠢的事情，然而，他却因此发明了汽船。

像贝尔、爱迪生、莱特这些人，他们不知道试图做那些看来不可能的事情是多么愚蠢可笑，因此，他们总是勇往直前，而他们最终也都获得了成功。

"哦，天啊！难道就没有那些头脑简单得不知道自己在愚弄自己的人吗？"史蒂文森这样高喊道。当他们取得成功之后，整个世界也发出了同样的声音。难道这个世界是在呼唤愚蠢的人吗？不，那是在呼吁人们不要胆怯，不要害怕，勇往直前，就会取得成功的。

对你来说是没有限制的，除非你把自己局限起来。你就像天上的小鸟一样，你可以展开思想的翅膀在天空中翱翔，越过重重障碍——除非你把它囚禁在笼子里，或者用绳子系住它，或者剪掉它的翅膀。

在你的一生中，没有人能够战胜你，除了你自己。只要你有决心，你就可以得到任何你想得到的东西。

那么，你又为什么非要压抑自己正当的愿望、远大的抱负呢？为什么不把你的每一份精力、每一份热情、每一份激情都放在这些愿望和抱负之上呢？

穆罕默德创建了一个比罗马帝国还大的帝国，他靠的除了激情之外什么也没有；而他也不过是一个赶骆驼的。那么，你又有什么事业不可以做成的呢？

人们压抑他们的力量是为了表现得好些，压抑他们的才能是为了成功。他们这种做法是受了自卑的暗示，受了胆怯或者害羞的影响，是担了惊，受了怕，是遭到了他人的恶语中伤。

不要介意他人对你如何评价，你自己怎么想，那才是最重要的；一定不要因他人对你的不好的评价而影响你的决定，相反，你要向他证明他的评论是如何的没有根据。

当奥立佛·克伦威尔申请移民美国13州殖民地的时候，没有人认为他的申请会得到批准。当他组建骑兵团的时候，当时的老兵和花花公子都觉得他的这个想法非常好笑。所以，参加他的骑兵团的人都是相貌不怎么样的乡下人，而这在英国是很少见的。

对于克伦威尔征召的这些成员来说，无论哪一个士兵都能训练他们。但是，使这个骑兵团战无不胜、使他们能够战胜查理一世国王所有的军团的不是他们的训练，而是他们对正义事业必胜的信念，以及他们对自己的统帅的坚定信心。

他们的敌人称他们为"唱圣歌的伪善者"，但是，他们不是伪善的人，他们是充满了坚定信念的人，他们坚信他们的意志非常强大，他们将战无不胜。

而这正是克伦威尔的信念，而他又将这种信念灌输到他的骑兵团里的每一个人心里。因此，只要克伦威尔坚持这种信念，什么都是不可抵抗的。他们要将那个坏蛋——英国的统治者移民到北美洲去!

没有信念,你是不能干成任何有意义的事情的。是的,你是从来都不会的。

为什么许多公司、组织在它们的创建者去世之后就垮台了呢?分崩离析了呢?它们为什么不能更长时间的生存下去呢?那是因为接管它们的人缺乏创建者的远见卓识、信念。创造者的理想就是为客房服务,而后者的理想就是分红利;创造者的思想就是建造一个更大的公司或者组织,而后则是止步不前,不思进取。

"最好的防御就是积极的进攻。"你不能只是保持原有的地位,你不能止步不前。你必须向前,否则你就后退,即不进则退是也。如果你向前冲,你就避免了被动局面。乐观主义、积极主动也许有错,但是,你会从中汲取教训,并取得进步的。悲观主义、保守主义、警惕观望会因为腐朽而死去。所以,作一个乐观主义者!培养一种乐观向上、奋发向上的精神吧!

如果你尽力去寻找的话,你总会寻找到好的东西的。不过,你还是必须去寻找它。你不能仅仅满足于视线内的东西;你还必须拒绝接受任何没有益处的东西。抛弃掉它!你要说这不是你想要的!你要这么说,还要这么想。继续寻找,最终你会找到你想要的好的东西的。

信心是成功的关键

所有商业事物的根本是什么呢?是信誉。而信誉是什么呢?信誉是你的合作伙伴对你的信任,是他愿意、也能够同你进行一场公平交易的信心。

你建立商业信誉的基础是什么呢？是你未来客户与你进行的交易，他及时支付你的货款，他愿意与你合作。在许多情况下，你从来没有见过他，你甚至不知道有这么一个人，但是，你相信他，你对他充满信心。如果你有信心的话，你的事业就会兴旺发达。

如果你对一个从来没有见过面的人有信心，从而把你大宗的货物交给他，那么，你是否能够对圣父有一点点的信任呢？

是的，你从来没有见过他，不过，你有圣父存在的证据，这比与你做交易、几千里外的那个客户相比，证据就充分多了。你还有圣父可靠性更有力的证据——他的能力以及他愿意随时都为你正当的需求提供帮助的更有力的证据。你与他不是金钱关系，你的地位也无需很高，你无需任何信誉。

商人取得成功的秘诀是什么呢？对圣父的信心，对他出售的货物的信心，对客户服务的信心，对自己的信心。你是否做到了这些呢？

有些人能够凭着对自己能力的信心销售一些货物，他们也能够靠小小的伎俩挣得一点儿的利润。但是，他们从来不会成为成功的商人，他们也因此做出了反应。他们变得愤世嫉俗起来，他们失去了对他人的信任——最终也丧失了对自己的信心。成功的商人必须有四重信心——对圣父的信心，对产品的信心，对自己良好服务的信心，对自己的信心。有了这些信心，他能销售任何东西；有了对圣父的信心，你能够做任何事情。

美国第一任总统华盛顿率领着他那没有经过好好训练的军队之所以能够打败英军，不是因为他的部队有更多的勇气，或者更强的战斗力。而且英军士兵已向世界展示了优势的作战才能，美国士兵不过如此。那是因为他们对他们自身之外一个更大力量的信心使他们赢得了战争。

银行家与典当商的区别是什么呢？双方都是在放债，双方都要求安全保证。但是，要想从典当商那里取走一分钱，你就必须拿一些可以再出售的、切实的物品、财产做抵押；而真正的大银行家把款项借出去，则是建立在比安全更大的东西的基础之上——那就是对借债人的信任。

美国就是一个建立在信任基础上的国家。那些铁路建造商们在建造铁路时知道，在美国是没有足够多的贸易使美国能够快速对他们的投资做出有利的回报。但是，他们有信心——就是这个信心使得美国强大起来。

同样的信心在当今社会随处可见。人们建造了巨大的工厂，那是因为他们相信公众为购买他们的产品；他们建造办公室、公寓、家庭住宅，那是因为他们相信城市的发展需要它们；他们建造公共设施，那是因为他们相信人口会增长，供应会帮助产生新的需求。

信心创建了城市，成就了商业贸易，造成了人才。事实上，每一种美好的事物，这个世界上的每一种建设都是建立在信心的基础之上的。因此，如果你没有信心，那就培养它，把它当作最重要的事情去办，给它浇水，给它施肥，给它裁剪，培育它——因为它是生命之中最重要的东西。

[第20章]

坚信你能得到，你就能得到

每天早晨，你和其他同你一样真诚的人面临的一个永恒的问题是什么呢？"我如何才能使我的条件更好？"这是你面临的一个实际生活问题，而且，它将每天都出现在你的脑海里，直到你解决了这个问题。

对于这个问题的回答，首先，你要记住：生活当中最大的事情就是思考。控制你的思想并塑造环境。

就如同获取的第一条法则是欲望一样，取得成功的第一个基本要素就是信念。相信你拥有——视你所想要之物为既成事实，然后，你正当希望的东西都会是你的。信念就是"希望的东西的切实存在，这东西显然又是看不到的"。

从本质上讲，一些人并不比你强多少，然而，他们却能够做一些看起来不可能的事情。还有一些人，他们奋斗了多年，却未见成效，突然之间，他们实现了多年的梦想。看到这些，你会有些不解，"是什么力量给了他们垂死的抱负以生命力，为他们提供了新的动力，使他们实现了梦寐以求的愿望，为他们在通往成功的道路上有了一个新的起点？"

这力量就是信念——信心。某人、某件事情使他们对自己充满信心，使他们拥有必胜的信念的力量。他们向前跃进，从看来的失败地方爬起来，最后取得成功。

相信自己才能创造奇迹

你是否还记得几十年以前,哈罗德·劳埃德讲述的一个连自己的影子都害怕的男孩的故事?故事是说一个男孩子特别害怕看到自己的影子。后来,他祖母给了他一个护身符,并告诉他说,这个护身符是他祖父的,他祖父带着它经历过美国内战。她还告诉他说,带上这个护身符的人就会使得它的主人所向无敌的,谁也不能伤害他。他相信了她,所以,当那些专门欺负小孩子的孩子带着他游过街之后,他不再哭了,而是勇敢地掸了掸身上的土——而这只是个开始。几个月后,他成了他所在的那个村子里面最勇敢的人。

后来,他的祖母感到他已经不再是一个胆小怕事的孩子了,因此,她就告诉了他事情的真相——那个所谓的"护身符"只不过是她从路边捡起来的一个破旧的东西,而他需要的是:对自己能够干好一切事情的信心。

像这样的故事非常普通。"你能够做你相信自己能做的事情",这是一个颠覆不破的真理。而这也往往被许多作家采纳,作为他们创造的故事的主题。我记得几年以前读的关于一个艺术家的故事——一个普通的艺术家。这个艺术家在滑铁卢战场旅游的时候,碰巧看到了一个稀奇的金属块。这个金属块一半在外边露着,另一半埋在土里。由于他感觉这个金属块非常稀奇,他就把它捡了起来,放进了衣袋里。此后不久,他突然感觉到自己的信心增加了,一种对自己绝对的信心——不只是对自己的工作充满了信心,而且还对自己处理各种事务的能力也充满了信心。他画了一幅很大的画——只是用来表明自己能够画画。不仅如此,他甚至还把自己想象成为一位墨西哥皇帝。直到有一天,他的护身符丢了,而他的信心也没了。

你对自己的信心才是最重要的!只有你内在支配力量的意识才使得各种事情成为可能。你可以做任何你认为能够做的事情。确切地说,这种认知是上天赐的一种才能,因为通过它,你能够解决任何问题。它会使你成为一个永远都不会改变的乐观主义者,它是为幸福敞开的大门。只要相信自己能够得到希望得到的正当的东西,你就会使这一大门永远敞开!

自我满足是成功的大敌

你有权力做任何有益的事情,因此,你应当做那些有益的事情。成功之后未必就是失败;在干成功了某件事情之后,你未必需要"摔打"。成功应当与成功相随。

不要限制你的供给渠道,不要以为富有或者成功是靠某一特定的工作或者某一有钱的叔叔得来的。只有你才能向你的创造力发出指示通过某些渠道,向你发送它的礼物。这些礼物可以通过数以百万计的渠道发送给你。但是,你要做的就是使你的思想对你的需要、你真诚的愿望以及你对创造力资源和它愿意为你提供帮助的不尽的信心留下深刻的印象,播种愿望的种子,用成熟果子的营养来培育它,用真诚信心的水浇灌它,而其余剩下来的就交给创造力去做。

敞开你思想的闸门,清理好思想的渠道,保持一种准备收获的状态,持一种不断期盼着获得良好收益的心理状态。这时候,你就有权力拥有所有有益的事物。

我们大多数人的最大问题就在于懒于思考。对我们来说，同众人一样碌碌无为要比与众不同容易一些。但是，最伟大的发现者，最伟大的发明家，最伟大的天才都是那些敢于打破传统、打破先例、违背祖先遗志、相信人的能力是无尽的人，他们坚持自己的信念，不顾他们的冷嘲热讽，直到达到他们的目标，实现他们的理想。

不仅如此，他们还不满足于既有的成就。他们知道第一次成功就像从瓶子里取出来的一枚橄榄果一样，其他的果子更容易取出来。他们意识到他们是宇宙创造力和智慧的一部分，而这一部分与所有的创造力和智慧共享。这种意识给他们以信心，使他们努力为任何美好的、正当的事物奋斗；这种意识也使他们知道对他们能力的限制就是对他们愿望的限制。知道了这一点，他们就不会满足于一次普通的成功。他们必须不断地向前，向前。

当爱迪生发明了留声机、电灯之后，他并没有双手交臂，满足于他既得的成就。这些伟大的成就只是为他取得新的成功打开了大门，铺平了道路。

打开你思想与创造力之间的通道，然后你就可以得到无尽的财富；将你的思想集中在那些你特别感兴趣的东西上面，然后就会有许多条通道向你敞开着，并通往你追求的目标。

但是，你一定不要满足于一次成功——哪怕是一次巨大的成功。你知道，生命之法则就是成长的法则。所以，你不能停滞不前，你必须向前，否则，你就会落后。安贫乐道，自我满足，都是取得伟大成就的大敌。你必须时刻向前看，如同亚历山大一样，你必须不断地寻找新的、需要征服的世界。坚信这一点，力量就会满足需要的。如果我们向创造力寻求我们的供给源泉，力量就不会使我们失望的。

美国著名的心理学家和哲学家爱威廉·詹姆斯作为机能心理学和实用主义创始人，他提出的思想指导行为的观点极大地影响了美国人的思想。他教导人们说："人的思想就如同机器一样，越用越熟练，越用越能发挥其性能；相反，如果不用，它就会像机器一样生锈，变得迟钝起来。"——因为思想使人释放能量，你能比以往做更多、更好的工作，你能知道比以往更多的事情。根据你的经验，你知道在适当的欢乐或者充满激情的情况下，你的工作效率会大大提高，能够做疲劳的时候3～4倍的工作。身心疲劳往往比身体虚弱还要让人感到心烦意乱。如果你把工作当作一种快乐，你几乎可以做无尽的工作。这就如同游戏一样，如果你的工作就是打游戏，那么，你就会如饥似渴、夜以继日地工作而不感到劳累。

我们知道，那些病人时常在干一些轻活的时候还需要每隔一两个小时就休息一下，否则他们就会感到体力不支。但如果他们身上的责任加重了，他们就会突然认真起来，身体也变得强壮起来，干一些时常连想都不能想的事情。我们通常说急中生智，那就是说在危急关头，我们不仅能够调动后备动力，而且还能够创造出新的动力。

也许不可能

你也许会受到不能胜任思想的迷惑，你也许受到他人说你不能做某些特定事情的影响，而相信自己真的不能做那些事情。不过，请你记住，成功或者失败不过是一种精神状态。相信自己不能做某一件事情，你就不能做；知道你能够做某件事情，你就能做。你必须坚持到底。

对自己能力的正确理解和充分利用自己能力的决心与妄自尊大有着极大的区别。对每个人来说，在充分发挥自己的专长和能力之前，相信自己是绝对必要的。我们每个人都有自己的特长：它可能是我们的美德；它可能是我们的能力；它可能是我们的服务。你必须相信自己在每次交易中能够获取利润；你必须相信自己是有力的竞争者。只有这样，你才能够在晚上睡觉的时候心中充满了满足。

"谁都喜欢热心的拥护者"这句谚语是非常有道理的。你获得成功的也是唯一的一个条件就是大脑。因为如果你的大脑最大限度地发挥它的功能，你就会乐观向上。没有人在负面精神状态下能够完成好一件伟大的工程。你的成就的取得往往是在你感到最幸福、最乐观的时候。

乐观向上、充满幸福心情是幸福、愉快思想的结果，而不是原因。健康而又乐观的心情从本质上说是乐观思想的结果。是你造就了这种模式。如果你给世人留下的印象是模糊的、微弱的，那么，请你不要怨天尤人，抱怨自己的命运——你要抱怨自己的那种模式。如果你一直有着懦夫的思想，你就永远也不会培养勇敢的品质，你不可能从蓟上面收获到无花果。如果你心存疑虑和恐惧，你的梦想永远也不会成真。你要在你的空中楼阁下面打下基石，打下理解和信任的基石。你取得的任何成功都是由你对自己信心的程度来衡量的。

你所处的境况使你泄气吗？你感到如果你处在别人的位置上，你就会比较容易取得成功吗？你要记住：你真正的境况在你自身，是由自身来决定的。所有使你取得成功或者失败的因素都在于你的内心世界。是你塑造了那个内心世界——你的外在世界是通过它展示出来的。你可以选择建造它的材料。在过去，如果你很不明智地选择，那么，现在你还可以选择那些你想选择的材料重新去建造它。只要你重新开始，你就会有成功的机会。

只要你感到心中有它，你现在就开始吧！不要向任何人请示。集中你的思想和精力去做任何正当的事情，你就有可能取得成功。你对你能够做某件事情的信心给了你思想力量。财富就在眼前。大胆地抓住她！把握住她！——她就是你的了！她属于你是正当的。但是，如果你对她怯懦畏缩，如果你对她疑神疑鬼，如果你对她缺乏信心，那么，她会蔑视地走开。因为她是一枚变幻无常的碧玉，你必须做她的主人——她属于那些敢于爱她的人，那些有信心爱她的人。记住：你利用你拥有的，你就可以做你想要做的；你现在就做那些你想做的，你就可以做你想要做的。迈出第一步，你的思想就会动员所有的力量帮助你。但是，最基本的事情是，你要迈出第一步，你要开始！战役一旦开始，如果你认真地发起攻击，并坚决地面对每一个障碍，所有的一切都会站出来帮助你的。

有信心还得有行动

在当今这个世界上，那些取得成功的人都有一个共同的特性——他们相信自己！"但是，"你也许会说："如果我没有做出任何有意义的事情，如果尝试每件事情我都失败了，那又如何能够相信自己呢？我又如何能有自信呢？"是的，你当然不能那么做。也就是说，如果你仅仅依靠有意识思想，你是不能那样的。不过，你要记住一个比你伟大得多的人说的一句话：仅仅靠我自己，我什么也做不了。是与我同在的圣父——是他做的那些工作。

他说的那个"圣父"也与你同在，也存在于你的心中，在你和他的背后是宇宙之中所有的创造力。知道了他与你同在，知道了通过他你能够做任何正当的事情，你才能获得如此必要的对自己的信心。如果你的心中有聪明和力量，你就不会有任何太困难的问题需要你去解决。知道这一点是第一步。信心——圣雅各告诉我们，"有信心，而不去工作就等于死亡"。爱默生用现代的话解释说："那些学而不用之人，就同那些只管犁地不管播种的人一样。"所以，你还要进行下一步。你要找出你最想具象化要做的事情，无论它是什么样的事情，因为你知道，思想是没有限制的。找出你想要做的事情，使它呈现在你眼前。看着它，感觉它，相信它的存在。再在你的脑海中设计出你的宏伟蓝图，然后，开始建造！不仅仅是脑海中的蓝图，还要把它画出来，使它成为一幅看得见、摸得着的画！或者从杂志上剪掉那些象征你想要的东西的图画，把它粘贴在一张大纸上，把它张贴在你能够经常看到它的地方。你会惊奇地发现，这样的图画对你形成脑中的美景是多么有帮助，创造力又是如何神速地将此美景变成现实！

如果有人对你的理想大加嘲笑，如果你的理智对你说："那是不可能的！"人们嘲笑伽利略，人们嘲笑亨利·福特；经历了无穷岁月的理智也认为地球是扁平的，理智说，或者如此众多的汽车工程师争论说，福特汽车是不会跑的。但是，地球是圆的，数以百万计的福特汽车在跑，而且仍然在跑。

我们现在就把你已经学到的知识应用到实践中去。在生活中，你现在最想要的东西是什么？把你的思想集中在这一愿望上面，在你的潜在意识上留下深刻的印象，特别是给它留下影像。将所想要的东西具象化是基础，而影像会使得具象化更容易些。

心理学家发现，向你的潜在思想意识进行启发的最佳时机是晚上睡觉前，因为在这个时候，你所有的感觉都是平静的，注意力也得到了放松。因此，今天夜里你就把你的愿望对你的潜在思想意识进行启发。这一切的两个先决条件是真实的愿望和明智的、理解的信心。

如果你非常想要得到你想要的东西，而且真诚地相信你能得到它，那么，你能够如愿以偿地。所以，今天晚上，在你进入梦乡之前，集中思想去想你最想要的东西，并相信你会得到这个东西，然后用你心灵的眼睛去看它，直到看到你自己拥有它，感觉到你自己在使用它为止。

每天夜里都要坚持这样做，直到你真正相信你已经得到了你想要的东西。到了这个时候，你就会拥有它的！

为自己塑造一个完美的模式

前面我们引述了鲍都温的话，讲述了一个人如何能够把自己催眠，使自己健康、幸福、和成功的做法。这种做法听起来没有那么愚蠢，因为自我催眠不过是全神贯注、使人集中注意力的一种方法；它使我们进入到我们的思想当中去，这是一个不可辩驳的事实。

你知道，人与创造力是不可分割的。上帝创造人，是按照自己的形象创造的；上帝是动态的，而不是静止的。他不能把自己禁锢起来，他必须以一种形式或者另外一种形式表达自己。我们把他的力量注入到我们所做的一切当中去——无论是成功或者失败。

那么，我们怎样才能利用这种创造力去做一些有益的事情呢？我们又如何才能把它注入到我们朝着成功迈进的奋斗中呢？

首先，我们要说服自己，我们是成功的；我们正朝着富裕、健康、强大的方向迈进。我们必须"相信我们会得到"。做到这一点最快速、最容易、最确定的方法是重复。只要你不断地告诉自己某一件事情，只要你重复的次数足够多，无论这件事情是真的还是假的，它就成为你考虑的最重要的事情。

这种思想达到一种非常强烈的愿望或者感情的时候，它就成为一块吸引周围同样或者相差思想的磁铁。它们会把相关的思想召集在一起，这就加强了它们自己的磁力，直到它们成为人们的支配力量、动机力量。

然后，第二条法则就派上了用场。思想的所有推动力有一种将它们自己附加在所对待物质上面的倾向。换句话说，如果你的思想主流是财富，那么，这些思想就会向你提供许多你想也没有想过的致富的机会。如同磁铁能够吸铁一样，你也会以同样的方式吸引金钱以及挣更多钱的方法；如果你心中想的都是健康，那么，使你身体强健的方法就会蜂拥而来。爱情、幸福、或者生活中最大的愿望也都如此。

另一方面，如果你满脑子都是恐惧、疑惑，对你利用无尽智慧的能力不信任，那么，它们反过来会成为你的意识主流，形成你的生活模式。

根据你的思维模式，你的生活或者得到提高和改善、或者恶化。你的创造力是无穷尽的，你可以对它限制，也可以完全放开，你接受多少，它就会有多少，财富和财产都是你思想的产物。

所以，如果你希望做任何有益的事情，你首先、也是最重要的、必须要做的事情就是培养你的"你会做好那件好事"的信心。同其他思想状态一样，信心是可以通过暗示、重复而得到启发的。经常地、不断地告诉自己，你有足够的信心，因为任何传递给潜在意识的思想最终都将为它所接受，并通过切实可行的方法被转化成为物质等价物。

不知你是否还记得一个国王的故事。有一个国王想，如果他的孩子在宫廷里长大，他就会受到人们的关注，他就有可能被宠坏。因此，他把孩子放在一个诚实的农民家庭里寄养，并让农民把他看做是自己的孩子来抚养。这个孩子拥有那个国家所有的权力、所有的财富——然而，他却不知道，他是一个了不起的王子，然而，由于不自知的原因，他像一个普通的农民那样工作、生活着。

我们大多数人就像故事中的王子一样，只是我们不知道我们的圣父母。那些属于我们的权力我们都不知道，所以，它对我们来说是没有用处的。圣父会帮助我们，没有他办不到的事情，然而，由于我们不了解他，所以，我们无能为力。

作为人，从来就没有一无是处之人，所有的人都能够放射出智慧的火花，所有的人都能够用信心之火把它点燃。是人们自己被恐惧和焦虑、对贫穷的担忧、对失败的害怕、对疾病的忧虑所催眠，使这些负面的东西形象化，它们也因此成了他们思想的主导，像一块磁铁一样吸引着同样性质的东西。

无论你的思想和信念是什么样的模式，你利用的创造力都会使这些模式成为你的生活和环境模式。如果你想要强壮，你就要把自己想象得非常健康；如果你想要兴旺发达，你就不要去想债务和匮乏，而是想那些财富和机遇。我们都是沿着自己的主导思想向前走的，它敲击着我们生活的主旋律。

"未来宗教的主要特征将是，"艾略特博士说，"人们与创造力的不可分离性。"

爱默生说，耶和华一个人能够预测人的伟大和神奇的力量，他不断地强调人的潜在价值是无限的。

爱默生继续说，当人向外界求救的时候，他是脆弱的；只有当他毫不犹豫地依靠存在于自身的创造力的时候，他才发现了成功的源泉，以及能够实现各种梦想的力量；只有当他意识到所有的外界的帮助与他通过他自身的创造力无与伦比的时候，他才站直了腰，并开始创造出奇迹来。

回过头去看看自己走的路，几乎所有的人都会说，"如果我能够回到从前的话，如果我能够再经历那一段生活的话，如果我能够再抓住那次机会的话，今天的我会成功的，会富有的。"

然而，今后5年，或者今后10年，我们当中的大多数人还会说他们今天说的这些话。为什么呢？因为你的未来取决于你现在奠定的基础。昨天已经不在，它是没办法再回来的；而明天还没有到来。你拥有的就是现在，而你明天是沉是浮、是穷是富都将取决于今天的思想。

改变态度，改变一切

人类花了几千年的时间来学习如何把握事情的实质，如何提供适合和安全以及一定程度的资金保障，人们只花了不到一代人的时间就学会了如何把握自己的未来。这种认识是最新的发现，因此，大多数人们还没有觉察到这一点。正如戴维·西伯利在他的书中所写的那样："他们知道在地球上创造的科学和机械，但是，他们却不知道心理状态、及其科学正在改变着人们改变着自己本性的方法。"

你知道为什么很少有人能够取得成功吗？因为使人们取得成功的方法太简单了，他们不相信这是真的。他们把获得成功看做是很辛苦、不可能的事情——他们这样看待成功，因此，成功对他们来说就是这样。

你可以拥有你所想要的东西，如果你知道如何将它的种子播种到你的心田的话。知道这个秘密是非常重要的事情，而这件事情谁都可以做得到的。不是命运阻挡住了你的道路，也不是你缺乏资金或者机遇，是你自己——是你对生活的态度，改变它，你也就改变了一切。

向你自己提出这么一个重要的问题：你是自怜的牺牲品吗？你在怨恨生活和那些比你成功的人吗？你认为命运同你开了一个无耻的玩笑吗？或者，你是在愉快、平静、而又充满信心地想一些改善你所处的生活环境的办法吗？

大多数人会回避这些问题。他们关心得更多的是在为他们的自负辩护，把他们的失败归因于那些因素。失败首先是出自内在的因素，如果你是一个坚强、无畏的人，没有人能够改变你的意志的。

那么，你自己呢？你会就这些重要的问题给自己一个诚实地回答吗？——"你是自怜的牺牲品吗？"

当你遇到看来要阻挡你前进的障碍你变得不耐烦时，当你听说某个同事取得了成功而你心里又对他的能力不以为然时，好好想想那些渴望一个美好未来的时光。你是否愿意继续希望和嫉妒，展望着你成功的未来？或者，你是否马上行动，开始你的成功之路？

用思想塑造完美的模具

宇宙的创造力会为你所用的。你同其他的人一样拥有使用它的权力，你唯一要做的就是向它提供一个使它成形的模具，而这个模具就是由你的思想来塑造的。你最大的愿望是什么？你最想要的东西是什么？相信它——然后，你就会拥有它。把它作为你的主导思想，用它来磁化你的灵魂，然后，你就会收集到实现它所需要的每一件东西。

"如果我们有精力选择和把握自己的命运，"英国评论家亚瑟·西蒙斯写道，"一切的梦想都会成真，如果我们的精力足够旺盛、坚持不懈，在这个世界上，我们会得到我们想要的东西。很少有人能够取得成功是因为很少有人能够瞻望一个伟大的将来，并坚持不懈地追求它、为之奋斗。但是，我们都知道，那些为了钱财不分昼夜工作的人富裕了，而那些为了任何物质力量而不分昼夜工作的人也获得了力量。只有那些整日做着白日梦的人，他们的梦想永远也不会成真。"

知道了这些事情之后，当你有这些无尽神奇力量的时候，你是否还会限制你自己？当然，有些时候，你会感到自卑，每个人都会这样。不过，你要记住、并意识到：你是高人一等的，你是那些能够获得成功的人之一。

柏拉图认为，在上帝的眼里，只有单纯的形式，或者根据可见东西制作的原型，而英国大多数著名的学者也都持相同的意见。他们教导说，成长是有意的，而不是偶然的，这个从出生到终老的成长过程都是根据圣灵心中我们每个人的原型或者完美形象发展的，我们以后的模样都是在我们出生前都已经决定了的。

成长是朝着完美原型方面前进的运动，人们随着他与完美模式差距的缩小而越来越高尚。对希腊人来说，幸福就意味着一个人与他的模式之间的和谐。相反，如果你以一种与你的原型不相一致的模式生活，你就会因为它们之间的不和谐而痛苦。他们认为，使你痛苦的不是你做了多少事情，而是你做的事情与你的完美模式要求你应当做的事情之间的不和谐。

你在圣灵心中也有一个完美的模式，一个完美的原型，它能够与你保持一致。它有一个完美的形体；它有无尽的智慧；它有无穷的力量；它会为你创造一个完美的环境。为什么不把自己的形象塑造得与它一样呢？

你是能够那样做的！就把你的原型看做是你的模范，用关于它的完美的思想来填充你的心灵吧。把它作为你的主导思想，你就可以收集到表达那个完美形象需要的因素了——不仅使你自己的形象完美，而且还会使你周围的环境完美。记住：唯一能够限制帮助你的创造力的人是你自己。

"人类自身含有他需要的一切，"爱默生写道，"他为自己制定了一条法则。所有降临在他身上的真实的良善与邪恶都来自他自身。"

[第*21*章]

给予就是获取

耶和华在给我们规定了基本的增长定律时,告诉我们,"对拥有者,要给予,他将得到更多;但是,对没有者,要剥夺他已有的。"

这句话似乎简单得不能再简单,是不是?然而,这就是所有成功、所有财富、所有力量的基本法则。整个宇宙就是按照这个法则运行的,无论你是否喜欢它,或者你因它而死去,你都是依照这个生活的。

对许多人来说,这个法则似乎很不公平。但是,对待这件事,就如同对待所有其他的事情一样,自然都是合乎逻辑的。当你明白了这个法则是如何起作用的时候,你就会认为它是多么公平、多么恰当。

物以类聚,同性相吸

你知道,万事万物基本上都是由电荷组成的——微小的质子与电子相互旋转而形成电荷。你的身体就是由这些微小的质子与电子组成的,地球上所有生命也都是由这些质子与电子组成的。既然地球上所有的生命都是由这些质子与电子组成的,那么,这些生命形式又有什么区别呢?它们的主要区别就在于运动的速率!

记住：你在开始的时候，只是母亲子宫里面一个微小的细胞。你只吸引那些具有同你自己一样性质和特征的成分，以及那些以同样速率旋转的成分。你能够选择那些物质，使你保持你的性质与特性。

你的身体是这样，你的环境、你的境况也是这样。物以类聚，你现在是这个样子，但如果你对自己不满意，如果你想要一个更加强健的体魄，对朋友更加具有魄力，拥有更多的财宝和更大的成功，那么，你就必须从核心开始——从你的内心开始！

你第一要做的事情就是，放松自己，放开刹车，使你自己与宇宙不息的强大奔涌力量相谐和。因为你的担忧、恐惧、挫折就如同一道闸门一样阻挡着你思想的潮水、阻挡着你的器官发挥正常的功能，使它们减缓整个活动的速率。

"放松，不要紧张！"爱默生这位现代心理学家说。他说这句话的意思是，多想一些令人愉快、惬意的事情，而不要去想那些令人烦恼的事情。当军乐响起来的时候，如果你知道你的脉搏是怎样跳动的，即使那些最疲劳的人也会行动起来的，这是为什么呢？因为它的目的就是要加快你体内每一个细胞的活动运动速率。我们都知道，好消息是如何治愈病人的，突然的激动又是如何使得瘫痪的病人从床上跳起来，这是为什么呢？因为好消息使你快乐，加快了你运动的速率。我们知道，担忧、恐惧、仇恨和挫折会使一个人的动作慢下来，为什么？因为这些感觉像钳子一样挟持着你，从而使你的运动速率降低。

请你记住：仇恨、愤怒、恐惧、担忧、挫折等所有的这些负面情绪不仅会降低你的运动速率，让你的身体不健康，使你看起来比你的实际年龄要老一些，而且，它们还使你远离有益的事情。物以类聚，你所希望的有益的东西的运动速度与这些反面情绪的运动速度不同。

相反，爱会吸引那些有益的事情，并且把你与它们连接在一起。德拉蒙德告诉我们说，"尽情地爱，就会尽情地享受到生活的乐趣；爱到永远，就会活到永远。"爱默生也这样说，"爱他人，你就会得到他人的爱；所有的爱都是公正的，就如同等式两边一样。"

而且，爱也是非常具有逻辑意义的，是与"物以类聚、同性相吸"等自然法则的逻辑相呼应的。无论你的运动速率如何，具有相同速率、相同特性的成分会聚集在你身上的。

给予，你才会得到更多

我们还是回到本章开始的时候耶和华阐述的观点"对拥有者，要给予，他将得到更多；但是，对没有者，要剥夺他已有的"。

耶和华是根据《银币》这则寓言故事而得出的这个结论的。读过这则寓言之后，你就会发现，不仅仅是钱币或者财产会积聚更多的钱币——这个结果是对"利用"来说的。你不能把钱币埋藏起来，然后指望它能为你生长出更多的钱币来，你必须把它放在有用的地方。也就是说，是运动的速率使它"生长"出了钱来，用现代商人的行话就是资金"周转"。一个商人的资金周转越快，他赚的钱就越多。但是，如果他没有能够实现资金周转，如果他的货物存放在货架上不能出售，那么，这些货物就会蒙上许多灰尘，或者发霉变质，最终变得分文不值。

在这则寓言故事中，那个有5枚银币的佣人把这些银币投入到商业活动中去，因而另外挣得了5枚银币；那个拥有2枚银币的佣人依葫芦画瓢，也换得了2枚银币。但是，那个仅仅有1枚银币的佣人却把它埋在田地里，让它闲置在那里，结果呢？他什么也没有得到，而他原有的那枚银币也被人偷走了。

在现实生活中，这样的事情每天都有发生。据有关统计数字表明，在所有继承大笔遗产的人当中，仅有1/17的人在去世的时候拥有财产；在35岁拥有财产的人当中，仅有17%的人到65岁的时候还拥有财产。

有一句古老的格言："一代拥有，三代不愁"，然而，现代社会的快速节奏却改变了这句格言的说法，使它变成了"一代拥有，一代少有"——那些继承的遗产甚至不能延续一代人。为什么呢？这是因为古老的运动速率法则之故。那些拥有财产的人拥有一些使这些财产周转的想法，从而为他赚取了钱。一般来说，最重要的是他的那些想法。赚取的钱不是重要的，关键是它为他带来了许多其他好处。

但是，当他去世以后，发生了什么事情呢？接管生意的人只是想着这些钱能够换回来多少钱，或者把生意让给他人，而这笔钱就存放在银行里赚一丁点的利息——只是把钱死死抓在手里不放。这样，这些钱的运动速率就降低了，它也就开始分离；慢慢地，它就被更强的力量吸引去了，直到不剩下一分钱。

在自然中，你也能够看到同样的事情。就拿植物的种子作个例子吧，你把它种植在土里，接下来发生了什么事情呢？它首先释放出了它所有的成分，发了芽；然后，它吸收阳光、空气，同时，它还伸展它的根，从土壤和水里面吸收营养成分，满足它的生长需要。它的顶部向上生长，伸展到空中接受阳光的照射，它的根部深深扎在土壤里，汲取营养。它一直都在向四处扩展，一直都在创造真空,用来吸收它能够利用的物质材料,从周围环境中汲取各种营养,来供它生长。

随着时间的流逝,它停止了生长。随后又发生了什么事情呢?就在它停止生长的那一刻,它的吸引力也停止了。那么,它还能够依靠它以前吸收的营养成分,生长很多年?不,当然不能!从它停止生长的那一刻起,它的内部就开始解体、分离。它的组成分子就开始感到那些生长旺盛的植物在吸引着它们。开始的时候,那些水分被蒸发掉了;然后,树叶落了,树皮脱落了;最后,树干被风刮倒在地,腐烂变成营养成分,被其他生长的植物吸收。不久以后,那棵曾经枝繁叶茂的大树什么都没有留下来,而只是使得土壤肥沃了,使得那些营养充足的植物在它生长的那个地方生长着。

宇宙的基本法则是你必须结合成为一体,否则,你就会分崩离析;你必须生长,否则,你就会成为他人盘中美餐。在宇宙之中,永远没有停止。你要么吸引那些没有使用过的力量,要么成人之美,帮助他人成功。

"对拥有者,要给予,他将得到更多。"对那些利用自身吸引力的人,他应当得到生长所需要的一切。"对没有者,要剥夺他已有的。"对那些不利用自身吸引力的人的惩罚是失去这些吸引力——你就失去了磁性。没有磁性,你只能眼睁睁看着你被那些带磁性的吸引过去,直到你最终被吸收。

这就是宇宙第一条也是最基本的法则。那么,你又怎样才能成为一个吸引者呢?你又如何开始呢?

回到生命的第一条法则中去,回到事物的起源,你会发现自然逻辑存在于所有的事物当中。如果你想知道她是怎样运作的,你就从她最简单、最基本的形式开始研究她，这一原则是宇宙万物的通用法则。

例如，无论是动物或者植物，最早的细胞是如何摄取食物的呢？是从周围的水中摄取的。你身体的每一个细胞、植物或者动物的每一个细胞又是如何摄取食物的？也是以同样的方式从淋巴或者周围的水中摄取的！自然的方法不会改变；对每种事物，她都是合乎逻辑的。她可能构造更为复杂的生物有机体；她可能构造庞大或者奇形怪状的生命体，但是，她遵循的原则是一样的。

自然增长原则

那么，自然增长原则是什么呢？自从生命的起源开始，它就已经是——分裂—成长！

这一原则如同自然的其他基本原则一样，也是生命之原则。自从第一个单细胞生物有机体存在于原始海水的第一刻起到现在，它就没有改变过。它是增长的基本定律。

就拿最低级的细胞生命来说，它的生长如何呢？它分裂——它的每一部分都是因为不断地分裂而生长。再如最高级的细胞生命——人类，这一规则同样存在于他们的生命活动当中——事实上，这是自然唯一的生长原则。那么，你又如何将这一原则应用到获取财富、取得成功上来的呢？

读一读《圣经》上讲到的增长的奇迹，你又发现了什么呢？首先是分裂，然后是增长。当鲁塞·康威尔在费城建造有名的浸信会教堂的时候，他的朋友很穷，急需要资金。因此，他就通过祷告以及其他能够想到的办法筹集资金,来帮助他的老友。

某个星期天,当他在祷告的时候,他想起了古老的犹太风俗:在祷告的时候,首先要从羊群中选一只最好的羊,或者最珍贵的财产献给圣父,然后再向圣父祷告,请求圣父的帮助。

因此,康威尔没有按照往常那样先祷告,然后筹集东西;而是按照那个风俗,他建议先筹集东西,并要求那些有特殊请求的人自愿捐献以作为对圣父的"酬谢"。

几周以后,康威尔请那些自愿捐献的人讲一讲他们的体会和感受,其结果听来让人不敢相信。一位女士的分期付款房的期限早到了,而她的款项还没有着落;后来,在她修理管道拆卸地板时,发现了她父亲藏在地板里面的钱——除了能支付房款外,还会剩余许多!

其他人的情况也都类似:一位先生找到了一份急切需要的工作;一个佣人有了几件她非常想要的衣服;一个学生也选择了适合他工作的学习机会;而另外几个人的资金需求也得到了缓解。

他们之所以会有这样的结果,是因为他们遵守了这个法则。他们自愿播下了种子,而他们也得到了收获。

许多人会说:"我就不相信我的付出不会让我富有。我祷告请求圣父给我财富,我答应如果我得到那些财富,我就用这些财富做好事。"不过,圣父从来都不与人们讨价还价,他给你一点东西,让你做本钱。你是否能够赚很多的钱,就要看你采用什么方法了。不过,你要充分利用你所拥有的东西。

爱和祝福是永恒的祷告者

所有的工作、所有的交易、所有的生产都是服务，每一个成功的想法都必须以这个为出发点。每个人都应当有这样一种思想：为你的伙伴服务。卡莱尔是这样清楚地定义财富的，一个人的财富是他所爱、所祝福的人和事物，这些人和事物的数目越多，他就越富有。反过来，他也会因此而受到他人的尊敬和爱戴的。

爱和祝福才是唯一的、永恒的财富。爱和祝福会加速你的运动速率，使你的核子活动起来，使它为你吸收各种成分，从而使你实现完美表现。也就是说，它们是永恒的祷告者。

记住，在《旧约全书》中，用来象征"祷告者"最经常说到的一句话是"唱一支欢快和赞美的歌"。也就是说，用欢乐、赞美和感恩加快你运动的速率。

你想从生活中得到什么呢？那就加快你的运动速率吧！你想要健康吗？那么，你就要放松，抛却一切的烦恼和恐惧。我最近读了一篇文章，它写道，"马萨诸塞省一个有名的门诊部主任劳丁·斯威姆博士正在对270个得到治愈的关节炎疾病患者进行观察。他发现这些病人是在不再烦恼、担忧、抱怨之后被治愈的。因此，他在经过了多年的观察之后得出一个结论说，他的60%以上的病人是因为道德思想冲突而患上疾病的。"

《读者文摘》里面有这么一句话："心情烦躁和担忧是导致病人住院的重要原因之一；确切地说，这可能是他们担心害病造成的；事实上，即使你没有疾病，担忧也会使你出现有疾病的症状。"

无论如何，这已经不再是现代的发现了。有许多谚语就可以证明这一点：人逢喜事精神爽；笑一笑，十年少。早在19世纪以前，柏拉图就宣称："如果你身体健康的话，你就必须开始治疗你的心灵。"

因此，要治愈好你的任何疾病的第一要素就是，抛却一切烦恼、恐惧、憎恨、抱怨，并保持内心平和。如果能够做到的话，你就多一点微笑，多一点快乐，多一点歌声，多一点舞蹈吧。锻炼会加快你运动的速度的，不过，欢快的锻炼是最好的。做一些你喜欢做的事情，做一些既能激发你兴趣又能锻炼你肌肉的活动。如果你喜欢跳舞的话，就跳吧！如果你喜欢游泳，就游吧！骑马、打网球、打篮球、打乒乓球……，所有的这些都会调动你身体各部位的积极性，并激起你极大的兴趣，使你精神愉悦，身心舒畅。只做一些经常性的体育活动，不久以后，就会使你充满激情、充满欢乐、充满对生活的渴望和追求。当然，这一切都应当在你情愿、感到快乐的情况下进行，如果你对这些不感兴趣，把这些看做是精神负担，那么，你最好还是不要去做这些活动。

你想要金钱，想变得富有吗？那么，利用你所拥有的，无论你拥有的是多么的少，你都不要在乎。加快它的周转，就如同商人加快周转他们的货物一样。现在，钱成了你的货物，那就使用它吧！舒心地花掉它，去做任何有益的事情；而且，当你花掉它的时候，祝福它！你要像下面所说的那样祝福它：

"我祝福你……你是一种恩惠；希望你使那些触摸到你的人富有。我因你感谢上帝，我更因为从你来的地方源源不断地供给而感谢他，我祝福那无尽的供给。我因它而感谢你，我也会扩展我的意识获取我所需要的一切……就如同我花掉这些钱一样。我知道我正在打开无尽供给的大门,使它们通过我的渠道以及所有接收它们的渠道。生活所有的供给渠道都敞开着,都朝我们这里涌来。这是我对世界的最真诚地祝福,也是这个世界对我的最真诚的祝福。"

在这个世界上,加快你的运动速率最快的办法就是给予。贡献你的时间,贡献你的金钱,贡献你的服务,贡献你所拥有的一切。如果你想要你的什么增长,那么,你就需要给予,因为你赠送的礼物就是你播在地下的种子,因为"种瓜得瓜,种豆得豆"!

所罗门是他所处的那个时代最富有的人,他向我们道出了他发家致富、获取成功的关键:

"哪里有散布,哪里就有收获;哪里拒绝给予,哪里就有缺乏。慷慨的人将会富有,那些散布的人会得到雨淋一般的散布。"

甚至还有人比所罗门更聪明,他说道:"给予,你就会得到回报;有给予才有回报,一毛不拔的人永远也得不到回报。"

你想要权力、能力、更精湛的技艺吗?那么,你就要利用你所拥有的,尽最大限度地利用它们。《阳光公报》里面有这样一段精彩的表述:

"今天能做的事最好是今天做,因为那是今日之事。我们现在正用诚实或者不诚实的行为记录着我们今天的生活。"

"这个时刻有它自身无尽的价值,如果浪费掉了,就如同把珠宝投入到大海里一样永远也不能复得。"

"我们每一天都在为明天打基础,今天做得好坏直接关系到明天的盛衰。"

抱负是什么呢?抱负就是内心的强烈欲望,它要求加快你的运动速率,要求你更加努力、更加坚持、更加有意义地实现你想要实现的目标。什么是坚定不移呢?坚定不移就是一种无论遇到什么困难、什么障碍都要坚持下去的决心和意志。如果你有了这种抱负,有了这种意志,在这个世界上没有你做不了的事情,没有你实现不了的愿望,没有你克服不了的困难,也没有什么能减缓你运动的速率。

有给予才会有回报

卡玛定律运作规律的最好示例之一就要算巴勒斯坦的两个海了:加利利海和死海。加利利海有淡水,因此,鱼类能够在里面生存;青枝绿叶的树能够生长在它的堤岸和田间;农田和葡萄园遍地都是。约旦河水注入到里面,附近所有的山涧小溪也都一路欢快地流淌着注入到它里面。

相反,死海里面没有活蹦乱跳的鱼,没有植被生长在四周,没有田舍,没有农田,也没有葡萄园。在这里,无论是人,还是牲口,都是不会喝这条河里的水的。

是什么使这两条河有这么大的区别呢?约旦河将所有甜美的水都注入到这两条河里。因此,不是河水的原因,也不是土壤的原因,或者周转的环境造成它们之间的差别。

它们之间存在差别的原因就在于这样一个事实:加利利河是一边给予,一边获得;注入到它里面有多少滴水,就会从另一边流出多少滴水。相反，死海却将所有注入的水占为己有，拒绝给予，而这样的结果是，海水因滞流而变成盐水，变得一无是处。

"一粒麦子如果不落在地里，并且死去，"耶和华说，"它就永远是一粒麦子。不过，如果它死去，它会结出许多果实。"换句话说，如果你把一粒麦子安全的贮藏起来，你永远也不能指望这粒麦子给你带来更多的东西；而且，随着岁月的流逝，这粒麦子会发霉腐烂掉。相反，如果你把它播种在地里，让它从死亡中得到再生，它会生长出果实（麦粒）来。

在自然的万事万物中，增长定律就是：如果你想得到，你就必须给予。如果你想收获，你首先必须播种；如果你想增加你的气力，你首先必须使你的肌肉细胞分裂，刺激它们生长。

分裂和生长是所有生命增长的法则。观察你的一个细胞、植物或者任何形式的生命的细胞是怎样生长的。你发现了什么？它首先开始分裂，然后，每半个细胞都开始生长直到生长成为正常的个体，然后，它们就会再分裂再生长。没有分裂，就没有生长——只有萎缩，只有腐烂。你必须因分裂而生长，你必须因给予而获得。

即使我们把思想发送出去也会满载而归的，因为每一思想都有一个回应。

如果你说没有足够的金钱或者能力值得你做一个开端，那是没有用处的。你要记住《银币》那则寓言。那个拥有5枚银币的佣人把它们投入到商业活动中，赚回了更多的银币；那个拥有2枚银币的佣人也得到了更多的银币的回报。但是，那个仅仅拥有1枚银币的佣人感到你拥有的太少了，没有多大用处，因此，他就把它埋藏在地下。你知道，当主人回来的时候发生了什么事情。

从你现在拥有的开始，播种你的种子。无论你拥有的东西是如何的少，如何不值得一提，你都要这样做。耶和华告诉我们，天国就像一粒芥子，"的确，在所有的种子中，它是最不值得一提的。但是，当它长大的时候，在药草之中，它却是最大的"。

你所拥有的作为你事业开始的，还能比这一粒芥子还小、还不值得一提的吗？如果一粒芥子能够生长成为一株最大的药草，想一想你的种子会长成什么样子！

"做了事情你才有力量，"爱默生说，"不做事情，你就不会有力量。每一件事情都有它的价值。如果你不付出，你不会得到你想要的东西；没有不付出代价就能够得到你想要的东西的。即要得到益处，就要交纳税金。在自然中，没有平白无故地给予——所有的东西都有其价值。

得到力量的关键就在于利用你所拥有的，因为使用它会释放出更多，就如同锻炼你的肌肉使它们长成更强壮的肌肉一样；不使用它们，它们就会变得脆弱，最终变得一无是处。"学如逆水行舟不进则退"说的正是这个道理。

第22章

让昨日止于昨夜

"我对守护在年关的那个人说:'给我以亮光,给我指明通往未来道路,让我安全地行走。'他回答说,'走你的路去,把自己托付给圣父,这比明亮、安全、已知的路还要好。'"

你想从生活中得到什么?无论它是什么,你都能够得到它——因为耶和华这么向你承诺的。"你首先要寻求天国和正义,"他告诉我们说,"所有的东西(包括所有的财富以及其他你想拥有的东西)都将归你所有。"这难道意味着你必须变为圣洁的人,以便聚敛物质财富吗?经验证明这条路似乎是很难行得通的,圣洁是不会为世俗物质所累的。不,圣洁不是答案之所在。那么,耶和华这句话的意思是什么呢?

我们还是看看这"正义"二字,看看答案是否藏于其中。"正义"在古希腊《福音》文中的意思是:你内心深处占绝对地位的精神。这样,耶和华的这句话的意思就是,用现在的话说,"把问题交给与你同在的主,然后让他自己去解决这个问题,而你唯一要做的就是真诚地相信这个问题已经解决。

在实践中,这又该如何解释呢?在《联合报》里面有一篇文章非常精彩地解释了这句话的意思,现摘抄如下:

"举例来说吧，我们正在制定一个商业投资、或者社会活动、或者宗教会议、疾病治疗方案。现在，一切准备就绪，我们都准备祷告。现在，我们不是把我们的祷告寄托于将来，请求某些事情将于明天发生，而是想象着（想象有助于释放我们的信念力量）每一件事情如同我们希望的那样发生了。我们把这些都记下来，就好像这件事已经成为过去。《圣经》的许多预言都是以过去时态表达出来的。我们就把我们的愿望列出来，就好像这些愿望已经实现了一样。

当然，我们还应当记下一个感谢主已经给予了我们这一切的祷文。他需要一直拥有它，否则，我们什么也不会得到。

结果如何呢？在我们用过去时写下我们的愿望、仔细地读过它们、向主表达我们的赞美之意之后，我们把纸存放起来，然后继续我们该做的事情。不久之后我们就会看到我们想要出现的结果，而这正是主对我们祷告的回报。

想象帮助我们拥有信念，因为它使我们想象出我们希望得到东西的样子，并使我们的希望成真。在多次尝试了这种实验之后，我们会发现想象增长了我们的信念，信念转变成赞美，赞美使我们睁开了眼睛，让我们看到了主为我们所做的一切。"

对即将受益预先向主感恩的习惯在过去是有其坚定的基础的。我们可以把它看做是成功祷告的确定模式，因为耶和华就用过这种模式。大卫在身处困境的时候，总是赞美和感谢圣主；并以理因赞美上帝而从狮口脱险；保罗因高唱赞歌而从狱中释放。难道你，还有所有其他的人不会因为完成了一件事情受到表扬而感到满足吗？

英国神学家威廉·劳写道：

"如果有人告诉你一条通往所有幸福和完美的最捷径、最有保证的途径的话，他一定会告诉你，为自己制定一条规则，为发生在你身上的每一件事感谢圣主。因为无论发生在你身上的什么事情，即使它看起来是一场灾难，如果你心怀感恩，这场灾难就会化险为夷，或者你会因祸得福。因此，如果你创造了奇迹，除了从内心里诚挚表达你的感恩之情外，你什么也不要做，因为他会点石成金，使你因祸得福。"

因此，不要因为发生在你身上的任何事情而使你丧失了信心；不要因为贫穷、缺乏教育，或者曾经失败过而阻止了你前进的脚步。相信自己，你就能够做任何事情，因为它是一股不可阻挡的力量。如果在过去，你没有利用它，那就太糟糕了。但是，亡羊补牢尚不迟，你现在就可以重新开始。你还在等待什么呢？上帝只能做你让他做的那些事情，你还必须做你应当做的那部分工作——他只能利用你作为一个通往无穷力量和益处的渠道。

成功与失败的区别只能用你的耐心与信念来衡量——有时候是以尺寸来丈量的，有时候是以分秒来确定的，有时候是以一闪而过的瞬间来测量的。

就拿林肯来说吧！他在加入黑鹰战争的时候是一个陆军上尉，战争结束之后，他是一个列兵。他没有足够的东西，就把他赖以生存的测量器材卖掉了，偿还了部分债务；在第一次州议会选举中，他失败了；在第一次国会议员选举中，他失败了；申请国土办公室委员,他失败了;在国会参议员选举中,他失败了;1856年竞选副总统提名,他失败了。失败了这么多次之后,他气馁了吗?他没有。他坚持他的信念,最终成为美国历史上最伟大的总统之一。

还有美国内战时期著名将领格兰特。在陆军参军时,他没有能够得到晋升;作为一个农民,他失败了;作为一个商人,他失败了。到39岁那年,他仍然靠伐木为生,过着食不果腹、衣不遮体的生活。然而,九年后,他成了美国总统,成为美国历史上仅次于华盛顿将军的第二位赫赫有名的将军。

回顾历史,你会发现许多成功的人士。他们的一生中都曾经历过磨难,经历过挫折,在他人都要放弃的时候,他们却没有失去必胜的信念,而是磨砺自己,等到时机来临的时候,他们就用双手紧紧地抓住了机遇。拿破仑、克伦威尔、帕特里克·亨利、保罗·琼斯,他们仅仅是千万人当中的几个。

当恺撒被派出去征服高卢的时候,有一天,他的朋友们发现他非常悲观绝望。当问他到底发生了什么事情之后,他告诉他们他刚刚在拿自己的成就与亚历山大的成就进行比较。在他的那个年龄,亚历山大就已经征服了整个世界——与亚历山大相比,他自己做了些什么呢?为了弥补已经失去的时光,恺撒立即下定了征服高卢的决心,从而使他从悲观失望中振作起来。结果呢?他成为罗马帝国的皇帝。

在商业的发展史上,记载着许多成功的人士。他们大多数在中年的时候仍然是一事无成,是一个无名之辈,然而,他们最终积聚了无穷的财富,创建了庞大的机构。只要你对圣父、对自己、对事情安排的计划充满信心、信任和信念,你就不会失败。

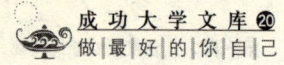

昨日之逝便是今日来临

1314年,当罗伯特·布鲁斯在班诺克本与英格兰的军队对垒时,他已经经历过多次失败。他曾经历尽千辛万苦,使苏格兰统一起来,联合起来,却没有能够将英格兰的军队赶出苏格兰。尽管当时他统率着苏格兰大部分军队,但是,此前他也同样统率着这么强大的部队,不过,当英格兰率领一支足够强大的军队来临时,大家都分散而去了。

而这一次战役非同小可。现在,布鲁斯面临的是英格兰最强大的军队。他聚集了可能聚集的一切部队,包括远在英吉利海峡对岸的法兰西省的士兵,披戴着盔甲的英格兰贵族和他们的追随者,狂热的爱尔兰士兵,威尔士的弓箭手——所有的这些将领和士兵都在爱德华二世的率领之下,他们大约有10万之众,个个摩拳擦掌,跃跃欲试,准备把罗伯特杀个片甲不留。

为了击退强大的英格兰军队,布鲁斯尽最大努力召集了大约3万人。尽管这些士兵英勇、不怕困难,但是,他们缺乏训练,也没有英格兰的士兵那么训练有素,纪律严明。

布鲁斯气馁了吗?不,没有。尽管英格兰有强大的军队,尽管英格兰士兵盔甲齐整、训练有素、纪律严明,但是,他没有气馁。他是为自由而战——他相信自己,相信他的士兵,相信战争之神。

在坚强的决心和坚定的信念面前,重量、数量、装备等都被证明是无足轻重的。庞大的英格兰军队被彻底地击败、被驱散。布鲁斯最终登上了苏格兰国王的宝座,从此以后,英国士兵再也不敢越过边界发起对苏格兰的入侵了。

对一个人来说，在过去失败过多少次、遭受到多少次挫折都不重要。布鲁斯非常形象地说："对于两只斗架的狗来说，个头大小并不重要，重要的是斗败对方的决心。"对你也是一样，而你战胜困难的决心取决于你的信念——对自己、对创造力、对你从事事业的信念。你要记住：昨天止于昨夜，昨天的失败也止于昨夜；过去仅仅属于过去，它不决定未来；未来的成败在于你自己，应当由你自己来把握。

当威尔士王子（黑王子）爱德华被法兰西国王菲利普包围的时候，无论是谁都会气馁、悲观失望的。因为在当时，法兰西的士兵就像树叶一样稠密，而英国士兵则非常少，而且都是弓箭手。在当时，弓箭手是无法战胜菲利普麾下的那些骑士的。

法兰西士兵像蚂蚁一样蜂拥而来，大军压境，企图以优势兵力歼灭英国士兵。但是，威尔士王子投降了吗？放弃了吗？没有。他向世界表明，一支新的部队的诞生，一支史无前例的精良部队的诞生。而这支部队就是由普通的士兵——弓箭手组成的。

正如苏格兰长矛兵在班诺克本战场击退英格兰骑兵一样，如同在以后的许多次战役中步兵击退了骑兵和大炮一样，英国的"普通人"——弓箭手在这次的战役中在法国的克雷西也决定了法兰西的命运。这些被那些装备有盔甲的新贵蔑视、瞧不起的"普通人"长矛兵、弓箭手成了一支取得了辉煌战役的军队的主力。从看起来应当被歼灭的威尔士王子，在他对自己、对他的军队的信念的支撑下，成了当时最伟大的征服者。

麻烦蜂拥而至，但是，他并不把它们看作是麻烦，而是把它们看作是机会。利用这些麻烦，他使得他和他的士兵达到了成功的顶峰。

商业活动如同战争一样，也存在着许多的战利品——有许多的机会，把看似的灾难转变为祝福。但是，这些战利品只属于像威尔士王子这样的人。他们在遇到麻烦的时候，不是回避而是欢迎，直接面对，并从中获取最大的利益。

如果你不坚持自己的信念，维持你的生命又有什么用处呢？如果你放弃了得到奖赏的机会，看不到奖赏，让它们从身边溜走，你每天经受磨难、遭受乏味的劳役又有什么用处呢？

如果你的商业也是这样，何时才能有成功呢？只有不断地希望下去，相信下去，注意审时度势，就如同英国作家吉卜林说的那样，"在精神、勇气、力量失去了很长一段时间之后，也该发挥它们的作用了。所以，当你除了意志之外别的什么都没有的时候，你应当咬紧牙关、鼓足勇气，对它们说'坚持下去！'。"——这使得许多商人从困境中解脱出来。

仅仅靠工作是不够的。牛和马的职责就是干这个的，如果我们只是工作，而不思考、不去希望，我们同它们没有什么区别。仅仅坚持下去是不够的，那些最愚蠢的东西经常机械地这样做，因为他们没有勇气放弃。

如果你想使你的劳动得到回报，如果你想从你乏味的劳作中得到解脱，你就必须坚持下去，不断地希望，充满信心和信念——相信圣主、创造力会在你准备好的时候给予你想要的任何东西。

你缺乏的从来都不是天才，也从来都不是创造力不愿帮助我们实现我们的梦想。是我们自己不能看到、不能认识好的东西，这是因为我们有怯懦的思想。

所以，一定不要为昨天的失败所吓倒。

逆境是通往成功的阶石

"我们只拥有责任和今天,"一个伟人曾经这样说,"结果和未来属于上帝。"爱默生也发出了同样的感想:"我所观察到的一切都告诉我,相信我所未曾谋面的造物主。"简而言之,一句最好的祷告就如同我最近在杂志上看到的这句话:"主啊,我会一直向前划(船),由你来掌舵!"

你也许会说,说起来太容易了,但是,你从来都不会想到我遭遇的巨大灾难——我因事故病倒在床上(或者因事故而成了残废,或者彻底破产,或者其他同样的悲惨遭遇)。莎士比亚对于你的这种情况,他这样写道:"当人们把命运看做是最好的事物时,她就会以威胁的眼光盯着你。"

在阿拉巴马的恩特普赖斯市,有一个由该市市民建造的纪念碑。你从来都不会想到这座纪念碑是用来纪念谁的——它是用来纪念棉铃虫的!

在过去,居住在恩特普赖斯市附近的人是种植业者,他们靠种植棉花为生。当棉花生长繁盛的时候,他们的吃穿就有了保证;当棉花市场下落的时候,或者棉花生长得不好的时候,他们的吃穿就成了问题。

后来,有了棉铃虫,他们的收获不是不好,而是没有一点儿收获。棉铃虫毁了他们的一切。他们都陷入了债务和灰心丧气之中。但是,那些经历了南北战争的棉农后代一定是英勇的斗士。他们聚集起来,并商讨办法,认为他们不能把希望全部寄托在棉花上,不能在棉花上吊死。

他们决定不再只种植棉花这一种植物，而是要采取多种植物的种植方式来经营他们的农田！如果多种庄稼，即使一种庄稼收成不好，即使两三种产品的市场下滑，他们还有其他的产品可以出售，卖上好价钱，总体上说不会像这种单一经营这样惨淡。

从理论上讲，他们的这种想法是正确的。但是，正如他们当中的一个成员指出的那样，他们该如何迈出第一步呢？他们已经欠了很多的债，他们需要资金采购种子和器具，更不要说他们还需要生活，直到新的庄稼有了收成了！

于是，镇上的市民筹集了资金资助这些农民。结果如何呢？这些农民很快就发了家，致了富。后来，他们就为棉铃虫建造了一座纪念牌，牌文是：

"为表示对棉铃虫最深切的敬意，恩特普赖斯市市民、阿拉巴马咖啡公司特建造此纪念牌。"

许多人回顾过去，就会意识到一些棉铃虫———些看似悲剧性的灾难，都是人们取得成功的基础。的确，我所知道的一个人就是这样。

当他5岁的时候，他掉进了一个喷泉里。等到他快要沉没的时候，一个路过的工人把他从水里拉了上来。然而，由于肺部进水，他得了哮喘病。随着时间的流逝，他的病情也越来越严重。最后，医生们告诉他，对他来说，死亡只是几个月的时间。除此之外，他还不能跑，他不能像其他孩子一样玩耍，他甚至不能爬楼梯！

你也许会说，多么悲惨，多么不幸！他肯定是前途无望了。然而，这却是他取得成功的关键所在。

由于他不能像其他孩子一样玩耍,在早期的时候,他就培养了阅读的爱好。由于看起来他不能成就一番大事情,做一些有益的事情,他自然而然地渴望读一些关于伟人成功的事迹。从普通的儿童英雄开始,渐渐地,他开始对林肯、爱迪生、卡耐基、希尔、福特等人的真实故事产生了独特的兴趣。这些取得成功的人小时候都是贫穷的孩子,没有任何特殊的条件,或者优势。然而,就是这些人靠着他们的毅力、勇气、精神、和决心取得了成功,成为了知名人士。

最终,他完全治愈了他的哮喘病。不过,这只是他17岁以后的事情。在17岁以前他能够读书的时候,他读书的目的只是为了消遣。然而,自从17岁那年读了那些关于取得成功的名人的故事后,他不仅要求自己像那些人一样有远大的抱负,而且,还掌握了取得成功的基本原则。

今天,他还是一个健康、积极主动的相当年轻的人。他坚持每天工作8～10小时;他是一个充满激情的骑手,一个各种体育活动的爱好者。

"如果你不害怕尝试,就不会有残废——不管是遗传造成的,还是环境造成的。"纽约一个最伟大的心理学家写道,"遗传造成的或者环境造成的任何情况都不会使我们不幸福、不快乐;没有什么情况需要气馁与灰心来阻止我们寻求成功与幸福。"

年龄、贫穷、与疾病,它们都不能阻止一个真正有坚定决心的人。对他来说,它们仅仅是走向成功的阶石——它们鼓励他去寻找更大的目标。没有什么能够阻止你,除非你阻止你自己。

当那些迫害约翰·班扬的人把他投入到监狱的时候,他们认为他们捂住了他的嘴。然而,就是在监狱里,在封奶瓶口的皱巴巴的纸上,他创作出了不朽巨著《天路历程》。再如密尔顿,人们认为他这一辈子完了,因为他是个盲人。然而,他却口授出《失乐园》这部名篇巨著。

就如同无产阶级革命家托尔斯泰所写的那样,"你可以禁锢我的躯体,但是,你不能禁锢我的思想。"你不能用一道墙把思想圈住;你不能禁锢思想;你也不能把精力、热情、有事业心的精神关在牢笼里。就是这一点才把我们与动物区分开来,也就是这一点使我们成为上帝的子民。

第 *23* 章

爱是生命不灭之火

不久前,我在一张剪下来的旧报纸上读到这么一个故事:密苏里州一个农民家里壁炉的火100多年来一直都没有熄灭过。

这个农民是从肯塔基州搬过来的。100多年前,当他同新婚娇娘离开那个老家的时候,他从壁炉里面取出一块燃烧的煤放在一个铁坩埚里,一路颠沛来到了密苏里州。

他为什么要这样做呢?在那个时候,火柴是听都没有听说过,更不要说打火机了;而用打火石取火,或者偷他人的火都是没有指望的事。因此,他不辞千辛万苦,从肯塔基到密苏里,一路使那点星星之火燃烧着,最终把它转移到密苏里的新木屋。

在密苏里,他烟火旺盛,人丁兴旺。后来,他就在燃烧着的火炉旁安详地走了。他一定是带着爱——不灭之火走的。

在古希腊有一个传说,说世界上的万事万物都是由爱创造的。在人类起源的时候,大家都是快乐幸福的。爱是最高的统治者,地球上到处都是生命。后来,在一天夜里,当爱入睡之后,恨来了——事情马上就变得不和谐起来,人们也不再幸福,到处都充满着肃杀的气息。

后来,爱的太阳升起来了,生活恢复了往日的祥和与安宁,到处都充满了欢声笑语。然而,当仇恨的夜幕降临之后,人们就又回到了不和、痛苦和不安宁之中。是的，如果没有爱，生命就会死去。

在人类历史上，有许多不平凡的女人：古埃及女王克利奥帕特拉，特洛伊海伦，凯瑟琳，英国女王伊丽莎白，蓬巴杜侯爵夫人。可以说，这些女人都不是十全十美的美人：克利奥帕特拉的鼻子太大了，但是这并没有阻止她成为古埃及十年的统治者。

当然，她还拥有一些其他品质——如同历史上其他有名的女人一样，这些品质比美丽更有威力、更精细、更令人着迷。她具有魅力——那种所谓的诱人的、使人迷乱的女性魅力。这种魅力是每一个知道如何利用它的、夏娃的女儿所拥有的。

什么是魅力呢？魅力是一种东西，存在于一瞥、一颦一笑、一举手、一投足之中。这些举动虽然细微，但却能够使接受者如痴如醉，如电波传身，五体通泰，加速心跳。魅力是上帝赐给你的礼物，能使人年轻、漂亮、充满朝气；魅力能够使人充满生机与活力，使你充满磁性，使你生活欢乐无限。

魅力会使你的一生充满欢声笑语，它能够激起你所爱的人的脉搏急剧跳动，加快他的心跳速率，也会使你魅力四射。

"我们跑遍了整个世界去寻找美丽，"爱默生写道，"但是，我们必须也携带着美丽，否则，我们什么也找不到。"魅力不是装在瓶子或罐子里出售的，美丽也不是。魅力和美丽都必须来自人的内心，也都必须来自存在于我们内心的创造力。

一些女人似乎生来就很疲惫——她们从来都没有生过病，但也不能说身心健康。她们不能从娱乐中得到生活的乐趣，她们面带菜色，情绪低落，既没有魅力也没有个性。她们之所以这样，是因为她们停止了内心深处生命磁铁的转动。对她们，我要说，首先，恢复你们的健康吧！恢复你们的生机与活力吧！恢复对周围人们的兴趣、加速自己的运动速率吧！然后，寻找爱吧！因为勃朗宁说："爱是生命的动力源泉。"

爱能生爱

如何激发他人的心中之爱呢？首先，你要在自己心中培养爱，因为爱能产生爱。使你的心中充满无私的爱和献身精神，向你敬爱的人展示你的爱、你的敬仰、你的感激和你无微不至的关怀，当你付出这些的时候，你同样会感到爱的温暖，爱的温馨，爱的魅力。

爱就是给予。爱不是嫉妒，因为嫉妒只是向所爱之人寻求好处。

"那些真正付出爱的人应当受到爱戴和祝福，因为他们并不要求爱的回报，"意大利阿西尼城的弗朗西斯说，"那些为他人服务而不要求回报的人，那些为他人做好事而不指望得到回报的人都应当受到爱戴和祝福。"

这种爱是永远也不会失去或者浪费掉的。它就像明天的太阳一定会升起一样——它不只是简单的重复，而是得到祝福的成倍的返回。正如英国作家巴利所说："为他人的生活带来幸福的人还给他们自己带来了幸福。"

从前，有个女人到克利须那神那里询问，在哪里可以找到最伟大之爱。他对她询问道:"你最爱谁?""我哥哥的孩子。"她回答道。"那么,回去吧,"他告诉她说,"继续爱那个孩子、疼爱那个孩子吧!"她就照着他说的话做了,在那个孩子的背后,她立即看到了耶和华的孩子的化身。

会休息的人才能走得更远

"奉献的人比得到的人将得到更多的祝福"听起来似乎与事实相悖。特别是对那些辛苦劳作操持家务的家庭主妇来说更是如此。

为什么许多中年妇女老得比较快呢?她们没有了年轻时候应有的苗条,没有了她们圆圆的脸蛋;她们有的甚至面黄肌瘦,而她们的丈夫却青春依旧。

是生养孩子的原因吗?在世界上有成千上万个妇女,她们有3个、4个、甚至5个孩子,她们看起来仍然像结婚的时候那样年轻、漂亮、迷人。是工作的原因吗?做一些适当的工作对女人的身体健康有百益而无一害。那么,到底是什么原因使她们成为那样的呢?

紧张、疲劳——无休无止、永不停息地紧张和疲劳!在美国,你是不可能雇佣到一个时刻都在干活、没有一刻自由时间的佣人的。然而,许多男人都没有想到,他们的妻子做的就是这样的活。

美国伟大的效率专家弗雷德里克·温斯洛·泰勒被要求重新改造某个铸造厂。在铸造现场,他发现一群人正忙着用手推车把院子里面的生铁运到融铁炉。他们不断地干活,除了午饭以外,没有任何休息时间。泰勒经过仔细的观察发现,每一个人每天用手推车推走大约15吨生铁。这样一天下来,他们个个筋疲力尽。

泰勒从这些人当中挑选一个人出来(普普通通的一个人),监督他干活。泰勒要求他按照他的指示去做,装满一车生铁,运到融铁炉,卸车;然后坐下来休息一两分钟,完全放松之后再去推下一车,然后再坐下来休息。

泰勒花了两三天的时间弄清楚了最佳的休息时间。尽管搬运工边休息边干活,但一周下来,泰勒工人的工作效率大大提高了——由每个人每天搬运15吨生铁上升到45吨!而且每个人工作一天下来仍然精神抖擞。

不知道,你参加过急行军没有。在部队的行进途中,无论任务多么紧急,他们每小时总是要花上四五分钟的时间让部队休息,使他们处于完全放松状态。为什么呢?适当的休息和放松会使他们走更长更远的路。

在人体的各个器官当中,从心脏到肺,从胃到消化道,没有不需要休息的。然而,许多妻子和妈妈们每天不停地劳作着,从来没有一刻的放松和休息。她们显得老了,她们紧张,她们变得易怒、急躁,她们不幸福,从而也搞得周围的人不愉快,这些难道有什么奇怪吗?

我要对每一个做妈妈的说,你们首先要放松!抓住任何可以抓住的机会坐下来,躺下来,放松自己!不要听婴儿的哭叫,不要担心午饭,只管快乐地休息、放松——即使每天只有那么一两分钟你也要如此。如果你每天能够多休息那么几次,多休息那么几分钟,你就会惊喜地发现,当夜幕降临的时候,你是多么的愉快、舒心。

给你内心放松的机会,使你的身心得以恢复。记住:加速你的运动速率的第一要素就是放松,消除紧张情绪,让创造力得到恢复,只有在这个时候,你才能得到你所需要的东西。